中国南方电网
CHINA SOUTHERN POWER GRID
南方电网科学研究院有限责任公司
专著出版资金资助项目

变电站/换流站
噪声控制与治理技术

黄 莹 主编
李志远 副主编

中国电力出版社
CHINA ELECTRIC POWER PRESS

内 容 提 要

本书共6章，分别为概述、变电站／换流站设备噪声产生机理与特性、变电站／换流站噪声测量、变电站／换流站噪声环境预测、变电站／换流站设备 A—V 法故障诊断与噪声自动监测、变电站／换流站噪声控制与治理。全书紧扣电力输送系统的特点，反映了我国在变电站、换流站噪声治理方面的最新成果和目前先进研究水平；工程指导意义大，实用性强。

本书可供电力系统从事噪声控制的设计、安装、运行的技术人员、技能人员及管理人员，环保部门及相关部门从事噪声监测的技术人员学习使用，可为从事变电站、换流站噪声研究工作的技术人员提供技术参考，也可供大专院校相关专业广大师生阅读参考。

图书在版编目（CIP）数据

变电站／换流站噪声控制与治理技术／黄莹主编．—北京：中国电力出版社，2020.3
ISBN 978-7-5198-4081-5

Ⅰ．①变… Ⅱ．①黄… Ⅲ．①变电所－噪声控制－研究②换流站－噪声控制－研究 Ⅳ．①TM63

中国版本图书馆 CIP 数据核字（2019）第 298974 号

出版发行：中国电力出版社
地　　址：北京市东城区北京站西街 19 号（邮政编码 100005）
网　　址：http://www.cepp.sgcc.com.cn
责任编辑：罗翠兰
责任校对：王小鹏
装帧设计：赵姗姗
责任印制：石　雷

印　　刷：北京博图彩色印刷有限公司
版　　次：2020 年 3 月第一版
印　　次：2020 年 3 月北京第一次印刷
开　　本：710 毫米 ×1000 毫米　16 开本
印　　张：15
字　　数：259 千字
印　　数：0001—1000 册
定　　价：76.00 元

《变电站/换流站噪声控制与治理技术》
编　委　会

主　编　黄　莹

副主编　李志远

参　编　（按姓氏笔画排序）

方庆川　王俊刚　卢毓欣　李　岩

李　明　李凌飞　张祖安　陈向东

陈　品　黄　成　黄国兴　陆益民

赵晓斌　魏浩征

前　言

发展超高压、特高压交直流输电技术是我国实现电网核心技术重点突破，也是我国输电技术实行跨越式发展的重大机遇。但是变电站、超高压/特高压换流站的设备在运行时会带来一定程度的环境噪声污染。随着输电电压等级和输送容量的提高，噪声污染的程度也会有逐步提高的趋势，变电站、换流站设备运行带来的噪声问题越来越引起人们的重视，这势必需要对这些电力设备加大噪声的控制研究和治理工作。另一方面，由于电压等级的提高使得有些设备的安装高度更高，其噪声传播的范围将更广。因此可听噪声的控制就显得越来越重要。

在我国已建成的大型变电站、换流站工程中，由于没有采取降低噪声的控制措施，有的工程已对周围居民的生活造成了不利影响，在进行后期噪声治理的过程中，不但治理的难度大，而且治理费用高，降噪效果不明显。因此，需要设计人员加强对噪声控制技术的掌握提高，以便在变电站、换流站的设计阶段，就能同时考虑设备的噪声控制措施，及时采取有效的、先进的技术，在工程建设阶段就解决设备的噪声污染问题，使噪声控制从被动转为主动，为变电站、换流站的正常运行创造和谐的站内和周边环境。

长期以来，在电力行业已开展了很多有关电力设备的噪声治理和噪声控制工作，但这些技术资料都分散在各有关文献中，没有统一整理形成一部专门、系统的著述，这既不利于技术资料的汇总，也不利于工程技术人员的使用。为了更好地利于服务资源节约型、环境友好型社会建设，保护生态环境，提高变电站/换流站的设计技术和设计水平，并进一步降低噪声控制的成本，在中国南方电网有限责任公司的支持下，通过本书的编写，对变电站/换流站可听噪声的治理技术进行系统性的总结，以反映我国在变电站/换流站噪声治理方面的最新成就和目前的研究水平，使之成为既具有较高的学术价值，又具有较大工程应用价值的技术资料。

本书在编写中，力求使变电站/换流站可听噪声预测、换流站环境噪声测量、换流站设备噪声特点分析、换流站设备噪声的控制等内容完整；避免烦琐的理论推导，重点围绕着变电站、换流站设备噪声所存在的共性技术问题，进行相关的试验分析研究，提出行之有效的现场治理技术，同时对有关的技术标准和规范进行深刻解读。

本书在编写过程中，得到了南方电网公司、南方电网科学研究院、合肥工业大学、南方电网超高压输电公司、深圳中雅机电实业有限公司等单位的大力支持。中国科学院声学研究所程明昆教授、国家环境保护城市噪声与振动控制工程技术中心李孝宽研究员、南方电网科学研究院饶宏（南方电网公司首席技术专家、教授级高工）、黎小林（南方电网公司高级技术专家、教授级高工）、南方电网超高压输电公司蔡希鹏（教授级高工）对本书的编写提出了宝贵的评审修改意见，在此一并表示感谢。

由于作者水平有限，本书难免存在不足或疏漏，望广大读者提出宝贵意见。

编　者

2019 年 8 月

目 录

第1章

概　　述

1.1 噪声

1.1.1 噪声的定义

判断一个声音是否属于噪声，主观因素往往起决定性的作用。同一个人对同一声音，在不同的时间、地点等条件下，常会做出不同的主观判断。

从生理学角度讲，凡是对人体有害或人们不需要的声音都可称为噪声。从物理学角度讲，和谐的声音叫作乐音，而不和谐的声音称为噪声。但从社会管理角度来讲，凡是超过法规规定限值的声音就是噪声。

健康人耳的听觉下限是0dB，低于15dB(A）的环境已是极为安静的环境。乡村的夜晚大多是25～30dB(A)；城市的夜晚，声环境会因区域不同而有所不同。较为安静区域的室内一般在30～35dB(A)，住在繁华的闹市区域或是在交通干线附近的居民，其室内噪声可达40～50dB(A)，有时甚至会更高。人们正常讲话的声音大约是60～70dB(A)，大声呼喊的瞬间可达100dB(A)。在机器轰鸣的厂房和换流阀厅中，持续的噪声可达80～110dB(A)。人耳的噪声听觉上限是120dB(A)，超过120dB(A）的声音会使人耳痛、难以忍受，140dB(A）的声音会使人失去听觉。

1.1.2 噪声的危害

1. 噪声带来的烦恼

噪声令人不愉快，杂乱而无规则，危害身心健康，破坏生活环境，诱发生产事故，甚至导致纠纷，是一种极不和谐的环境污染。然而，噪声的状况（持续时间、频谱、声级等）千变万化，不同人（年龄、工作、男女、精神状态等）对噪声的敏感性也千差万别，判定噪声是否可以被接受，或不可以被接受，需要有科学的评价方法和公认的判定标准。法规规范中规定的噪声评价及限值是裁决噪声性质的法律依据，超过标准的噪声会令大多数人感到烦恼。满足标准的噪声是法律许可的，但是并不代表不会引起任何烦恼。

对于声音烦恼度的问题，很大程度上是因人而异的。就某些特定的人群而言，只要听到不希望听到的声音，都会引起烦恼。没有确定的指标能够准确地衡量某个人烦恼度的大小，烦恼的程度只能从当事人对噪声事件的行为反应中观察到。

就单个人来讲，对噪声烦恼度的行为反应程度从轻到重可分为：无噪声意识、不舒适但尚无抱怨、明显不舒适有抱怨但尚可忍耐、严重不舒适而忍无可忍。就群体而言，例如，大范围的城市居民，或工矿企业的职工，对噪声的抱怨人数比例反映了烦恼度的群体可接受程度，由小到大为：无噪声反映、零星反映、有反映但比率较低、普遍反映、反映剧烈并有抗议。

烦恼度与噪声声级数值之间存在一定关系，但并不是绝对地一成不变，而是复杂的、多因素的、弹性的、主观支配的。目前，国内法律规定的各类情况的噪声限值，基本上属于在这些综合因素影响下，个体“明显不舒适有抱怨但尚可忍耐”、群体“有反映但比率较低”的统计结果。

引起噪声烦恼主要有两个因素：

（1）环境因素。外界环境会强烈地影响人对噪声的心理印象和机体反应，这是造成人们对相同噪声声级产生不同主观感受和客观行为的重要外界因素之一。

人对声源的类别具有高超的自我识别能力，能够主动分别不同声源产生的声音。若声源发出的声音是可接受的，甚至是乐于接受的时候，噪声的感觉会完全消失。南朝梁诗人王籍有诗云：“蝉噪林愈静，鸟鸣山更幽”。即使声级很大，但是人们在山林中依然感觉宁静、和谐。

还有，人们对噪声的体验伴有心理作用，甚至有“望梅止渴”的现象。例如，当道路两旁竖立了隔声屏障，可能噪声数值并没有降低，但是，人们视线被屏障阻隔了，认为这样“应该”能够降低噪声，心理感觉引起了强烈的自我暗示，“眼见为实，耳听是虚”，自然对噪声的反应也就平和了。

另外，人们对噪声的感受因掩蔽效应还会出现变化。例如，背景噪声很低的郊区别墅，人们对噪声就特别敏感，而在车水马龙的城市中，背景噪声高，对噪声的敏感性和忍耐力也就随之增强。

（2）人文因素。人文因素对噪声敏感性的影响主要反映在两个方面：敏感人群和利益纠葛。

对环境感受力粗糙的人，对噪声烦恼度有更大的承受力。精神敏感的人，感觉更加细腻、机警，受到噪声干扰后，对工作、学习、生活等负面影响更加明显，因此对噪声承受力相对小些。脑力工作者中，很多属于敏感人群。

利益纠葛是影响人们对噪声评价的另一普遍的人文因素。例如，同样在工厂附近居住的居民，本厂职工对工厂噪声的承受力常常大于与工厂没有一点关系的人。如果噪声问题牵涉征地、补偿等经济利益，情况会变得更为复杂。因此，完善的噪声法规和严格的声级限值标准，是防止因人文因素而使噪声评价复杂化的根本保证。

2. 噪声对人体的危害

（1）听力损失。当人们进入较强烈的噪声环境时，会觉得刺耳难受，经过一段时间就会产生耳鸣现象，这时用听力计检查，将发现听力有所下降，但这种情况持续不会很久，若要在安静地方停留一段时间，听力就会恢复，这种现象叫作“暂时性听闻偏移”，也称“听觉疲劳”。但是，如果长年累月地处在强烈噪声环境中，这种听觉疲劳就难以消除，而且将日趋严重，以致形成“永久性听闻偏移”。这就是一种职业病——噪声性耳聋。

研究资料表明，长期在 90dB(A) 以上的噪声环境中工作，就可能发生噪声性耳聋；如果人长期在 95dB(A) 的噪声环境里工作和生活，大约有 29%的会丧失听力；即使噪声只有 85dB(A)，也有 10%的人会发生耳聋。

据临床医学统计，若在 80dB(A) 以上噪声环境中生活，造成耳聋者可达 50%。强的噪声可以引起耳部的不适，如耳鸣、耳痛、听力损伤。据测定，超过 115dB(A) 的噪声还会造成耳聋。还有一种爆振性耳聋，即当人耳突然受到 140～150dB(A) 以上的极强烈噪声作用时，可使人耳受到急性外伤，一次作用就可使人耳聋。

（2）损害心血管。噪声是心血管疾病的危险因子，噪声会加速心脏衰老，增加心肌梗塞发病率。我国对城市噪音与居民健康的调查表明：地区的噪音每上升 1dB(A)，高血压发病率就增加 3%。

（3）干扰休息和睡眠。噪声会使人不能安眠或被惊醒，在这方面，老人和病人对噪声干扰更为敏感。当睡眠被干扰后，工作效率和健康都会受到影响，会使心态紧张，呼吸急促，脉搏跳动加剧，大脑兴奋不止，第二天就会感到疲倦，或四肢无力。从而影响到工作和学习，久而久之，就会患神经衰弱症，表现为失眠、耳鸣、疲劳。

（4）身心危害。较强的噪声作用于人体引起的早期生理异常一般都可以恢复正常，但久而久之，则会影响到植物性神经系统，产生头疼、昏晕、失眠和全身疲乏无力等多种病状。

(5) 对女性生理机能的损害。女性受噪声的威胁，还可以有月经不调、流产及早产等，如导致女性性机能紊乱、月经失调、流产率增加等。

(6) 噪声对儿童身心健康危害。儿童发育尚未成熟，各组织器官十分娇嫩和脆弱，不论是体内的胎儿还是刚出世的孩子，噪声均可损伤听觉器官，使听力减退或丧失。

(7) 视力影响。噪声还会影响视力。长时间处于噪声环境中的人很容易发生眼疲劳、眼痛、眼花和视物流泪等眼损伤现象。同时，噪声还会使色觉、视野发生异常。

(8) 影响工作。研究发现，噪声超过 85dB(A)，会使人感到心烦意乱，人们会感觉到吵闹，因而无法专心地工作，结果会导致工作效率降低。噪声容易造成生理反应倦怠以及对报警信号的遮蔽，它常常是促成工伤死亡事故的重要配合因素。

高噪声环境下，人的听觉、视力、机敏性都会降低，身心因噪声刺激而处于疲倦状态，人的不安全因素大大提高。因此，降低噪声有利于安全。

在事故发生前的危险阶段，往往会有一些预警信号，包括声音信号，如机器运转声音改变、监视系统发出警报或其他人的喊叫提醒等。处于噪声环境，若当事者听不到这些声音预警信号而引发了事故，噪声就不仅仅是烦恼问题了，而成为安全隐患。

(9) 带来社会问题。噪声问题不仅会伤害个人的身心健康，如控制不当，还会造成社会和经济的负面影响。2007 年北京市环保局接到的投诉案件中，有 70％以上与噪声有关，说明噪声问题的普遍性与严重性。

工矿企业噪声排放不达标可能会被“关停并转”，城市交通噪声可能会导致周边地区地产价值的下降，夜间施工噪声扰民需要赔偿“噪声费”，机场飞机噪声可能造成居民、学校、医院等的搬迁，酒吧、餐厅、夜总会等噪声超标面临关闭，邻里间因练钢琴、听音响等生活噪声时常引发矛盾纠纷等。解决这些问题，往往超出了纯噪声技术问题，而必须综合考虑相关的社会问题。

3. 噪声对物质结构的影响

飞机做超音速飞行时产生的冲击波，一般称为轰声，因为人们会听到“呼”的响声，有如爆炸声。轰声虽然是一种脉冲声，但由于它的能量可观，故其具有一定的破坏力。英法合作研制的协和式飞机在试飞过程中，航道下面的一些古老建筑，如教堂等，由于轰声的影响受到了破坏，出现了裂缝。

150dB以上的强噪声，由于声波振动会使金属结构疲劳，导致破坏。由于声疲劳造成飞机或导弹失事的严重事故也有发生。据实验，一块0.6mm的铝板，在168dB的无规噪声作用下，只要15min就会断裂。

噪声还会引起社会矛盾，造成经济上的损失。据世界卫生组织估计，仅工业噪声的影响，美国每年由于低效率、不上工、工伤事故和听力损失赔偿等就损失近40亿美元。

1.1.3 噪声防治相关法规

降噪技术是手段与途径，而噪声法规则是关键与根本。技术的对象是物，法规的对象是人，噪声虽然是由“物”产生的，但是噪声的制造者和感受者都是“人”，

对噪声“物理”和“人理”的研究都是重要的。对每项噪声问题知其然，知其所以然，才能保证处理好噪声源的控制问题；从根本上讲，通过立法，防患于未然，是解决噪声问题的关键。

为防治环境噪声污染，保护和改善生活环境，保障人体健康，促进经济和社会发展，我国于1996年制订了《中华人民共和国环境噪声污染防治法》，这是我国环境噪声管理的基本法。在该法中明确地表明了政府对待噪声问题的理念，即防治污染，改善环境，保障健康，发展经济。《中华人民共和国环境噪声污染防治法》共分八章六十四条。第一章总则中规定了立法的目的、适用范围、执法部门，并规定：“任何单位和个人都有保护声环境的义务，并有权对造成环境噪声污染的单位和个人进行检举和控告。”第二章环境噪声污染防治的监督管理规定：“城市规划部门在确定建设布局时，应当依据国家声环境质量标准和民用建筑隔声设计规范，合理划定建筑物与交通干线的防噪声距离，并提出相应的规划设计要求。”“建设项目可能产生环境噪声污染的，建设单位必须提出环境影响报告书，规定环境噪声污染的防治措施，并按照国家规定的程序报环境保护行政主管部门批准。”“建设项目的环境噪声污染防治设施必须与主体工程同时设计、同时施工、同时投产使用。”“在投入生产或者使用之前必须验收，产生环境噪声污染的单位，应当采取措施进行治理。”

各级地方政府也在其辖区内制订和颁布了有关的噪声法规。例如，北京市自2007年1月1日起施行《北京市环境噪声污染防治办法》。其中第十一条明确指出，居民住宅楼内不得设置可能产生噪声污染的餐饮和娱乐场所，销售新建居民住宅的，房地产开发企业应当明示所销售住宅的建筑隔声情况及所在地声

环境状况。上海市2005年修订的《上海市环境保护条例》中也明确规定了在住宅区、文教区和其他特殊地区禁止设立产生噪声污染的生产、经营项目；公共场所禁止使用引起噪声污染的大功率扬声器；夜间施工应不影响居民休息；机动车、船禁鸣喇叭等。

法律规定，噪声执法的依据是噪声允许标准，通常为国家颁布的国家标准、由主管部门颁布的部颁标准或地方政府颁布的地方性标准。目前已颁布的最常用的与环境噪声有关的标准有：

GB 3096《声环境质量标准》

GB 22337《社会生活环境噪声排放标准》

GB 12348《工业企业厂界环境噪声排放标准》

GB/T 3222.1《声学 环境噪声的描述、测量与评价 第1部分：基本参量与评价方法》

GB/T 3222.2《声学 环境噪声的描述、测量与评价 第2部分：环境噪声级测定》

GB J87《工业企业噪声控制设计规范》

近20多年来，国家和地方各级政府建立健全了环境保护管理机构、环境监测监理系统以及环保产品质量监督检验体系，颁布了环境噪声污染防治法和各种噪声与振动限值标准及测量方法，使噪声和振动控制有法可依，有标准可循。据统计，已颁布执行的有关噪声和振动国家标准有300余个之多。

1.1.4 噪声控制技术

1. 在声源处降低噪声

降低声源本身的噪声是治本的方法。比如，用低噪声变压器代替高噪声变压器；防止和降低由振动发出的噪声，可以用改变设备的结构等方法来解决。

降低声源本身的噪声，必须了解声源的结构，清楚声源的发声机理。从这方面来讲，目前电力设备尚存在着两类问题：一类是基本了解了设备的发声机理，但从源头治理要提高设备的造价，如变压器类的设备，提高硅钢片的质量，同时采用较薄的硅钢片，都会降低噪声，但变压器的生产成本会增加。另一方面是设备的噪声产生机理尚不完全清楚，目前还在研究中，如电容器单元的发声机理，现有的发声理论还不能完全解释电容器单元的某些噪声现象。

2. 在噪声的传播途径中控制

（1）无源噪声控制。

就噪声控制的途径而言，噪声控制可以从噪声源、噪声传播途径和噪声接收者三个方面入手。传统的噪声控制主要以噪声的声学控制方法为主，主要的技术手段包括吸声处理、隔声处理、使用消声元件、进行振动隔离与降低振动等。这些噪声控制方法的机理在于使噪声的声波与声学材料或结构相互作用而消耗声能，从而达到降低噪声的目的，这些技术方法属于无源或被动式控制方法，称为“无源”噪声控制。总体上讲，无源噪声控制对降低中高频噪声较为有效，而对降低低频噪声的作用有限。

1）吸声处理。吸声处理是一种使用吸声材料或吸声结构来吸收入射声波能量，从而降低噪声强度的降噪方法。

从理论上讲，任何材料都有吸声作用，但通常只将吸声系数大于0.2的材料称为吸声材料，并且吸声材料主要是指多孔吸声材料，如无机纤维材料（超细玻璃棉、玻璃丝、矿渣棉、岩棉等）、泡沫塑料（聚氨酯、聚醚乙烯、酚醛等）、有机纤维材料（棉麻、甘蔗、木丝、稻草等）、建筑吸声材料（加气混凝土、膨胀珍珠岩、微孔吸声砖、泡沫铝等）等。多孔吸声材料的吸声性能不仅与吸声材料本身的特性（如流阻、孔隙率等）有关，而且与入射声波的频率和入射角度有关。一般来说，多孔吸声材料的吸声系数随声波频率的增加而增大，达到极大值后略降再回升，到高频时起伏变化不再明显。中低频范围的吸声性能还随多孔材料厚度的增加而增加，但厚度对高频声波的吸收影响不显著。

常用的吸声结构有多孔材料吸声结构、共振吸声结构和微穿孔板吸声结构。多孔材料吸声结构包括吸声板结构、空间吸声体和吸声尖劈等，它们对中、高频噪声有较好的吸声效果。共振吸声结构包括薄板共振吸声结构、薄膜共振吸声结构和穿孔板吸声结构，它们对低频噪声有较好的吸声效果，但结构尺寸通常较大。微穿孔板吸声结构的吸声频段则相对较宽。

2）隔声处理。隔声处理是一种利用材料的刚性特征，使入射声波在隔声构件上产生反射从而阻隔声波传播能量的降噪措施。隔声处理的具体方法包括采用隔声结构、隔声罩和隔声屏等。

隔声结构分为单层、双层或多层隔声结构等。单层均质密实隔声结构（如砖墙、混凝土墙、金属板、木板）的隔声性能一般由构件的面密度、板的刚度、材料的内阻尼、入射声波的频率和入射角度决定。其隔声量随频率的变化曲线分为三个区域：刚度和阻尼控制区、质量控制区、吻合效应和质量控制延续区。

当声波频率低于结构的共振频率时，隔声量随频率以6dB/倍频程的速率降低。随频率的增加，进入共振频率及谐波频率范围内，隔声量将不断下降，在共振频率处，隔声量最小，这一频率范围称为刚度和阻尼控制区。当频率进一步增加，隔声量曲线进入质量控制区时，构件面密度和偏离每增加 1 倍，隔声量便增加 6dB。当声波偏离再增加，进入吻合效应和质量控制延续区时，在此区域的临界频率处隔声量下降，出现吻合效应。如果把单层结构分成两层或多层，并在各层之间留有一定厚度的空气层，或在空气层中填充吸声材料，隔声效果就比单层实心结构更好。如果通过不同材料的分层交错排列，就构成了复合隔声结构，将获得比同样重的单层均质结构高得多的隔声量。

隔声罩是指将噪声源密闭在特定空间内的一种隔声构件，分为全封闭、局部封闭和消声箱式隔声罩三种。隔声罩由罩板、阻尼涂料和吸声层构成，其隔声性能总体上遵循质量控制规律，但在实际应用中要更多地考虑通风、散热、耐腐蚀、耐热、设备维修等问题。目前换流变压器隔声采用的“BOX-IN”就是一种隔声罩。

隔声屏是由隔声结构做成，并在朝向声源一侧进行了吸声处理的屏障。隔声屏用于阻挡噪声向接受点的声传播，其隔声性能直接依赖于入射声波频率、声源到屏障及屏障到受声点的距离、屏障的高度与宽度。对于高频噪声，其波长较短，声波的绕射能力差，从而使隔声效果显著。对于低频噪声，由于其声波波长较长，声波的绕射能力强，大大限制了隔声屏的隔声效果。

3）消声器。消声器是一种让气流通过但使噪声衰减的声学装置，通常安装在气流通过的管道中或进气、排气口位置。消声器分为阻性消声器、抗性消声器、复合式消声器、微穿孔板消声器、耗散型消声器以及一些特殊形式的消声器，其中最常用的是阻性消声器、抗性消声器和复合式消声器三种。消声器的使用通常要考虑三方面的因素：消声量的大小和频率特性；气流阻力损失或压力损失；消声器的外形、尺寸、使用寿命和可维护性等。

阻性消声器的使用最为广泛，它利用声波在多孔吸声材料中传播，由于摩擦和黏滞阻力将声能转化为热能，从而达到衰减噪声的目的。阻性消声器对中高频噪声的降噪效果较好，其消声量与所用材料和消声器的结构和尺寸有关。总的说来，所用材料的吸声性能越好，消声量就越高。另外，消声量与消声器长度成正比，与横截面积成反比。

抗性消声器不直接吸收声能，而是利用管道上突变的界面或旁接的共振腔，使管道传播的某些频率的声波在突变界面处产生反射、干涉等现象，从而使噪声得以降低。抗性消声器能够较好地降低低频噪声，但其消声频段窄，并且随消声频率的下降体积变得庞大起来。

复合式消声器由阻性消声器和抗性消声器复合而成，消声量和消声频带都较理想，但它在高温、蒸气侵蚀和高速气流冲击下使用寿命较短。

（2）有源噪声控制。

有源噪声控制（ANC）由德国物理学家 Paul Leug 于 1933 年提出，其原理即利用两列声波的叠加会产生相加和相消性干涉从而使声能在某些区域增强或减弱的现象，控制某些区域的噪声水平。有源降噪技术要能取得良好的抵消效果，必须满足两个条件：一是确定声波从传声器传播至扬声器的声时延；二是电子线路具有良好的幅频和相频特性。由于受到这两个条件的制约，有源降噪技术一直发展缓慢。直到 20 世纪 70 年代，由于计算机和信号处理技术的发展，有源控制才得到了较为迅速的发展。进入 80 年代，对有源控制的原理和方法有了更深入的研究，同时与 ANC 配套的高恒定功率扬声器、次级声源、换能器以及相关信号处理装置也都有了很大发展，促使 ANC 开始进入实用阶段。

有源噪声控制（ANC）分为主动消声与主动吸声：

1）主动消声技术。主动消声技术主要指有源消声技术，是指在指定区域人为地有目的性地产生一个次级声信号去控制初级声信号的方法。基本原理是声波的杨氏干涉理论，即频率相同、相位相反的两列声波相遇时，在空间产生干涉和叠加现象。主动消声技术按照控制器输入信号的不同可分为前馈控制系统和反馈控制系统。

图 1-1（a）为反馈控制系统。反馈控制系统包括误差传感器、控制装置和扬声器，误差传感器测量信号，输入到控制装置，再推动扬声器，产生一个与前行主声源的声波幅度相等而相位相反的次声源，主声源的声波与次声源的声波在误差传声器的位置抵消，从而达到消声的目的。图 1-1（b）为前馈控制系统。这个系统中有误差传感器、控制装置、扬声器和参考传感器。参考信号与误差信号同时传递到控制装置，然后再推动扬声器产生次声源。前馈控制系统与反馈控制系统的根本不同是前馈系统采用了参考信号。这样系统遇到微小的干扰时，它可以自我调节。前馈控制系统是一个自适应系统，而反馈控制是一个非自适应系统。

在车辆排气系统大量的实车 NVH（噪声、振动、舒适性）试验分析表明，基于 ANC 方法对车内噪声进行控制和改善是可行的，且效果显著。实施 ANC 之后，基本消除了原车车内的低频噪声的峰值，解决了车内轰鸣声的问题。具体降噪数值：车内轰鸣声能达到15dB左右的降噪效果，车内噪声声压级也能达到5dB左右的降噪效果。2013年国内上市的凯迪拉克XTS豪华轿车，其bose5.1环绕声高级音响系统具备主动降噪系统。用车内麦克风采集噪声样本，经系统分析处理由车载音响的播音器播放相位相反的音频以抵消声波，营造安静的车内氛围。

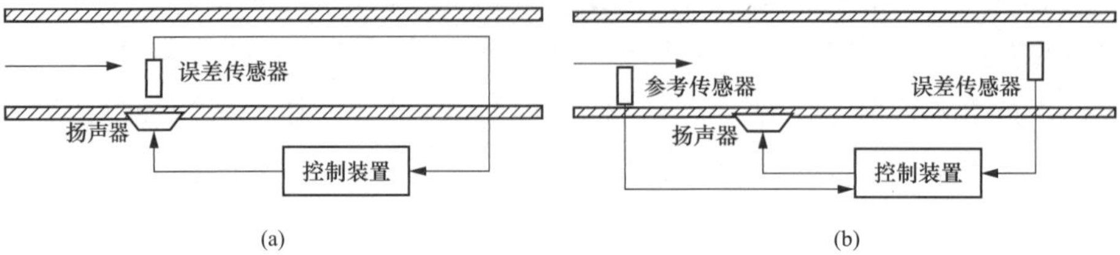

图1-1　主动消声的两种方式

(a) 反馈控制系统；(b) 前馈控制系统

2）主动吸声技术。由于中低频段声波波长很长，被动吸声方法需要很厚的吸声材料才能达到较好的效果，这在现实中往往是不可能的，因此其在中低频段的应用受到了限制。主动吸声方法则与被动吸声方法刚好相反，其在低频段效果很好，而且容易实现，而在高频段由于采样频率的提高导致计算机成本的提高，使其实现遇到了困难。对于实际系统，采用两者结合的复合吸声方法是一种不错的选择，从而实现系统的全频段吸声。有别于主动消声的主动吸声方法是从噪声传播途径上和受声体进行控制，它的控制目标是使入射声波的反射系数很小或接近于零，形成“黑洞”现象，使得吸声系数达到最大，从而达到吸声降噪的目的。

主动吸声方法主要有阻抗匹配法和压力释放法两种方法。其中阻抗匹配法通过控制作动器表面的速度来改变系统的阻抗，实现阻抗匹配的条件而达到主动吸声的目的。压力释放法是通过控制吸声材料背后的声压为零，从而提高吸声材料附近质点的振动速度，通过增加声能的损耗来达到主动吸声的目的。

2005年，Galland和Mazeaud等研究了以压电复合结构为作动器的主被动吸声系统，并采用编织网为被动吸声材料，大大地缩小了系统的体积。他们深入地研究了主被动复合吸声的原理，并从实验验证了理论分析的结果，得到了0.7kHz吸声25dB、1.8kHz吸声20dB的良好效果。2006年，Cuesta等设计了一种薄板压电复合结构，利用压电陶瓷片贴覆到基板上，通过实验研究了它的阻抗特性，并与扬声器的阻抗特性进行了比较。国内主动吸声的研究起步较晚，主要从最近10多年开始。有的研究者研究了压电复合结构的特性，通过改变压电复合结构的激励电压，改变材料的表面阻抗，达到与空气阻抗匹配的结果，最终实现了声音的高效主动吸声；有的则对狭缝吸声结构进行了比较深入的研究，并研究了基于狭缝吸声结构的主动吸声系统。其通过改变狭缝的宽度来改变声学特性，从而实现声音的主动吸收。

与无源噪声控制技术相比，ANC的优点在于能解决无源控制中难以解决的低频问题，针对性强，装置体积小，灵活方便，可减少被控制对象的结构改动。但是，有源降噪技术目前只在一维空间（如管道）和一些特定的小型密闭空间内（有报道称，在飞机座舱内实现了对噪声的有源控制）的噪声降低有着成功的应用。而在类似变电站/换流站那样的大面积多声源的开放空间以及大面积控制区域目前尚难以实现工程应用。这是由于有源降噪是基于声波干涉原理的噪声控制措施，它要求在初级声源和次级声源之间进行严格的匹配，这对控制算法的稳定性和适应性都提出了极高的要求。根据Helmholtz-Kirchhoff原理，要想实现全空间的有源降噪，理论上需要在封闭的包络面上连续布放无穷多个次级声源，而这在工程上是不易实现的。另外，如果要求布防的次级声源过多，也会造成此项措施的成本大幅度攀升，从而在技术经济性上丧失实用性。

3. 使用个人防护用具

在许多场合下，采取个人防护是最有效、最经济的办法。个人防护用具由耳塞、耳罩、耳棉等。耳塞一般平均隔声可达20dB（A）以上，性能良好的耳罩可达30dB（A）。这种方法在巡检人员进入阀厅时经常使用。

除上述各种方法外，绿化对减少噪声也有一定的效果。

4. 噪声控制新材料

（1）环保型和安全型声学材料。

随着人们环保意识的不断加强，人们越来越注意使用环保型和安全型声学材料，包括无毒无害、阻燃防火等，一些用户甚至要求使用天然和功能性的声学材料。特别是居住场所、人员集中工作场所、有特殊要求的场所对环保型和安全型声学材料的呼声更高。世界各国在环保型和安全型声学材料领域的研究工作非常活跃。微穿孔板吸声结构和微穿孔消声器在国内外的成功应用是一个典型的实例。

（2）复合型声学材料。

汽车、火车、飞机等交通运输工具，各类工程机械、家用电器设备的噪声辐射已列入重要产品质量评价指标。由于考虑重量和空间的限制，大量不同类型的复合声学材料被采用，已成功应用在这些噪声源控制中的复合声学材料有阻尼-吸声复合材料、阻尼-吸声-隔声复合材料等。其中，高阻尼复合隔声板是一种厚度小、中低频隔声性能突出的新型材料，表 1-1 是厚度不到 4mm 的高阻尼隔声板的隔声量测量值。

表 1-1　　高阻尼隔声板的隔声量测量值　　（厚度：3.7mm）

中心频率/Hz	隔声量/dB	中心频率/Hz	隔声量/dB
100	26.6	800	40.8
125	28.7	1000	43.1
160	27.2	1250	44.8
200	30.3	1600	46.9
250	31.2	2000	47.9
315	32.9	250	48.8
400	34.7	3150	49.6
500	36.3	4000	50.8
630	38.1	R_w	42

由表 1-1 可以看出，在电力设备最关注的 100Hz、200Hz、300Hz、400Hz 等频率处，高阻尼隔声板具有良好的隔声量。因此，高阻尼隔声板会在电力设备的隔声中获得广泛的应用。

（3）声子晶体与声学超构材料。声子晶体与声学超构材料是一类人工复合材料，它们可以对声波和振动波的散射特性进行有效的控制，因而是目前振动和噪声控制领域普遍关注的热点内容。

声子晶体是一种具有弹性波禁带的周期性结构功能材料，由散射体和基体组成，前者以周期分布形式嵌入在基体中。当弹性波在声子晶体中传播时，受其内部周期结构的作用，形成特殊的色散关系（能带结构），色散关系曲线之间的频率范围称为禁带，见图 1-2。在声子晶体内部，材料组分（组元）的弹性常数、质量密度等参数会出现周期变化。随着材料的组分搭配不同、周期结构形式的不同，声子晶体的弹性波禁带也就不同。

理论上，禁带频率范围内的弹性波传播被抑制，而其他频率范围（通带）的弹性波将在色散关系的作用下无损耗地传播。当声子晶体的周期结构存在缺陷时，带隙频率范围内的弹性波将被局限在缺陷处，或沿缺陷传播。因此，声子晶体可用于控制弹性波的传播，在新型声学器件、减振降噪领域具有广阔的应用前景。

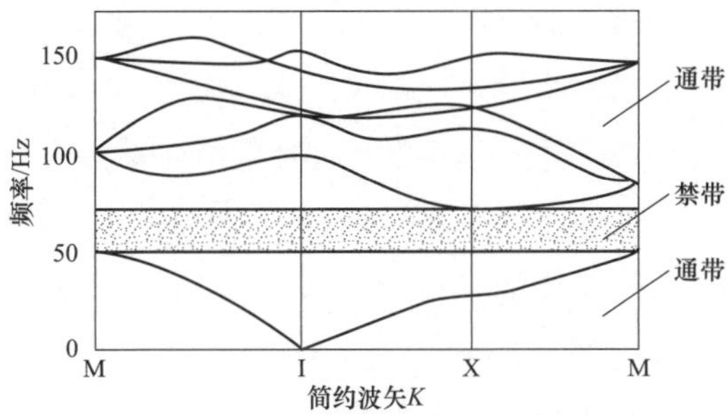

图 1-2 典型声子晶体带隙图

声学超构材料是人工制造的一种复合结构的材料。与声子晶体不同的是，声学超构材料的结构尺寸单元远小于声波波长。正因为如此，声学超构材料具有很多自然材料所不具备的特殊性质。当声波在声学超构材料中传播时，会受到这种材料的结构和材料属性的影响，从而使声波的传播受到影响。因此通过对这种特殊材料的设计，可以实现声波的滤波、导波、声聚焦、超透镜、声隐身等许多全新的物理特性和现象，并且在国防以及日常生活中有着重要的潜在应用，极大地扩展了声学材料的内涵及其应用领域。

1.2 变电站/换流站噪声

1.2.1 变电站噪声

可听噪声是变电站的环境污染控制中的一项重要参数指标。变电站可听噪声主要是指站内噪声、站界噪声以及主要运行设备的噪声（主变压器、电抗器、电容器、通风风机等）。在对不同地区、不同电压等级（110kV、220kV 和 500kV）的 18 个变电站进行的可听噪声测试分析可知，主变压器、电抗器、电容器、通风风机是主要噪声源。

1. 站内设备噪声状况

（1）主变压器噪声。

主变压器（简称变压器）发出的可听见的噪声是由铁心的磁致伸缩变形和绕组、油箱及磁屏蔽内的电磁力所引起的，即空载、负载和冷却系统引起噪声之和。铁心产生噪声的原因是构成铁心的硅钢片在交变磁场作用下，会发生微小变化即磁致伸缩。磁致伸缩使铁心随励磁频率变化做周期性振动。绕组产生振动的原因是电流绕组中产生电磁力，漏磁场也能使结构件产生振动。电磁噪声产生原因是磁场诱发铁心叠片沿纵向振动产生噪声，该振动幅值与铁心叠片中磁通密度及铁心材质磁性能有关，而与负载电流关系不大。电磁力（和振动幅值）与电流平方成正比，而发射声功率与振动幅值平方成正比。冷却装置的噪声是由于冷却风扇和油泵在运行时产生的振动导致的。

当变压器铁心加热以后，由于谐振频率和机械应力的变化，其噪声会随温度的升高而增大，而运行现场的环境（如周围的墙壁、建筑物及安装基础等）对变压器噪声也有影响。

110kV 变电站有室内站和户外站两种，户外变电站的主变压器噪声声压级测量值要比室内主变压器的噪声测量值小，这主要是由于主变压器室室内壁面反射声引起的室内混响造成的，这个影响最大会使声压级的测量值增加 6～10dB(A)。另外，对于同样容量的主变压器，其运行噪声仍有较大差别，其原因可能有不同厂家产品之间质量差异，单个产品之间的个体质量差异，噪声测量时负荷水平不同等。一般来说，110kV 变电站中主变压器的噪声都不超过“3C，绿色电网”输变电示范工程评价指标中控制项的限值。

220kV 变电站内主变压器的噪声声压级在 58～75dB(A)，一般在 65dB(A) 左右。在对不同的 500kV 变电站 48 台主变压器的测试表明，距主变压器 4m 处的声压级在 65～83dB(A)。主变压器噪声值的离散性较大，不仅不同的生产厂家的产品之间噪声值大小不一，就是同一个生产厂家，甚至是安装在同一个变电站内的变压器，其噪声也会相差较大。

对同一个变电站主变压器噪声进行的多次测量显示：有的主变压器噪声随着负荷率增加而增加，而有的主变压器噪声反而会随着负荷率的增加而减小；也就是说主变压器的噪声并非一定随负荷率增加而严格增加。这与通常关于变压器噪声的理解有所不同，情况较为复杂，需进一步深入研究。变站内主变压器的噪声与主变压器负荷水平有一定的关系，通常当负荷水平增加时，噪声也会增大，但这种变化关系较为复杂，其规律性还需进一步探索。

（2）高压并联电抗器的噪声。

高压并联电抗器（简称高抗）是电力系统中的一种无功补偿设备，通常安装在超、特高压变电站线路的出线侧，用于补偿长线路电容效应所引起的工频电压升高。由于高抗的容量大，其运行噪声甚至会超过站内主变压器的噪声，且高抗的安装位置在厂界的边缘，因此高抗的噪声对变电站厂界噪声有很大的影响，是超、特高压变电站内的一个不可忽视的重要的噪声辐射源。

高抗的噪声主要由铁心饼间的电磁力产生，其声功率级随额定容量的增大而增加，声波能量主要集中在以 100Hz、200Hz 为主的高次谐频处；由于高抗噪声的低频成分突出，所以衰减较慢，且存在较为明显的声波干涉现象。

高抗噪声的大小一般随运行电压增加增大，但与该高抗的运行负荷关系不大。

不同电压等级系统的高抗，其噪声也不尽相同：500kV 变电站距高抗 1m 处的噪声声压级在 72～81dB(A)，750kV 变电站距高抗 1m 处的噪声声压级在 75～83dB(A)，1000kV 变电站距高抗 1m 处的噪声声压级在 77～85dB(A)。

(3) 电容器的噪声。

电力电容器是交流输电系统中是进行无功补偿的重要设备，由于变电站内的补偿电容器噪声不是很大，且其数量不像换流站那样多，安装位置也不高，有的可以安装在室内，因此，在变电站中电力电容器的噪声并不突出。

(4) 电晕噪声。

电晕放电是指带电导体表面电场强度超过临界值时，将引起附近空气突然发生电离所产生的发光、发热并产生可听噪声的现象。电晕现象常发生在不均匀电场中电场强度很高的区域内，如高压导线的周围、带电导体的尖端附近。高压架空线路在特定的气候和环境条件下均会产生电晕放电现象，尤其是在高海拔地区。

测试表明，电晕噪声的声压级可以达到 60dB(A) 甚至更高。同时电晕噪声的发声部位具有位置高（一般距离地面约 20m 左右）、分布广的特点。在电压等级较高（500kV）、海拔较高的变电站和换流站，电晕噪声会使变电站厂界噪声超标。但电晕噪声一般发声在高压导线周围，且主要是由宽带噪声、二倍工频及其整数倍频率的纯音组成。在声音传播过程中，中高频的宽带噪声衰减较快，但二倍工频等低频噪声传播较远，影响较大。

电晕噪声的控制一般可以通过输电线路中的电力金具优化、增加分裂导线直径、增加分裂导线数量、改变分裂导线的间距等，改善金具、分裂导线的表面场强，提高起晕电压等措施来降低电晕噪声。

(5) 通风风机噪声。

户内变电站的主变压室需要进行通风散热，通风风机运行时会产生较大的噪声。从具有通风风机的户内站来看，通常在主变室的下方安装进风风机，在主变室的上方安装排风风机。一般进风口风机是噪声较小的轴流风机，而排风口是全压较大、噪声也较大的离心式风机。

通常，排风风机的安装位置高、噪声大，因此对厂界噪声有一定影响。

2. 厂界噪声状况

(1) 110kV 变电站厂界噪声状况。

测量数据表明，110kV 变电站多为户内站，其厂界噪声等效连续声压级在

51.4～56.9dB(A)。这些值基本上不会超出2类声环境功能区的限值和南方电网制订的“3C绿色”电网示范工程评价指标控制项限值。

(2) 220kV变电站厂界噪声状况。

220kV变电站有户内站和户外站。在对户内站厂界噪声测量时，由于外界噪声的干扰，户内站内噪声在67.5～79.3dB(A)。实际上变电站的厂界噪声远低于上述测量值，尤其是对于经过噪声治理的变电站，其主变、通风风机等设备全部安放在室内，由于墙壁的隔声作用，厂界噪声主要取决于外界的环境噪声而基本不受站内噪声设备噪声的影响。

户外站的厂界噪声在距主要发声设备较近的位置处，一般在63.2～73.7dB(A)，出现超标现象，也不能完全满足“3C绿色”变电站示范工程评价指标体系中的控制项限值要求。

(3) 500kV变电站厂界噪声状况。

500kV变电站基本全是户外站，在所调查的变电站中，厂界噪声在53.5～66.2dB(A)。除个别变电站达到1类声环境功能区限值外，其余全部超出2类声环境功能区噪声限值。其原因是高压并联电抗器以及主变压器噪声对厂界噪声的影响最大。高压并联电抗器本体电磁噪声主要是低频，其中100Hz和200Hz的频率成分比较突出。这种低频成分在传播时不容易衰减，并且不易阻隔，需要加以重视。

1.2.2 换流站噪声

可听噪声是直流输电工程环境污染控制中的一项重要指标。在进行换流站设计和环境评价中，必须要对站内的各种设备的噪声辐射特性及其对周围环境的噪声影响进行了解和控制。由于换流站内设备的特殊性，目前国内外还缺乏换流站设备的噪声辐射特性的资料。

在对南方电网所属范围内的超高压、特高压换流站进行可听噪声测量和分析工作的基础上，基本得到换流站内主要噪声源及其噪声辐射特性以及已建换流站的噪声分布状况。由实际测试可知，超高压、特高压直流换流站中的换流变压器、滤波电容器、滤波电抗器、平波电抗器、换流阀是主要噪声源。

1. 站内设备噪声状况

(1) 换流变压器噪声。

换流变压器的噪声在换流站中是向外发射可听噪声最大的单体设备，所以是换流站中最主要的噪声源。与主变压器一样，换流变压器的噪声也是来源于铁心磁致伸缩引起的噪声、绕组的噪声和冷却系统的噪声。

在换流站中，有两种形式的换流变压器，一种是 Y/Δ 换流变压器，一种是 Y/Y 换流变压器。由测量的数据看，两种形式的换流变压器的噪声都是以 100Hz、200Hz、400Hz、500Hz、600Hz 等 50Hz 的高次谐频为主的噪声，其中 400Hz 的噪声为主要噪声成分。但是，在相同情况下，Y/Δ 换流变压器的噪声要比 Y/Y 换流变压器约大 2～3dB。

（2）交流滤波场电容器噪声。

电力电容器塔架都是由几十甚至上百个电容器单元按一定方式阵列组成，多为 6～8 层结构，高的有十几层，每层包括十几个电容器单元。通常它是换流站里第二大主要噪声辐射源。各换流站交流滤波场的电容器塔架噪声都具有强烈的指向性，其套管侧方向的噪声辐射最为强烈，比其他方向的噪声约大 7～13dB。

由实际测量的交流滤波场电容器的噪声频谱特征看，其中中频噪声成分较强，分布在 500～2000Hz 的频段，主要集中在 550～650Hz 频段，具体频谱峰值和幅值随不同的交流滤波器组的投运状况不同（具体为谐频成分不同）而不同。

（3）交流滤波场电抗器噪声。

在换流站工程中，交流滤波场电抗器一般采用干式空心电抗器。如不采取隔声降噪措施时，其对外辐射的噪声也会很大。目前对交流滤波场电抗器的降噪措施已经比较成熟，新建的换流站内基本都会采取加装隔声罩的降噪措施。采用降噪措施后的电抗器的噪声较小，在附近几乎都被滤波电容器噪声所掩盖。

（4）平波电抗器噪声。

在换流站中使用的高压直流平波电抗器有干式空心平波电抗器和油浸式平波电抗器两种。

干式空心平波电抗器的噪声主要由绕组振动产生，干式平波电抗器虽然架空安装、位置很高，但新建的换流站内的干式平波电抗器基本都已采取加装隔声罩的降噪措施，因此其噪声较小。干式空心平波电抗器的噪声频谱显示为以 600Hz 为主的中低频噪声，其谐波性很强。

油浸式平波电抗器的噪声主要由铁心的磁致伸缩振动和绕组振动产生，而绕组振动则是由输入电流中的谐波成分引起。实际测量的油浸式平波电抗器的噪声频谱特征类似于换流变压器压器的噪声。油浸式平波电抗器的噪声要大于干式平波电抗器，其噪声由中低频噪声风扇噪声和 600Hz 以下的有调噪声组成。

（5）换流阀噪声。

根据换流阀噪声的测量分析结果，基本确认换流阀上最大噪声源是饱和电抗器。饱和电抗器产生噪声的主要原因是由于电抗器铁心的磁致伸缩变形、绕组、支架等共同作用产生的。其噪声主要集中在中心频率为 630～4000Hz 的中高频带内，以中心频率 800Hz 最大。目前换流站所常用的饱和电抗器有小组件结构形式和大组件结构形式两种。相同工况下，采用小组件结构形式的饱和电抗器噪声要比采用大组件结构形式的噪声小 2dB(A) 左右。

虽然直流输电工程换流站内的换流阀辐射的噪声非常大，但由于换流阀是安装在阀厅内部，阀厅经过了隔声处理，因此其对室外的噪声辐射贡献并不大，但对主控室的工作人员的工作环境有一定的影响。由于换流阀的阀厅内建筑材料的吸声系数较小，阀厅中的混响声较为严重，如果更换为吸声系数较大的建筑材料，将会使阀厅内的噪声降低 6～10dB(A)。

（6）其他设备噪声。

阀冷却设备中的水冷却塔、控制室空调机组等也是换流站产生噪声的设备，但与其他设备相比，数量较少。这些设备的噪声频谱是一个很宽的频带，且没有特别突出的峰值，相比之下，没有电力设备的噪声对环境的影响敏感。

2. 厂界噪声状况

对换流站厂界噪声的监测结果显示，它们基本均超出 GB 12348—2008 中规定的 I 类声环境功能区的限值［白天 55dB(A)，夜间 45dB(A)］规定。尤其是在靠近交流滤波场的厂界位置，其噪声值相较比较大，达到 60 多 dB(A)。这与换流站内设备的布局、设备本身的噪声有一定的关系。但经治理后，在治理侧的厂界噪声以及附近敏感建筑物处噪声一般都可以达到 GB 12348—2008 中规定的 I 类声环境功能区的限值要求。

总体而言，换流站电压等级越高，换流站内的相关换流设备的辐射噪声越高；而换流站的厂界噪声除了受到站内设备噪声大小的影响外，还与变电站内噪声设备的布置相关，如当较小噪声的设备布置在厂界边上也会导致厂界噪声偏大，发声较大的设备在站内合理布置，通过站内建筑、设备的屏蔽、遮挡作用，也可能使变电站的厂界噪声值降低。

必须强调的是，变电站、换流站的噪声是典型的有调噪声，这种噪声带来的环境问题如果仅采用 GB 12348—2008 和 GB 3096—2008 中规定的单值评价量 A 计权声级进行评价并不合适，需要按 GB/T 3222.2—2009 修正后再进行评价。

1.3 噪声的传播特性

1.3.1 声波的产生和传播

声音的形式多种多样，但有一个共同的特点，就是所有的声音都源于物体的振动。当物体振动时，在它周围就会产生声波，声波不断向外传播，被人们听到成为声音。

物体在弹性介质中的机械振动可引起介质密度的改变，声波就是这种介质密度变化由近及远的传播过程。声波是一种机械波，在媒质中可向四面八方传播。而媒质的质点本身并不随声波一起传播开去，它只在其平衡位置附近做往复振动，所以声音的传播指的是物体振动的传播过程，即传播出去的是媒质的运动能量而不是媒质的本身。可见，声音是物质的一种运动形式，这种形式称为波动。

传播声波的弹性媒质可以是气体、液体或固体，声波在真空中无法传播。噪声通常讨论的是在空气中传播的声波。

声波根据媒质质点振动方向与波动传播方向的关系，可分为横波和纵波两类。媒质质点振动的方向和波的传播方向相垂直的波，称为横波；媒质质点的振动方向和波的传播方向相一致的波，称为纵波。由于在空气中只能传递压缩运动的能量而不能传播剪切运动的能量，所以在空气中传播的声波只有纵波。

凡有声波存在的媒质区域，称为声场。声场又可以分为自由声场、混响声场、扩散声场、远场及近场等。

自由声场通常是指无反射声存在的声场，也表示那些在各向同性的均匀媒质中界面的影响可以忽略的声场，或者做了强吸声的消声室内的声场等。

在比较大的建筑围护结构，例如换流阀厅内，各壁面存在多次强反射所形成的、以反射声为主的声场，称为混响声场。

声能密度分布均匀、反射的传播方向为无规律分布的声场，称为扩散声场。混响声越强烈的声场越接近扩散声场。

远场指自由声场中到声源的距离每增加一倍、声压降低至一半的区域。远场内的媒质瞬时质点速度与声压的相位一致。

远场之内的区域为近场。近场内媒质瞬时质点速度与声压的相位不相同。

1.3.2 描述声波的物理量

1. 频率

声波的频率是单位时间内媒质质点振动的次数；质点振动每往复一次所需的时间称为周期。频率和周期的关系如式（1-1）所示：

$$f = \frac{1}{T} \tag{1-1}$$

式中 f——频率，Hz；

T——周期，s。

频率1Hz表示1s内媒质质点做1次振动。每秒钟振动的次数愈多，其频率就愈高，人耳听到的声音就愈尖，或者说音调就愈高；反之，每秒钟振动次数愈少，听到的声音就愈低沉，即音调就愈低，音调的高低主要是由声源振动的频率决定的。

声学研究的频率范围很宽，目前至少是从10^{-4}Hz到10^{14}Hz，可按频率范围的不同将其划分为次声、可听声、超声和特超声。人耳可以听到的声音的频率范围，通常是从20Hz到20000Hz，这个频率范围的声音叫可听声。频率低于20Hz的叫次声，频率高于20000Hz的属于超声范围，它们作用到人的听觉器官不能引起声音感觉，所以人听不到。

噪声控制所研究的是可听声，通常粗略地把声波的频率分为3个频段：300Hz以下为低频声，300～1000Hz为中频声，1000Hz以上的为高频声。

2. 波长

声源的振动在弹性媒质中以波的形式传播出去，在声波的传播方向上，相邻两波峰（或相邻的波谷与波谷）之间的距离称为波长。波长也可以描述为质点的振动经过一个周期声波传播开去的距离，通常用λ表示，单位为米（m）。

3. 声速

声音在媒质中传播的速度称为声速，常用符号c来表示，单位为米/秒（m/s）。

声速是介质温度的函数。声波在空气中传播时，温度每升高1℃，声速约增加0.6m/s。空气中声速受空气湿度的影响，水蒸气分压每上升133Pa，声速大约增加0.00021m/s。声速还随大气压强的增加而增加，25atm（1atm＝101.325kPa）时声速比1atm时的声速增加0.8%，50atm时增加2.2%，100atm时增加6.4%。声速和媒质的种类有关，不同媒质中的声速是不同的。如21.1℃时声音在空气中的传播速度约344m/s，在水中的传播速度是1483m/s，在混凝土中的传播速度是3048m/s。

声速c是声波振动在媒质中的传播速度，即振动能量的传递速度，媒质本身始终只在原来的平衡位置附近做往复运动。声速与媒质质点自身的振动速度是两个不同的概念，即一般来说，$c \gg v$（c为声速，v为媒质质点的振动速度）。

声波的波长、频率、周期与声速之间的关系如式（1-2）所示：

$$c = \lambda f \text{ 或 } c \frac{\lambda}{T} \tag{1-2}$$

式中 λ——波长，m；

f——频率，Hz；

T——周期，s；

c——声速，m/s。

这两个关系对于任何波都适用。例如在常温下空气中的声速为 344m/s，水中的声速为 1483m/s，因此频率为 500Hz 的声波在空气中和水中的波长分别为：

在空气中的波长：　　$\lambda=344\div500=0.688(\text{m})$

在水中的波长：　　$\lambda=1483\div500=2.966(\text{m})$

可见，同一频率的声波，在水中的波长比在空气中的波长要长得多；在相同的媒质中，高频声声波要比低频声声波的波长短。

4. 声压

当空气未受到扰动时，空气质点处于无规则的运动状态，此时可认为所有质点的平均位移为零，各处质点的压强可被认为恒定，就等于大气压强 P_0。当空气受到扰动时，空气压强就在大气压强 P_0 附近做迅速起伏变化的波动，并改变为 P_0。这样，将声扰动产生的逾量压强 $p=P-P_0$ 称为声压。

声音在传播过程中，同一时刻、不同体积元内的压强 P 各不同，对于同一体积元，其压强 P 又随时间的变化而变化，故声压 p 一般是时间和空间的函数，即

$$p=p(x,y,z,t) \tag{1-3}$$

式中　p——声压，Pa；

x，y，z——空间三位坐标值，m；

t——时间，s。

声压又分为瞬时声压和有效声压。声场中某空间点的声压 p 随时间 t 的变化称为瞬时声压。声音传入人耳时，鼓膜的惯性作用使人耳无法辨认声压的起伏，人们听到的声音并不是瞬时声压值作用的结果，而是有效声压在起作用。一定时间间隔内瞬时声压对时间的均方根值称为有效声压，其数学表达式为：

$$p_e=\sqrt{\frac{1}{T}\int_0^T p^2(t)\mathrm{d}t} \tag{1-4}$$

式中　p_e——有效声压，Pa；

$p(t)$——瞬时声压，Pa；

T——平均时间间隔（s），可以是一个周期或比周期大得多的时间间隔。

使用声学仪器测得的声压为有效声压。人们习惯上指的声压也往往是指有效声压。声压的大小反映了声波的强弱，是描述声波时空分布的基本物理量。

声压的单位是帕（Pa），$1\text{Pa}=1\text{N/m}^2$。

人耳对频率为 1000Hz 的声音的可听阈（即人耳刚刚能察觉到声音的存在）

约为 2×10^{-5}Pa；微风吹动树叶的声音约为 2×10^{-4}Pa；普通谈话声约为 2×10^{-2}Pa；刚刚使人耳产生疼痛感觉的声压（痛阈声压）约为 20Pa。

5. 声功率

单位时间内声源辐射出来的总声能量称为声功率，记为 W，单位为瓦（W）。

在声场中，声压 p 作用在媒质面积 S 上的力为 S_p，当引起垂直面积 S 的媒质质点速度为 u 时，根据力学关于功率的定义，瞬时声功率为：

$$W(t) = Spu \tag{1-5}$$

式中 $W(t)$——声功率，W；

S——声源在媒质中的辐射面积，m^2；

p——声压，Pa；

u——媒质质点振荡速度，m/s。

它的平均声功率为：

$$W = \frac{1}{T}\int_{t}^{t+T} Spu\,\mathrm{d}t \tag{1-6}$$

式中 T——一个周期或更长的时间，s。

一个声源发出的声功率和声源做功发出的总功率是两个截然不同的概念，声功率只是声源总功率中以声波形式辐射出去的一小部分功率。现实生活中声源声功率强度的范围很广。据有关资料介绍，宇宙飞船大型发射火箭发出的声功率约等于一架喷气式客机的总功率，而后者发出的声功率又约等于一辆汽车的总功率。一个人讲演时的声功率非常微小，有人做了估算，认为大约 40 万人齐声讲演时所发出声音的声功率大约等于 1 支 40W 灯泡消耗的能量。

声源发出的声功率是声源的物理属性，它的大小只取决于声源，与环境无关；而声压是在声波传播的途径中某点处压力的波动，它即受到声源的影响，又受到环境等因素的影响。

6. 声强

在声场中某点处，与质点速度方向垂直的单位面积上在单位时间内通过的声能称为瞬时声强，它是一个矢量。声强的符号为 I，单位为 W/m^2。

在指定方向 n 的声强 $I_n=In$。

对于稳态声场，声强是指瞬时声强在一定时间 T 内的平均值。

7. 频带

可听声的频率分布在 20～20000Hz 范围内，其频率的高低相差达 1000 倍，为了方便起见，通常把宽广的声音频率变化范围划分为若干较小的段落，叫作频带。频带又称为频程。任一频带都有它的上限频率 f_2、下限频率 f_1(这两个频率又称截至频率）和中心频率 f_m，把上、下限频率之间的频率范围称为频带宽度，又称带宽。

在实际应用中，两个不同频率的声音相互比较时，起作用的不是它们的差值，而是两个频率的比值。噪声控制领域对频率做比较的概念称倍频带，又称倍频程。如果两个频率相差一倍，称这两个频率之间相差一个倍频带，即这两个频率之比为 2^1，或 $f_2=2f_1$，相差 3 个倍频带意味着两个频率之比为 2^3，依此类推，相差 n 个倍频带就意味着两个频率之比为 2^n。上限频率值 f_2、下限频率值 f_1 和 n 有如下关系：

$$f_2=2^n f_1 \tag{1-7}$$

或

$$n=\log_2\left(\frac{f_2}{f_1}\right) \tag{1-8}$$

式中 f_1——下限频率，Hz；

f_2——上限频率，Hz；

n——倍频带的系数，可以是分数或整数，一般 n 越小，频带分得越细。

频带的中心频率 f_m 是上、下限频率的几何平均值，即

$$f_m=\sqrt{f_2 f_1} \tag{1-9}$$

式中 f_m——中心频率，Hz；

f_1——下限频率，Hz；

f_2——上限频率，Hz。

在噪声测量中，通用的倍频带有 $n=1$ 时的 1/1 倍频带，简称倍频带；有 $n=1/3$ 时的 1/3 倍频带等。其上限频率值 f_2、下限频率值 f_1 和中心频率值 f_m 值见表 1-2。

表 1-2　倍频带中心频率及频率范围

1/1 倍频带频率范围/Hz			1/3 倍频带频率范围/Hz		
下限频率 f_1	中心频率 f_m	上限频率 f_2	下限频率 f_1	中心频率 f_m	上限频率 f_2
11.3	16	22.6	14.25	16	17.96
			17.82	20	22.45
			22.27	25	28.06
22.3	31.5	44.5	28.06	31.5	35.36
			35.64	40	44.9
			44.6	50	56.1
44.5	63	89	56.1	63	70.7
			71.3	80	89.8

续表

1/1 倍频带频率范围/Hz			1/3 倍频带频率范围/Hz		
下限频率 f_1	中心频率 f_m	上限频率 f_2	下限频率 f_1	中心频率 f_m	上限频率 f_2
			89.1	100	112
89	125	177	111	125	140
			142.5	160	179.6
			178	200	224
177	250	354	223	250	280
			281	315	353
			356	400	449
354	500	707	446	500	561
			561	630	707
			713	800	898
707	1000	1414	891	1000	1122
			1113	1250	1403
			1426	1600	1796
1414	2000	2828	1782	2000	2245
			2227	2500	2806
			2806	3150	3535
2828	4000	5656	3564	4000	4490
			4455	5000	5612
			5613	6300	7071
5656	8000	11312	7127	8000	8980
			8910	10000	11220
			11136	12500	14030
11312	16000	22624	14254	16000	17960

1.3.3 噪声的计量

1. 级的概念和分贝

可听声强度变化的幅值范围很宽，树叶飘动时声功率约为 10^{-9}W，大型火箭发动机启动时辐射声功率约 10^{9}W，两者相差 10^{18}倍。人耳对 1000Hz 声音的听阈声压约为 2×10^{-5}Pa，刚刚使人耳产生疼痛感觉的声压（痛阈声压）约为 20Pa，两者相差 10^{6} 倍。要对变化范围如此之宽的声音进行度量，用线性标度来描述不方便。另一方面，有关生理学研究表明，人们听觉灵敏度与声波刺激量之间的关系不是线性关系，而接近对数的关系。因此，在声学中普遍使用对数标度，既可对范围很大的声音强度进行对数压缩，而且也符合人耳对声音响应的灵敏程度。

由于对数的宗量是无量纲的，因此用对数标度时必须先选定基准量（或称参考量），声学量与同类基准（参考）量之比再取对数就是“级”的概念，如果取以 10 为底的对数，则级的单位是贝尔（B）。

由于贝尔的单位过大，故常将 1 贝尔分为 10 等分，每一等分的单位称为分贝（dB）。

2. 声压级、声功率级、声强级

（1）声压级。

噪声控制中，常用声压级来衡量环境中声音的强弱。一个声音的声压级等于这个声音声压的平方与基准声压平方的比值，取以 10 为底的对数后乘以 10。其数学表达式为

$$L_P = 10\lg\frac{p^2}{p_0^2} \tag{1-10}$$

式中 L_p——声压，dB；

p_0——基准声压，$p_0=2\times10^{-5}$Pa；

p——声压有效值，Pa。

声压级的单位是分贝，记为 dB。从人耳的听阈到痛阈，声压级分别为 0dB 和 120dB。从式（1-10）可知，声压级和声压的关系为：声压级变化 20dB，相当于声压值变化 10 倍；声压级变化 40dB，相当于声压值变化 100 倍；声压级变化 60dB，就相当于声压值变化 1000 倍。一些典型噪声源或典型环境的声压和声压级对应关系见表 1-3。

表 1-3　一些典型噪声源或典型环境的声压和声压级

噪声声源或噪声环境	声压/Pa	声压级/dB
导弹发射	2000	160
锅炉排气放空	200	140
汽车喇叭，距离 1m	20	120
换流站的换流阀厅内	4	106
换流站的交流滤波场边，距离 1m	0.63	90
大声讲话，距离 1m	0.2	80
繁华的街道	0.063	70
安静的房间	0.002	40
轻声耳语，距离 0.3m	0.00063	30
树叶沙沙声，树下	0.0002	20
乡村静夜	0.000063	10

（2）声功率级。

一般地说，声源消耗的总功率越大，以声波形式辐射出的声量越多，声源

声功率也相应越大。不同声源的声功率变化范围非常大，常用声功率级代替声功率来描述声源辐射声波的本领的大小。声源的声功率级 L_W 等于这个声源的声功率 W 与基准声功率 W_0 的比值取常用对数再乘以 10。其数学表达式为

$$L_w = 10\lg\frac{W}{W_0} \tag{1-11}$$

式中 L_W——声功率级，dB；

W——声功率，W；

W_0——基准声功率，$W_0=10^{-12}$W。

（3）声强级。

声强级常用 L_I 表示，定义为

$$L_I = 10\lg\frac{I}{I_0} \tag{1-12}$$

式中 L_I——声强级，dB；

I_0——基准声强，在空气中 $I_0=10^{-12}\text{W/m}^2$；

I——声强，W/m^2。

3. 声级的叠加、修正和平均

（1）声级的叠加。

1）声级相同的声音的叠加。不能将声级做简单的算术相加，能进行叠加运算的只能是声音的能量，利用能量的相加进行声级运算。

如果声压级相同的 N 个声音叠加在一起，那么总的声压级可以表示为

$$L_p = L_{p1} + 10\lg N \tag{1-13}$$

式中 L_p——叠加后的总声压级，dB；

L_{p1}——1 个声音的声压级，dB；

N——声音的个数。

当 $N=2$，即声压级相同的两个声音叠加，则总声压级为

$$L_p = L_{p1} + 10\lg 2 = L_{p1} + 3(\text{dB})$$

当 $N=4$，即声压级相同的 4 个声音叠加，则总声压级为

$$L_p = L_{p1} + 10\lg 4 = L_{p1} + 6(\text{dB})$$

相同声压级的声音叠加后 dB(A) 数的增值见表 1-4。

表 1-4　相同声压级的声音叠加后 dB(A) 数的增值

声源个数	1	2	3	4	5	6	7	8	9	10	12	14	16	18	20
dB(A) 增值	0	3	4.8	6	7	7.8	8.5	9	9.5	10	10.8	11.5	12	12.6	13

2）声级不相同的声音的叠加。首先考虑两个声压级不相同的声音的叠加，并假设第一个声音的声压级大于第二个声音的声压级，即 $L_{p1}>L_{p2}$，则总的声压级 L_p 可以表示为

$$\begin{aligned} L_p &= 10\ \lg \frac{p_1^2+p_2^2}{p_0^2} \\ &= 10\ \lg\left(10^{\frac{L_{p1}}{10}}+10^{\frac{L_{p2}}{10}}\right) \\ &= 10\ \lg\left[10^{\frac{L_{p1}}{10}}\left(1+10^{-\frac{L_{p1}-L_{p2}}{10}}\right)\right] \\ &= L_{p1}+10\ \lg\left(1+10^{-\frac{L_{p1}-L_{p2}}{10}}\right) \end{aligned} \tag{1-14}$$

式中 L_p——总的声压级，dB；

p_1——第一个声音的声压，Pa；

p_2——第二个声音的声压，Pa；

L_{p1}——第一个声音的声压级，dB；

L_{p2}——第二个声音的声压级，dB。

如果是多个声压级不相同的声音叠加，设有 N 个，它们的声压分别为 p_1、$p_2 \cdots p_N$，相对应的声压级分别为 L_{p1}、$L_{p2} \cdots L_{pN}$，那么总的声压级 L_p 可以表为

$$\begin{aligned} L_p &= 10\ \lg \frac{p_1^2+p_2^2+\cdots+p_N^2}{p_0^2} \\ &= 10\ \lg\left(\frac{p_1^2}{p_0^2}+\frac{p_2^2}{p_0^2}+\cdots+\frac{p_N^2}{p_0^2}\right) \\ &= 10\ \lg\left(10^{\frac{L_{p1}}{10}}+10^{\frac{L_{p2}}{10}}+\cdots+10^{\frac{L_{pN}}{10}}\right) \\ &= 10\ \lg\left(\sum_{i=1}^{N} 10^{\frac{L_{pi}}{10}}\right) \end{aligned} \tag{1-15}$$

式中 p_1、$p_2 \cdots p_N$——N 个声音的声压，Pa；

L_{p1}、$L_{p2} \cdots L_{pN}$——N 个声音的声压级，dB。

【例题 1-1】 求如下 5 个声压级的总声压级。这 5 个声压级分别为 95dB、91dB、100dB、83dB 和 87dB。

解： 已知 $L_{p1}=95$dB，$L_{p2}=91$dB，$L_{p3}=100$dB，$L_{p4}=83$dB，$L_{p5}=87$dB

利用式（1-15）得

$$\begin{aligned} L_p &= 10\ \lg\left(10^{\frac{95}{10}}+10^{\frac{91}{10}}+10^{\frac{100}{10}}+10^{\frac{83}{10}}+10^{\frac{87}{10}}\right) \\ &= 101.7(\text{dB}) \end{aligned}$$

（2）声级的修正。

2 个声级不相同的声音叠加时，假设第一个声音的声压级大于第二个声音的声压级，即 $L_{p1}>L_{p2}$，则总的声压级可表示为：

$$L_p = L_{p1} + 10\ \lg\left(1 + 10^{-\frac{L_{p1}-L_{p2}}{10}}\right) \tag{1-16}$$

式中 L_p——叠加后的总声压级，dB；

L_{p1}——声级量值较大的声压级，dB；

L_{p2}——声级量值较小的声压级，dB。

若令 $\Delta=10\ \lg\left(1+10^{-\frac{L_{p1}-L_{p2}}{10}}\right)$则总的声压级就可以表示为：

$$L_p = L_{p1} + \Delta \tag{1-17}$$

式中 L_p——叠加后的总声压级，dB；

L_{p1}——声级量值较大的声压级，dB；

Δ——修正量，dB。

由式（1-17）可知，总的声压级等于较高的声压级 L_{p1} 加上一个修正量 Δ。修正量 Δ 是两声压级差值的函数，它们的关系见表 1-5 和图 1-3。

表 1-5　　修正项 Δ 与 $L_{p1}-L_{p2}$ 的关系

$L_{p1}-L_{p2}$	修正量 Δ/dB									
	0	0.1	0.2	0.3	0.4	0.5	0.6	0.7	0.8	0.9
0	3.0	3.0	2.9	2.9	2.8	2.8	2.7	2.7	2.6	2.6
1	2.5	2.5	2.5	2.4	2.4	2.3	2.3	2.3	2.2	2.2
2	2.1	2.1	2.1	2.0	2.0	1.9	1.9	1.9	1.8	1.8
3	1.8	1.7	1.7	1.7	1.6	1.6	1.6	1.5	1.5	1.5
4	1.5	1.4	1.4	1.4	1.4	1.3	1.3	1.3	1.2	1.2
5	1.2	1.2	1.2	1.1	1.1	1.1	1.1	1.0	1.0	1.0
6	1.0	1.0	0.9	0.9	0.9	0.9	0.9	0.8	0.8	0.8
7	0.8	0.8	0.8	0.7	0.7	0.7	0.7	0.7	0.7	0.7
8	0.6	0.6	0.6	0.6	0.6	0.6	0.6	0.6	0.5	0.5
9	0.5	0.5	0.5	0.5	0.5	0.5	0.5	0.4	0.4	0.4
10	0.4	0.4	0.4	0.4	0.4	0.4	0.4	0.4	0.3	0.3
11	0.3	0.3	0.3	0.3	0.3	0.3	0.3	0.3	0.3	0.3
12	0.3	0.2	0.2	0.2	0.2	0.2	0.2	0.2	0.2	0.2
13	0.2	0.2	0.2	0.2	0.2	0.2	0.2	0.2	0.2	0.2
14	0.2	0.2	0.2	0.2	0.2	0.1	0.1	0.1	0.1	0.1
15	0.1	0.1	0.1	0.1	0.1	0.1	0.1	0.1	0.1	0.1

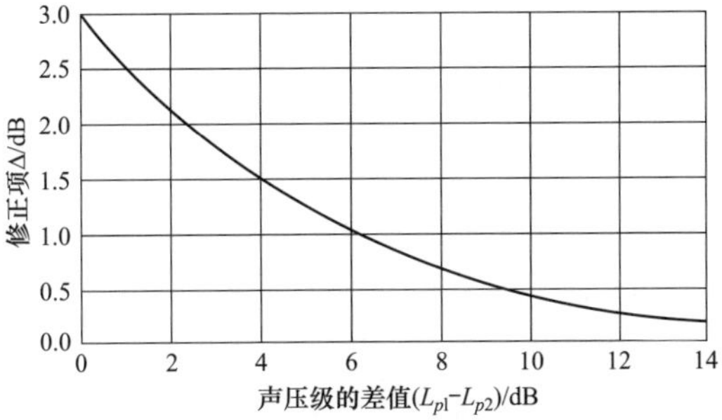

图 1-3 不同声压级叠加的修正曲线

从表 1-5 可以看出，两声压级相同时，叠加后声压级增加 3dB。声压级相差 10dB 时，叠加后只增加了 0.4dB，声压级相差 15dB 以上时，对总声压级的影响仅为 0.1dB，一般可以忽略不计。因此两个声压级叠加时，若两者相差 15dB 以上时，就可以不考虑小者的影响。

【例题 1-2】 在某操作点测量两噪声源的声压级分别为 90dB 和 85dB，求总的声压级是多少 dB(A)?

解： 两声压级分别为 90dB 和 85dB，两者相差 5dB，由表 1-4 查得 $L_{p1}-L_{p2}=$ 5dB 时，修正值 Δ 为 1.2dB，所以总的声压级应该是较高的声压级与修正项 Δ 之和，即总声压级 $L_p=90+1.2=91.2$dB。

如果声压级不止两个时，同样可以采用查表法求得总声压级。

【例题 1-3】 在换流变压器附近某处测量 4 个噪声源的声压级分别为 83dB、86dB、94dB 和 87dB，求总的声压级是多少 dB?

解： 先按照声压级数值的大小从大到小排序，然后两两相加。

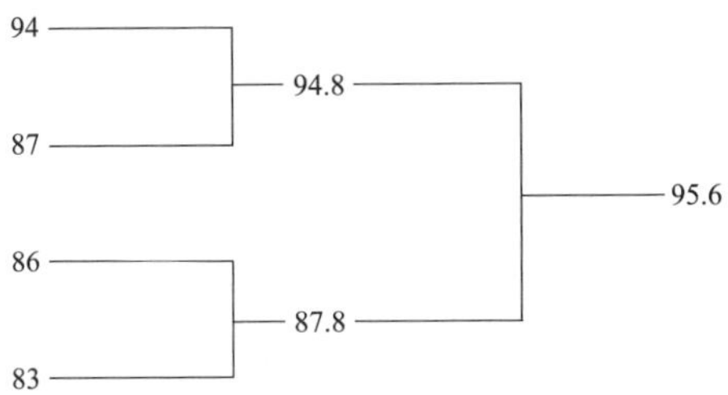

94dB 和 87dB 相加，两声压级相差 7dB，由表 1-4 查得修正量 Δ 为 0.8dB，所以 94dB 和 87dB 的总声压级为 $94+0.8=94.8$dB。利用相同的方法，86dB 和 83dB 相加，两者的差为 3dB，由表 1-1-9 查得修正值 Δ 为 1.8dB，所以 86dB 和 83dB 的总声压级为 $86+1.8=87.6$dB。最后由 94.8dB 和 87.8dB 的差值 $94.8-87.8=7$dB，

查得修正值Δ为0.8dB，故4个声压级的总声压级为94.8+0.8=95.6dB。

通过上面的例题计算的结果可以看出，几个声压级叠加的结果主要由其中最大的一个决定，其他几个较小的声压级对总声压级的贡献不大，而且随着声压级差值的增大，修正值的贡献越来越小。

(3) 声级的平均值。

在声学测量中经常需要求声级的平均值。例如某一空间有多个互不相干的噪声源，该空间中不同位置上声源的声压级不同，怎样求该空间内声压级的平均值呢？对于某一指定位置，不同时间的声压级也往往有不同，或者说声源强度会随时间涨落，该如何评价该位置的声压级呢？这些都是求声压级平均值的问题。由于dB(A)是能量之比的对数关系，求声压级的平均值时就应取各声压级对应能量平均的dB(A)数；设有N个声压级，分别是L_{p1}、L_{p2}、…、L_{pN}，按声能叠加原理，N个声压级的平均值$\overline{L_p}$可以表示为

$$\overline{L}_p = 10\lg\frac{1}{N}\sum_{i=1}^{N}10^{\frac{L_{pi}}{10}} \tag{1-18}$$

或者表示为

$$\overline{L}_p = 10\lg\sum_{i=1}^{N}10^{\frac{L_{pi}}{10}} - 10\lg N \tag{1-19}$$

式中 $\overline{L_p}$——N个声压级的平均值，dB；

L_{pi}——第i个声压级，$i=1$、2、…、N，dB；

N——声压级的个数。

由式（1-18）、式（1-19）可知，计算N个声压级的平均值的方法是：首先求出N个声压级的总声压级，然后减去$10\lg N$。平均声压级的计算是从声能平均的原理推导出来的，它与人耳对声音的主观感受有较好的一致性。而声压级的算术平均值不能反映这种关系，因此用平均声压级来评价操作岗位的噪声更合理。

在一般测量中，测量的各声压级差值如果在10dB的范围内，用算术平均法简化的误差不大。

多个声压级中最大与最小声压级的差值小于或等于5dB时，其声压级的平均值可采用各声压级直接的算术平均，如下式：

$$\overline{L}_p = \frac{1}{N}\sum_{i=1}^{N}L_{pi} \quad (L_{max} - L_{min} \leqslant 5\text{dB}) \tag{1-20}$$

式中 L_{max}——最大声压级，dB；

L_{min}——最小声压级，dB；

N——声压级的个数；

L_{pi}——第 i 个声压级，$i=1$、2、…、N，dB。

当多个声压级中最大与最小声压级相差在 5～10dB 时，在算术平均结果上加 1dB，则与能量平均结果基本相等：

$$\overline{L}_p = \left(\frac{1}{N}\sum_{i=1}^{N} L_{pi}\right) + 1\text{dB} \quad (5 \leqslant L_{\max} - L_{\min} \leqslant 10\text{dB}) \tag{1-21}$$

式中符号同式（1-20）。

【例题 1-4】 测得的 5 个声压级分别是 $L_{p1}=94$dB；$L_{p2}=89$dB；$L_{p3}=99$dB；$L_{p4}=90$dB；$L_{p5}=97$dB。按式（1-18）的能量平均法计算平均声压级。

解：

$$\overline{L}_p = 10\ \lg\left[\frac{1}{4}(10^{9.4} + 10^{8.9} + 10^{9.9} + 10^{9.0} + 10^{9.7})\right]$$
$$= 95.4(\text{dB})$$

其声压级的算术平均值，按照式（1-21）：

$$\overline{L}_p = \frac{1}{4}(94 + 89 + 99 + 90 + 97) + 1$$
$$= 94.8(\text{dB})$$

两者结果相差 0.6dB，非常接近，而求其算术平均值比较简便。

1.3.4 噪声的评价

研究噪声对人体健康的危害，以及对噪声进行防治，都必须有一个反映噪声对人体影响程度的评价标准。对噪声的评价常采用统计的方法，即依靠足够数量的人们对噪声主观反应的对比性调查，得出统计的平均量。目前世界上有许多种噪声评价量，主要的有 A 声级、等效连续声级、噪声评价数 NR 和累积百分声级等。

1. 人耳听觉特性

人耳的听觉能否感觉到声音，取决于声音的频率和强度。

人耳的听觉是非线性的，与声音强度近似呈指数关系，因此采用分贝（dB）计量声压级。人耳听觉下限的 0dB 并非代表没有任何声音，只是对人而言没有精神反应的意义。像猫、狗、牛羊等动物，听觉灵敏度比人高 10 倍以上，可以听到−10dB 以下微弱的声音。人耳听觉上限一般是 120dB(A)，相当于距离发令枪 1m 远的声响。经过高噪声疲劳训练的宇航员或长期处于高噪声环境下的人，听觉上限可能会提高到 140dB(A)，但这不是好事，说明听觉敏感度下降了，这是用听力疲劳的代价换取了对高声级的耐受能力。

如果声音大小有 1dB 的变化时，人耳就可以察觉其差异，但感受很不明显。当差异在 3～5dB 时，人们就可明显地感受到声音的不同。若相差超过 10dB，人耳可立即强烈地判别两者的差异。

人耳的听觉存在掩蔽效应，即人耳对一个声音的听觉灵敏度因另外一个声音的存在而降低的现象。最明显的现象是在安静的环境下，可以听到钟表的“滴答”声，而在吵闹的场合，如餐馆、交通干线旁或轰鸣的机器边等，则很难听到。当一个声音比另一个声音高出 10dB 时，较小的声音因掩蔽而难于被听到和理解。由于掩蔽效应，在 90～100dB(A) 的环境中，即使近距离讲话也会听不清。

人耳有感知声音频率的能力，频率高的声音人们会有“高音”的感觉，频率低的声音人们会有“低音”的感觉。人耳听觉敏感性由于频率的不同而有所不同，频率越低或越高时敏感度变差，也就是说，同样大小的声音，中频听起来要比低频和高频的声音响亮。

2. 响度级和等响曲线

为了既能显示出声音客观上的大小，又能反映出声音主观感觉上的强弱，仿照声压级引出一个响度级的概念，单位是方（phon）。响度级就是指当选取 1000Hz 纯音做基准音时，凡是听起来和该纯音一样响的声音，不论其声压级和频率是多少，它的响度级（方值）就等于该纯音的声压级数。例如，某噪声的频率为 3000Hz、声压级为 90dB，但它听起来和频率为 1000Hz、声压级为 100dB 的基准声音一样响，那么这个噪声的响度级就是 100 方。用响度级（方值）表示声音的大小，可以把声压级和人的主观感觉联系并统一起来，响度级是人们对噪声进行主观评价的一个基本量。

19 世纪二三十年代，由于电话业务的发展，美国贝尔实验室开始研究听觉响度与测量声压级之间的关系。研究发现，人耳在低频段和高频段的灵敏性低于中频段，不同频率相同的响度所对应的物理声压级是不同的。例如，30Hz 的纯音 65dB 才会引起听觉，500Hz 为 5dB，1000Hz 为 0dB，4000Hz 为 4dB。同理，不同频率下相同声压级的听觉响度也是不一样的。同样 50dB 的声音，低频、高频听起来没有中频听起来响，而低频 63Hz 的 70dB 的声音和 1000Hz 的 50dB 的声音，或和 8000Hz 的 60dB 的声音听起来却一样响。

以 1000Hz 为基准，把频率从 20～20000Hz 听起来一样响的单一频率纯音的声压级画成一条曲线，叫作等响曲线，见图 1-4。从等响曲线图中，我们可以查到两个不同频率的声音听起来一样响时各自所对应的声压级。

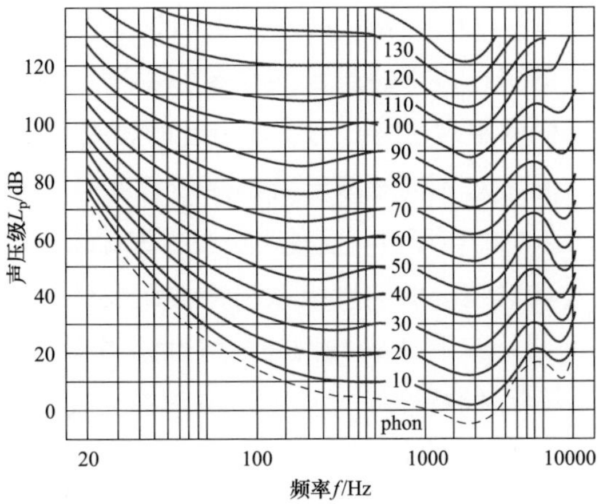

图 1-4 纯音等响曲线

为了定量地确定声音的轻或响的程度，通常用响度级这一参量。当某一频率的声音和 1000Hz 的纯音听起来同样响时，这时 1000Hz 纯音的声压级就定义为该声音的响度级。例如，1000Hz 的纯音的响度级等于其声压级，对于其他频率的声音，通过调节 1000Hz 纯音的声压级，使它和待定纯音听起来一样响，这时 1000Hz 纯音的声压级就等于该待定声音的响度级。对各个频率的声音都做这样的试听比较，可以得出达到同样响度级时频率与声压级的关系曲线，这就是等响曲线。响度级的符号为 L_N，单位是方（phon）。

图 1-4 是正常听力对比测试所得出的一系列等响曲线，每条曲线上各个频率纯音听起来都一样响，但声压级则又差别很大。例如，图中 70phon 曲线表示，95dB 的 30Hz 纯音、75dB 的 100Hz 纯音以及 61dB 的 4000Hz 纯音听起来和 70dB 的 1000Hz 纯音一样响。

从上面对响度级的定义可知，响度级的 phon 值实质上是 1000Hz 声音声压级的 dB 值。所不同的是响度级的 phon 值与其 dB 值的差异会随频率变化。响度级不能线性地表明不同响度级之间主观感觉上的轻响程度，也就是说，声音的响度级为 80phon 并不意味着比 40phon 响 1 倍。而响度与主观感觉的轻响程度成正比，响度的符号是 N，单位是宋（sonc）。响度的科学定义是正常听力的人判断一个声音比响度级为 40phon 参考声音响亮的倍数，并且规定声音响度级为 40phon 时的响度为 1sonc。2sonc 的声音是 1sonc 的 2 倍响，3sonc 的声音是 1sonc 的 3 倍响。

3. 频率计权及其特性

从等响曲线可以看出，人耳对于不同频率的声波反应的敏感程度是不一样的。人耳对于高频的声音，特别是在 1000～5000Hz 的声音比较敏感；而对于低频的声音，特别是对 100Hz 以下的声音不敏感，即声压级相同的声音会因为频率的不同而产生不一样的主观感觉。为了使声音的客观量度和人耳的听觉主观感受近似取得一致，通常对不同频率声音的声压级经某一特定的加权修正后，再叠加计算可得到噪声总的声压级，这种声压级称为计权声级。

计权网络是以人耳对纯音的响度级频率特性而设计的，通常采用的有 A、B、C、D 四种计权网络。其中 A 计权网络的特性相当于 40phon 等响曲线的倒置，见图 1-5。B 计权网络的特性相当于 70phon 等响曲线的倒置，C 计权网络的特性相当于 100phon 等响曲线的倒置。

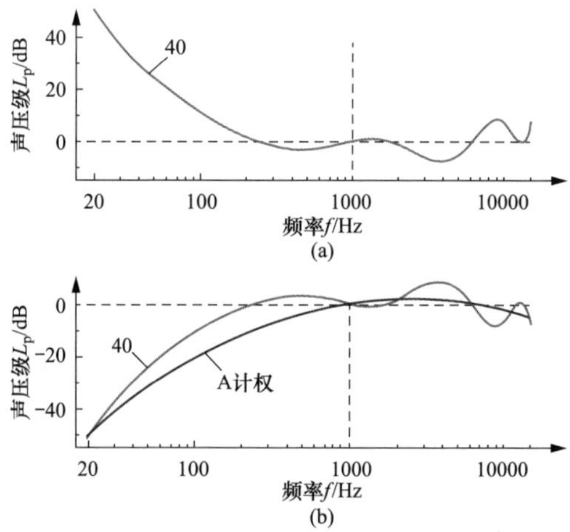

图 1-5　A 计权特性与 40phon 等响曲线的关系

(a) 40dB 的等响曲线在 1kHz 定义为 0dB；(b) 40dB 的等响曲线倒置后与 A 计权曲线的比较

目前，B、C 计权已较少被采用，D 计权网络常用于航空噪声的测量，四种计权网络的特性曲线见图 1-6。

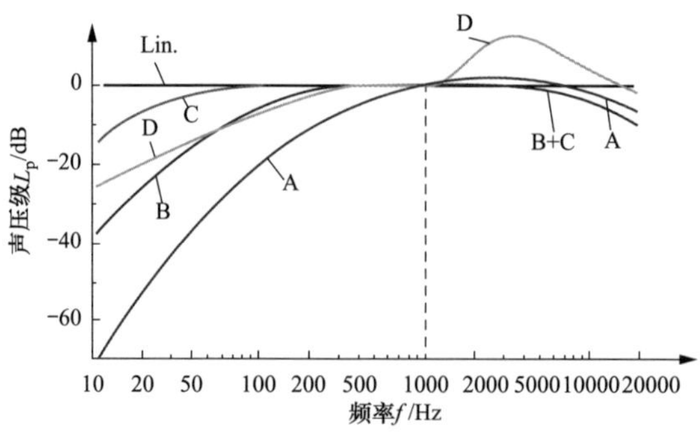

图 1-6　四种计权网络的特性曲线

A 声级测量的结果与人耳对声音的响度感觉相近似，即用 A 声级分贝数的大小对噪声排列次序时，与人们主观上响不响的感觉是近乎一致的，它能够较好地反映人对各种噪声的主观评价。此外，它同人耳的损伤程度也能够很好地对应，即 A 声级越高，对人耳的损伤也越严重。因此 A 声级是目前评价噪声的主要指标，已被广泛采用。不同频率处的 A 计权响应修正值见表 1-6。

一般噪声测试仪器都具有 A 计权档位，可以直接测量声级为 A 声级，也可以由测得的频带声压级计算出 A 声级，计算式如下：

$$L_{pA}=10\lg\left(\sum_{i=1}^{n}10^{\frac{L_{pi}+\Delta L_{Ai}}{10}}\right) \tag{1-22}$$

式中 L_{pA}——A 计权声压级，dB；

L_{pi}——第 i 个频带的声压级，dB；

ΔL_{Ai}——相应频带的 A 计权修正值（见表 1-6），dB；

n——频带个数。

表 1-6 不同频率处的 A 计权响应修正值

频率/Hz	A 计权响应 ΔL_{Ai}/dB	频率/Hz	A 计权响应 ΔL_{Ai}/dB
12.5	−63.4	500	−3.2
16	−56.7	630	−1.9
20	−50.5	800	−0.8
25	−44.7	1000	0
31.5	−39.4	1250	0.6
40	−34.6	1600	1.0
50	−30.2	2000	1.2
63	−26.2	2500	1.3
80	−22.5	3150	1.2
100	−19.1	4000	1.0
125	−16.1	5000	0.5
160	−13.4	6300	−0.1
200	−10.9	8000	−1.1
250	−8.6	10000	−2.5
315	−6.6	12500	−4.3
400	−4.8	16000	−6.6

注 A 计权响应数值系按 1/3 倍频程中心频率相对于 1000Hz 的衰减量。

【例题 1-5】 某噪声源的倍频程噪声频谱的测量结果见下表，求该噪声源的 A 声级是多少分贝？

倍频程中心频率/Hz	63	125	250	500	1000	2000	4000	8000
声压级/dB	70	72	77	103	107	107	104	103

解：先根据表1-5给出的A计权网络各倍频程的修正值Δ_i，对已知的各倍频程声压级进行修正，然后再按分贝叠加的方法进行计算，具体计算过程可采用如下的表格形式将计算结果列入表中：

倍频程中心频率/Hz	63	125	250	500	1000	2000	4000	8000
声压级 L_{pi}/dB	70	72	77	103	107	107	104	103
修正值 Δ_i/dB	−26.2	−16.1	−8.6	−3.2	0	+1.2	+1.0	−1.1
$L_{pi}+\Delta_i$/dB	43.8	55.9	68.4	99.8	107	108.2	105	101.9
L_A[dB(A)]	112.4							

由于A声级容易直接测量，并且A计权网络的衰减特性是完全确定的，用A声级评价易于跟不同的测量结果进行比较。它通常用于评价宽频带稳态噪声。因为A声级不能全面地反映噪声源的频谱特性，相同的A声级其频谱特性可能有很大的差异。例如，刺耳的电锯声（高频噪声为主）和沉闷的鼓风机声（中、低频噪声为主）测得的A声级都是100dB(A)，但是它们的频谱显然不同，可见，作为一个单值评价量来说，A声级还是有一定的局限性，如噪声中的低频成分，经A计权后被压抑掉了；再如，不同频率成分的噪声经A计权可能会有相同的A声级。这些都显示出A声级的局限性。

4. 其他常用的评价指标

（1）等效声级。

A声级很好地反映了噪声影响与频率的关系，对于稳态的噪声，即随时间变化不大的噪声，我们通常可以采用A声级来评价。但是声音在很多情况下并不是恒定的，可能一会儿大一会儿小，如汽车通过时噪声大，没有汽车时噪声小。大卡车通过时比小汽车通过时声音大。又如，一台机器，虽然工作时噪声是恒定的，但它间歇地工作，与一台同样噪声大小的一直连续工作的机器对人的影响不一样。

等效声级是以A声级为基础建立起来的关于非稳态噪声的噪声评价量，它是以A声级的稳态噪声代替变动噪声，在相同的暴露时间内能够给人以等数量的声能，这个声级就是该变动噪声的等效声级，又称等效连续A声级，或简称等效声级。等效连续A声级指在某段时间内的不稳态噪声的A声级，用能量平均的方法，以一个连续不变的A声级来表示该时段内噪声的声级，又称等能量A声级，用L_{eq}或L_{eqA}表示，单位记为分贝（A）或dB(A)。如果用公式表示，

等效连续 A 声级 L_{eq} 可表示为

$$L_{eq} = L_{eqA} = 10\lg \frac{1}{T}\int_0^T 10^{0.1L_A}\,dt \tag{1-23}$$

式中 L_{eq}、L_{eqA}——等效连续 A 声级，dB；

T——噪声暴露时间，s；

L_A——在 T 时间内 A 声级变化的瞬时值，dB(A)。

当噪声的 A 声级测量值为非连续的离散值时，有

$$L_{eq} = 10\lg \frac{1}{\sum\limits_i \Delta_{ti}} \sum 10^{0.1L_{Ai}}\Delta_{ti} \tag{1-24}$$

式中 L_{eq}——等效连续 A 声级，dB；

L_{Ai}——第 i 个 A 声级，dB(A)；

Δ_{ti}——第 i 个 A 声级所占用的时间，s。

对于等时间间隔抽样（抽样个数为 N）的情况，有

$$L_{eq} = 10\lg\left(\frac{1}{N}\sum_i 10^{0.1L_{Ai}}\right) = 10\lg \sum_i 10^{0.1L_{Ai}} - 10\lg N \tag{1-25}$$

式中 L_{eq}——等效连续 A 声级，dB；

N——抽样个数；

L_{Ai}——第 i 个 A 声级，dB（A）。

对于时间间隔不相等的抽样情况，有

$$L_{eq} = 10\lg\left[\frac{1}{T}\sum_i (10^{0.1L_{Ai}}\Delta_{ti})\right] \tag{1-26}$$

式中 L_{eq}——等效连续 A 声级，dB；

T——总测量时间，s；

L_{Ai}——第 i 个时间段测量的 A 声级，dB(A)；

Δ_{ti}——第 i 个 A 声级测量时间段，s。

（2）频带声压级。

在一个倍频程带宽频率范围声压级的累加称为倍频带声压级。当所研究频带宽度不同时，也可能采用 1/3 倍频程频带声压级进行描述。

（3）噪声评价数。

为了描述稳态噪声或环境噪声对人造成的听力损失和对语言的干扰程度，以及给人们带来的烦恼程度，国际标准化组织（ISO TC43）公布了一组噪声评价曲线（即 NR 曲线），也称为噪声评价数 NR 曲线，噪声评价数 NR 曲线见图 1-7。NR 数指噪声评价曲线的号数，它是中心频率等于 1000Hz 时倍频带

声压级的分贝数，它的噪声级范围是 0～130dB，适用于中心频率从 31.5～8000Hz 的 9 个倍频带。*NR* 曲线是在充分考虑到高频噪声比低频噪声对人的影响（主要是包括噪声对人耳的听力损失、烦恼程度以及对会话的干扰）更为严重这一因素而制订的，在同一条 *NR* 曲线上各倍频带的噪声级对人的影响是相同的。

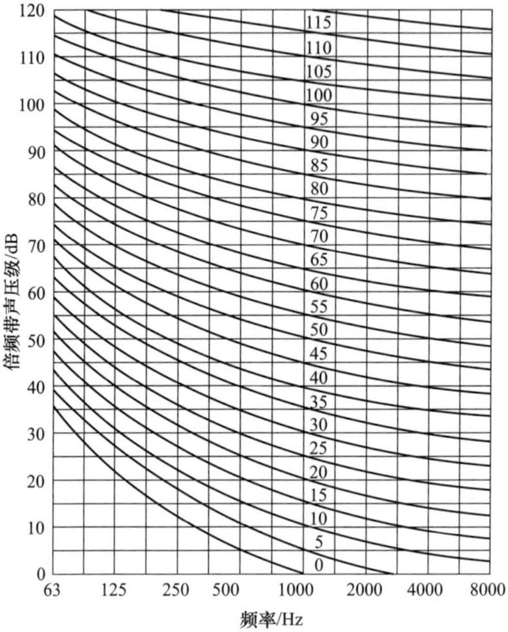

图 1-7　噪声评价数曲线

NR 曲线的倍频带声压级与 *NR* 数的关系可用下式表示

$$L_p = a + bNR \tag{1-27}$$

式中　L_p——倍频带声压级，dB；

a、b——常数，其数值见表 1-7；

NR——噪声评价数。

表 1-7　*NR* 曲线的常数 *a*、*b* 的数值

中心频率/Hz	a/dB	b/dB
31.5	55.4	0.681
63	35.5	0.790
125	22.0	0.870
250	12.0	0.930

续表

中心频率/Hz	a/dB	b/dB
500	4.8	0.974
1000	0	1.000
2000	−3.5	1.015
4000	−6.1	1.025
8000	−8.0	1.030

使用 NR 曲线进行环境噪声评价的具体做法是：首先取 8 个中心频率分别为 63Hz、125Hz、250Hz、500Hz、1000Hz、2000Hz、4000Hz、8000Hz 的倍频带进行倍频带声压级的测量，然后将得到的频谱标注在画有 NR 曲线簇的坐标图上。测得的频谱折线接触到的最高一条 NR 曲线的 NR 数就是被测噪声的评价数。例如，在某一噪声倍频带的频谱中，500Hz 的声压级接触到 NR 曲线簇最高的一条是 NR90，那么这个噪声可以用 NR90 来评价。

人们经研究发现，噪声评价数 NR 在反映频率特性上与 A 声级有很好的相关性。如果将任意一条 NR 曲线上的倍频带声压级经 A 计权来计算它的 A 声级，可以发现它们有如式（1-28）的近似关系：

$$NR \approx L_A - 5 \tag{1-28}$$

式中 NR——噪声评价数；

L_A——A 计权声级，dB。

式（1-28）说明使用噪声评价数 NR 及 A 声级对现场噪声进行评价时，在数值上它们大约存在 5dB 的差值。例如，某一噪声的 A 声级经测量是 80dB(A)，那么这个噪声就可以用 NR75 来评价。

（4）评价声级。

实际应用中，环境噪声的描述、测量以及评价方法在某些方面与所掌握的人类对噪声的反应特征有关。人们对具有相同声级的噪声源的反应具有较大的差异，由于使用 A 声级对于反映声音的频率特性具有一定的局限性，在 GB/T 3222.1—2006《声学 环境噪声的描述、测量与评价 第 1 部分：基本参量与评价方法》（ISO 1996—1：2003，IDT）中采用了修正的 A 计权等效连续声压级来评价具有不同特性（如脉冲噪声、有调噪声、低频噪声等）的噪声。

评价声级是指测量值附加上一个修正量后的声级，单位为 dB(A)。对于不同的声源以及具有不同声音特性的声源，该修正量见表 1-8。

表 1-8　　根据声源种类和一天内不同时间段的典型声级修正量

类型	详述	声级修正量/dB(A)
声源	道路交通	0
	飞机	3～6
	铁路[a]	−3～−6
	工业	0
声源特性	常规脉冲[b]	5
	高脉冲	12
	高能脉冲	见 GB/T 3222.1—2006 附录 B
	显著单频	3～6

a　铁路修正量不适用于较长的以内燃机车牵引的或时速 250km 以上的列车。

b　有些国家采用客观显著试验以判定声源是否为常规脉冲。

GB/T 3222.2—2009《声学 环境噪声的描述、测量与评价　第 2 部分：环境噪声级的测定》则对道路交通、轨道交通、空中交通以及工业设备噪声、脉冲噪声、有调声等提供了明确的测量方法和有调声可听度的评估方法，并对气象条件和反射声对测量的影响提出了详细的估算及修正方法。

由于变电站、换流站中的噪声以电力设备噪声为主，而这些电力设备的噪声都是 50Hz 的高次谐频，并且某些谐频成分还相当突出，也就是说变电站、换流站中电力设备噪声是一种典型的有调噪声。图 1-8 是距某±500kV 直流换流站约 400m 处的敏感点位置噪声的频谱，由图 1-8 可看出该位置处的噪声含有明显的有调成分，它由 4 个单频噪声组成。

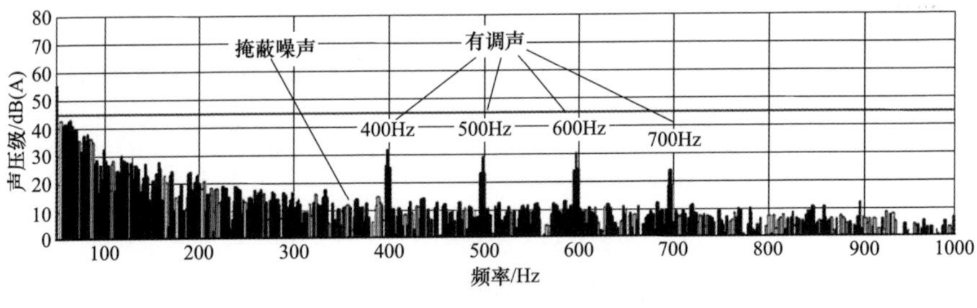

图 1-8　某换流站外敏感点噪声的频谱

人耳对于有调噪声的感觉比一般的宽带噪声要容易产生厌烦感。很多场合下，用 A 声级表达的测量结果并不超标，但受影响者的主观反应却非常强烈。因此，在对变电站、换流站的噪声评价中仅采用 A 声级进行评价不能真实反映人耳的感觉，目前可以参照按 GB 3222.2—2009《声学 环境噪声的描述、测量与评价　第 2 部分：环境噪声级测定》提供的方法对 A 声级加以修正来进行评价。

在某±500kV 超高压直流换流站附近有两个村庄和一所学校，该换流站投运以来，站内设备运行时产生的噪声对周围居民产生了一定程度的影响。在对换流站进行了噪声综合治理后，由表 1-9 所示的测量值显示（图 1-9 是各测点的位置），两个村庄和学校等敏感点处的噪声已达到了 GB 3096—2008《声环境质量标准》中“Ⅰ类”标准的要求，但周围民众在主观上的感觉仍然不满意。

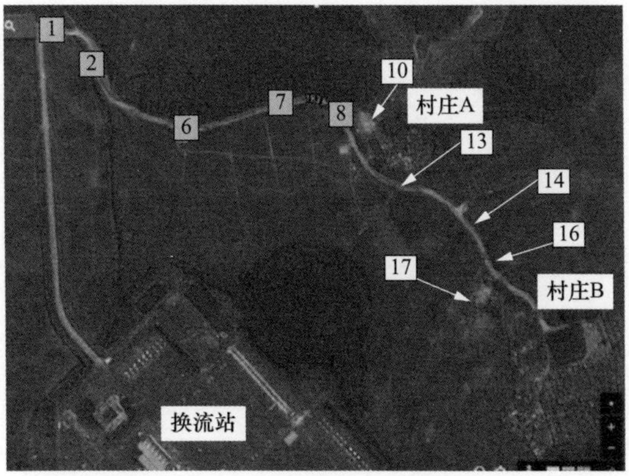

图 1-9 测点位置

表 1-9 **噪声测量值（夜间）**

测点号	声压级 L_{eqA}/dB(A)	测点位置描述
1	47.1	进换流站道路与通往 A 村道路交叉口
2	37.6	正对换流站
3	43.2	道路
4	54.6	道路
5	40.7	道路
6	39.8	A 村进村道路，对自然山与 2 大组拐角处
7	40.0	A 村进村道路，正对站门边上自然山
8	44.8	A 村进村口道路
9	40.6	A 村村口
10	42.9	A 村文化室广场
11	40.2	A 村
12	44.4	A 村道路，正对自然山
13	41.0	A 村村尾
14	36.2	A 村去往 B 村中间道路
15	44.0	B 村
16	44.5	B 村口，靠近学校边
17	43.7	B 村
18	40.0	学校围墙边
19	37.5	B 村
20	43.4	B 村平台，正对第 4 大组交流滤波器拐角处

对于具有显著单频特征的噪声，GB/T 3222.2 指出，应在测量的声级上再加上一个调整值 K_t 作为评价值。调整值 K_t 按图 1-10 进行确定，其中，L_{pt}是有调声的总声压级，L_{pn}是背景噪声的总声压级。

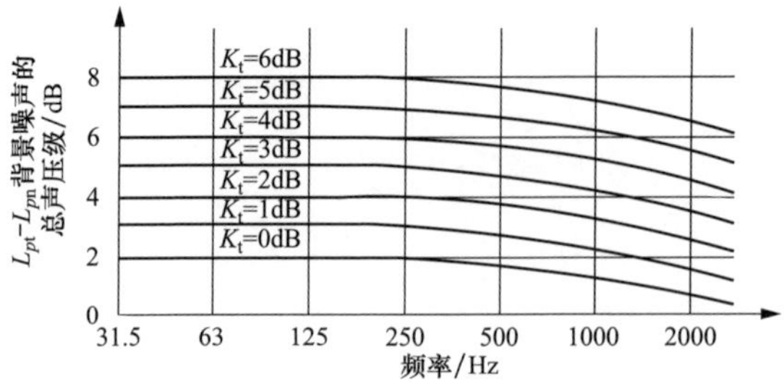

图 1-10　调整值的确定

对于图 1-8 所示的 400Hz、500Hz、600Hz、700Hz 单频噪声而言，测量的调整值 K_t 应为 6dB。换句话说，对于Ⅰ类声功能区域，其噪声限值不再是等效连续 A 声级的昼间 55dB(A)/夜间 45dB(A) 了，而应是昼间 49dB(A)/夜间 39dB(A)。由此可见，表 1-10 中很多敏感点的噪声都超出Ⅰ类声功能区的限值。

第2章

变电站/换流站设备噪声产生机理与特性

变电站内的发声设备有变压器、电抗器、电容器、风机、空调等设备。其中主要噪声源是变压器（电抗器）等设备运行中铁心磁致伸缩、线圈电磁作用振动等产生的噪声和冷却装置运转时产生的噪声，特别是大型变压器及其强迫油循环冷却装置中潜油泵和风扇所产生的噪声，且其随着变压器容量的增大而增大。

主变压器室风机开启时的运转声是室内变电站对外辐射的又一主要噪声源，其对外辐射的噪声值甚至大于主变压器的噪声值。采用低噪声风机可以明显减少风机对周围环境的噪声贡献值，使其低于主变压器的噪声辐射值。

换流站内的发声设备有换流变压器、平波电抗器、换流阀、滤波电容器、滤波电抗器等设备。其中主要噪声源是换流变压器等设备运行中铁心磁致伸缩、线圈电磁作用振动等产生的噪声和冷却装置运转时产生的噪声和滤波电容器谐波电流激励产生的噪声。

2.1 变压器噪声

换流变压器是换流站中向外发射可听噪声的最大单体设备，是换流站中最主要的噪声源。其噪声由变压器的本体噪声和冷却装置噪声所构成。

2.1.1 变压器的噪声产生机制

交流变压器通常是变电站中向外发射可听噪声最大的单体设备，是变电站中最主要的噪声源。这种噪声主要是由硅钢片的磁致伸缩和绕组中的电磁力引起的。冷却装置如风扇也能引起噪声，其在低负荷时成为主变压器的主要噪声源。

室内变压器位于接近封闭的高压主变室内，其噪声主要通过通风百叶窗对外传播，所以对窗口方向的和屋顶周围的噪声环境影响较大。图 2-1 为某变电站交流变压器局部照片，图 2-2 为变电站中换流变压器。

图 2-1　某变电站交流变压器局部照片

图 2-2　换流变压器

通常，铁心硅钢片的磁致伸缩振动是变压器噪声的主要来源，它发射的噪声大小主要取决于变压器的额定功率和铁心的磁通量密度，而不是负荷的大小。

对于现代变压器，在额定电压下，当铁心的磁感应强度大约减小到 1.4T（T为特斯拉）以下时，绕组的电磁噪声就会大于铁心的噪声，绕组噪声的声功率级可用下式计算：

$$L_{WA,\omega} \approx 39 + 10\lg(S_r/S_P) \tag{2-1}$$

式中　$L_{WA,\omega}$——绕组在额定电流、额定电压和额定频率下的 A 计权声功率级，单位为 dB(A)；

S_r——额定功率，单位为 MVA；

S_p——基准功率，1MVA。

变压器的正常运行时的噪声频率大多低于 1kHz。在变压器施加正弦负载电流（工频电流）时，绕组噪声的频率主要是电流频率的 2 倍；而铁心噪声的频率主要分布在工频电流的 4 次谐频到 10 次谐频的范围内，这取决于铁心中的磁通量密度。因此，变压器有负载时的噪声频谱由频率为 100Hz（工频为 50Hz）的绕组噪声和频率更为丰富的铁心噪声叠加组成。通常变压器电功率容量越大，两倍工频噪声所占的比例也越大。

当电流通过变压器绕组时，带电绕组在杂散磁场中会产生电磁力，绕组在电磁力的激励下产生振动和噪声。激励绕组的电磁力与绕组磁场强度和电流的乘积成正比，也即与电流的平方成正比，其关系如下所示：

$$F \sim B \cdot I \sim I^2 \tag{2-2}$$

式中　F——激励绕组的电磁力，N；

B——绕组中的磁场强度，T；

I——绕组电流，A。

绕组振动的振幅和振速与电磁力成比例，绕组噪声的声功率是与振速的平方成正比，所以噪声声功率与负载电流的 4 次方成正比：

$$W \sim v^2 \propto (\omega \times x)^2 \propto F^2 \propto I^4 \tag{2-3}$$

式中　W——绕组辐射噪声的声功率；

v——振动速度；

x——振幅；

ω——角频率，$\omega=2\pi f$。

因此，换流变压器可听噪声声功率级会随着变压器负载的增加而增加，空载时的声功率级和额定负载声功率级之间的差值在几分贝到 20 分贝之间。

当换流变压器中存在直流偏磁电流时，变压器铁心的直流磁化会加大变压器可听噪声中频率为 50Hz(工频频率为 50Hz) 以及频率为 50Hz 的高次谐波成分的可听噪声值。

另外，换流变压器的冷却系统也会产生较大的噪声，对于采用低噪声设计的变压器来说，冷却系统的噪声将会更为显著。

2.1.2　变压器噪声频谱

选取了一个具有代表性的变电站进行噪声详细测量，得到了该站主变压器噪声频谱图，该变电站（简称某变电站）与尖峰站主变压器来自同一生产厂家。图 2-3 是某变电站主变压器（11kV，6.3MW）噪声频谱图。

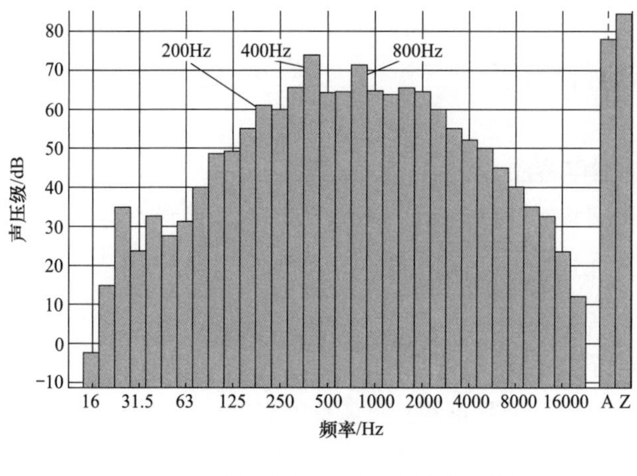

图 2-3　某变电站主变压器噪声频谱

从变压器的频谱测试结果了解到，变压器的噪声是以 200Hz、400Hz、500Hz、800Hz 等频率的中低频段，其中 400Hz 的噪声为主要噪声成分，并且同一站内的 1 号、2 号、3 号主变压器的噪声频谱形状基本相同。

主变压器噪声的频谱主要是工频（50Hz）的偶数次高倍谐波，频率范围主要分布在 100～1000Hz 内的中低频率段，噪声的 1/3 倍频程谱表现为中心频率为 100～600Hz 频率带的声压级较大，一般最大值分布在 200～500Hz 处。图 2-4 是典型的主变噪声频谱图。

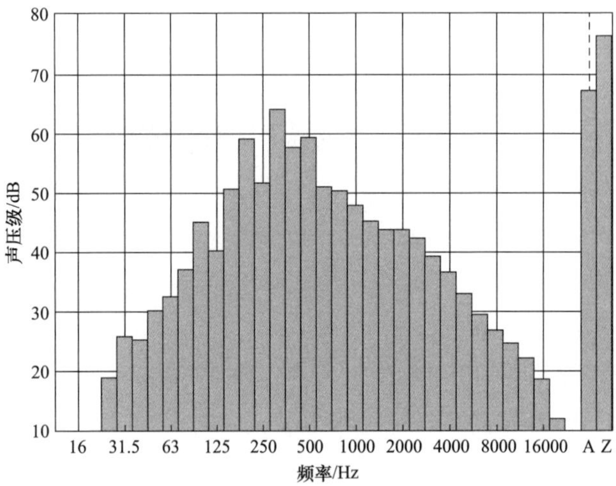

图 2-4　典型主变压器噪声 1/3 倍频程频谱图

不同生产厂家、不同容量的主变压器辐射噪声特性虽然不完全相同，但它们有共同特点，即在一般负载状况下工作时，噪声的主要频率成分是 400Hz。

2.2 电容器噪声

2.2.1 补偿电容器

除变压器和风机外，电容器也是变电站主要噪声源之一。其位于封闭的电容器室内，主要通过通风百叶窗向外辐射噪声。图 2-5 为某变电站补偿电容器组照片。

2.2.2 电容器声波产生机制

图 2-6 中，因为电容器元件的每侧均有铝箔，所以带电电容器元件的大部分部位受力都是平衡的，受力不平衡的部位仅是电容器元件的边缘处（见图 2-7 中的力 F_1）和中间（见图 2-7 中的力 F_2）。由于电容器元件中间薄油层的强度非常

高，尽管中间受力处上下力之间有小的偏移，但还是可互相抵消，所以电容器元件上的静力仅为边缘上的力。因此，电容器元件的大部分可听噪声是从其顶部（套管安装面）和底部发出的。

图 2-5　某变电站补偿电容器组

电容器元件组的发声机理与电容器元件类似，它的机械响应由元件组中最初的轴向共振决定，为一维空间的声音辐射，且声音辐射主要被限制在与电容器元件组纵向垂直的平面上。

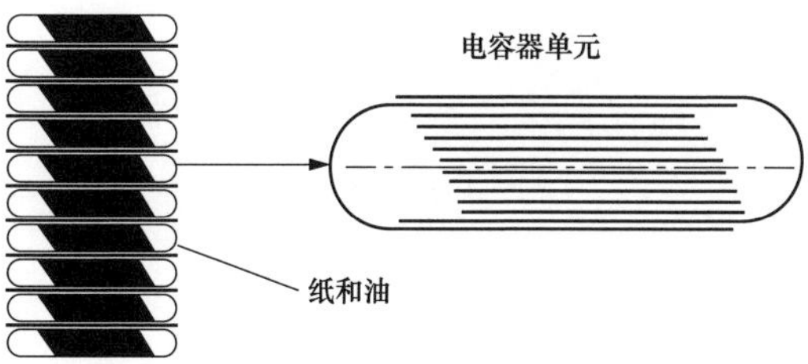

图 2-6　电容器元件组成的电容器单元

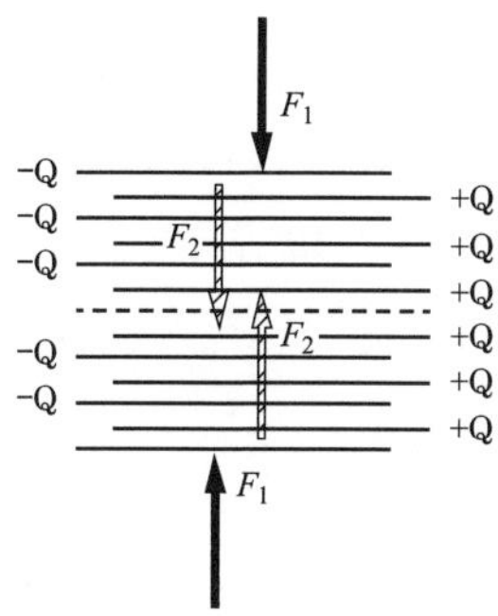

图 2-7　电容器元件的受力分析

图 2-8 举例说明了电容器的简化电压频谱，此图假定电压频谱由基频 f 和谐波次数为 h(频率为 hf) 分量所组成。实际上的电压总是包含至少一种以上的谐波分量。

图 2-9 的示例给出了作用在交流滤波电容器上激振力的频率成分，这个激励力由频率为零的静态分量和频率为 $2f$、$f(h-1)$、$f(h+1)$、$2fh$ 的分量组成。

图 2-9 表明，在由电压产生激励力的过程中，激励频率发生了变化，激励力频谱中的谐频数量（$f=0$ 除外）等于电压频谱中的谐频数量的平方。电容器元

件组中的激励力最终会引起单台电容器钢制外壳的振动，由此产生电容器的可听噪声。

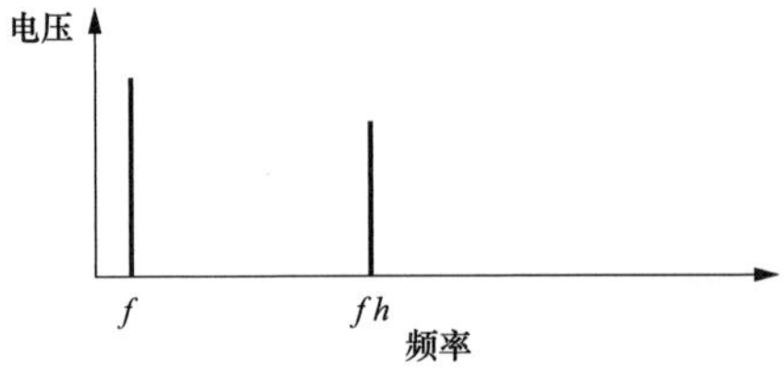

图 2-8　交流滤波电容器的电压频谱

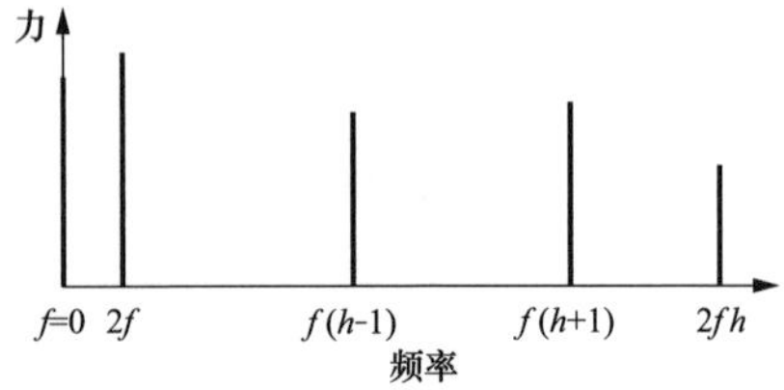

图 2-9　交流滤波电容器的电力频谱

为了确定整个电容器层架的声功率级，可将所有单台电容器的声功率级作为独立的声源相加，即

$$L_{W}^{stack}=L_{W}^{unit}+10\lg n \qquad (2\text{-}4)$$

式中　L_{W}^{stack}——整个电容器层架的声功率级，dB；

L_{W}^{unit}——单个电容器的声功率级，dB；

n——层架上单个电容器的数目。

电容器层架辐射出噪声的总声功率级主要由下列因素决定：

1）电容器工频电压和谐波电压；

2）电容器层架的机械强度；

3）机械固有频率（由电容器元件组、外壳和支架等决定）；

4）单台电容器数量；

5）单台电容器/电容器组所处的位置。

以上声功率和声功率级的计算公式仅考虑了单个声频情况，对于包含多个声频的总的声功率级可通过对数求和计算。

2.2.3　补偿电容器噪声频谱分析

实际测试的交流补偿电容器的噪声频谱特征为宽频带噪声（见图 2-10），其

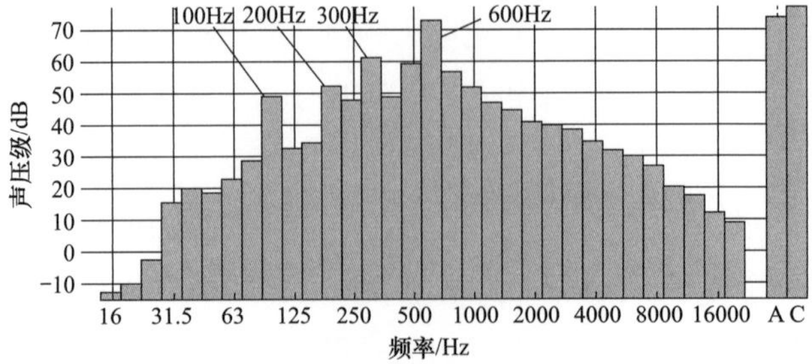

图 2-10　某变电站电容器组噪声频谱

辐射噪声主要集中在 100Hz、200Hz、300Hz 和 600Hz 等频率的中低频段，尤其以 600Hz 频率的噪声成分最大。

2.2.4 电容器噪声的指向性

在实验室中，在距电容器单元不同发射面 1m 处的声压级测量（见表 2-1）以及对电容器单元工作时进行声全息测量的结果（见图 2-11）都显示，电容器单元 6 个面中面积最小的底面和套管面发射的噪声要比其他面大得多，也就是说，电容器单元的噪声发射具有强烈的指向性。

表 2-1 不同面的噪声测量结果

项目	油孔侧面	套管面	侧面	底面	大面
声压级/dB(A)	52.1	56.3	51.6	58.6	52.6

注： 试验时工频电流 58A，11 次谐频电流 10.2A。

图 2-11 电容器单元噪声发射全息图

在自由场的噪声传播中，距离为 r_2 处的声压级 L_{pr2} 与距离为 r_1 处的声压级 L_{pr1} 有如下关系：

$$L_{pr2} = L_{pr1} + 10\lg \frac{r_2}{r_1} \tag{2-5}$$

由式（2-5）可以根据换流站现场 8.5m 处的噪声值 61.4dB(A) 计算出 5.7m 处的噪声值为 63.1dB(A)。可见，在此例中电容器套管面的噪声要比小侧面的噪声大 5.7dB(A)。也就是说，对于在换流站现场的电容器噪声而言，指向性同样存在。

2.2.5 电容器噪声的频谱特点

尽管滤波电容器的噪声从理论上讲是分布在整个频率范围内，但从图 2-12（a）可以看出，在 2000Hz 以后的成分远低于 600Hz 附近的噪声值，因此可以说滤波电容器的噪声主要分布在100Hz到2400Hz频率范围内，并且都是以100Hz为基频的高次谐波成分。

图2-11（a）和图2-11（b）为一个±500kV直流换流站不同交流滤波场电容器塔架的噪声频谱，其噪声主要分布在100Hz到2400Hz频率范围内，都是以100Hz为基波的高次谐波成分，并且在600Hz左右的噪声成分幅值较大。

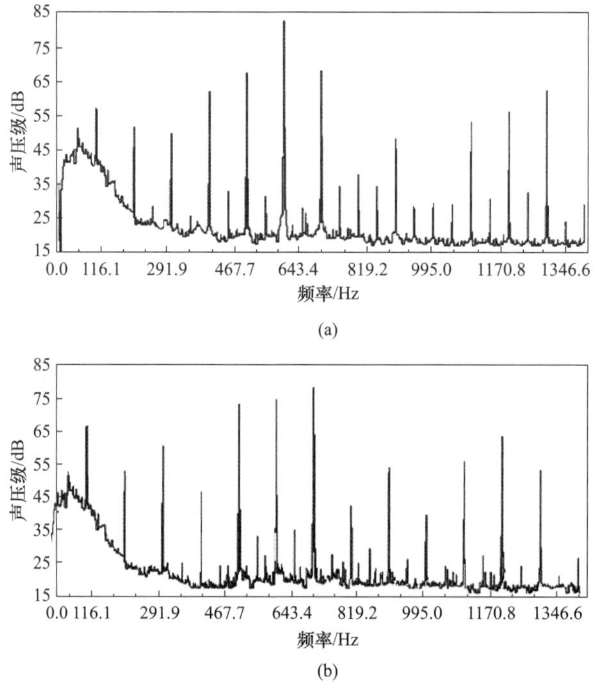

图2-12　另一换流站不同交流滤波场电容器噪声频谱

（a）交流滤波器场电容器1噪声频谱；（b）交流滤波器场电容器2噪声频谱

表2-2是在实验室中对电容器单元施加不同频率、不同电流情况下测量的电容器单元声功率级。试验表明，当电容器单元中只有基波电流通入时，电容器单元的噪声很小，表2-2中的基波电流为58A时声功率级只有37.1dB(A)；当只有单个谐频电流通入电容器时，电容器单元的噪声也很小，表2-2中的11次谐波电流为2.6A时只有33.2dB(A)。试验还发现，当单一频率的电流注入电容器时，即使注入的电流增大较多，噪声的增加并不十分显著，如表2-2中11次谐波电流从2.6A增大到12.8A时，噪声只从33.2dB(A)增大到35.8dB(A)。但是当基频和谐波电流同时通入时，电容器单元的噪声会突然增加，如表2-2中

序号 4 的试验，当 58A 的基波电流与 2.6A 的 11 次谐波电流同时注入电容器时，噪声猛增到 54.1dB(A)。我们把这种现象称为多频噪声跳变现象，这个现象说明电容器单元噪声辐射系统不是一个线性系统。

表 2-2　　不同频率和电流施加时的噪声跳变现象

序号	基波电流/A	11 次谐波电流/A	声功率级/dB(A)
1	0	2.6	33.2
2	0	12.8	35.8
3	58	0	37.1
4	58	2.6	54.1
5	58	12.8	67.2

2.3 电抗器噪声

2.3.1 高压电抗器

在换流站工程中，交流滤波器电抗器一般采用干式空心电抗器。干式空心电抗器的结构见图 2-13，空心电抗器的绕组由绝缘铜或铝导线制成的多层绕组经过环氧树脂浸渍和密封绕组层组成。这些同心绕组层的端部焊在支架结构上（形成蜘蛛型结构）并联在一起。顶部和底部支架通过沿绕组周围布置的玻璃纤

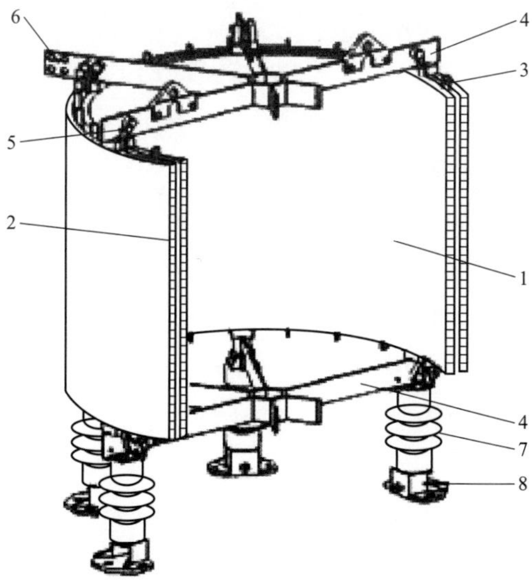

图 2-13　干式空心电抗器

1—绕组；2—导线；3—间隙绝缘棒；4—支架；5—玻璃纤维棒；6—电器端子；7—支柱绝缘子；8—安装固定脚

维带夹紧固定在一起。绕组被四周的加固玻璃纤维棒沿径向分隔开来，从而形成可进行绕组自然对流冷却的垂直气流通道。

空心电抗器绕组内的电流和磁场相互作用引起电抗器在轴向和径向的振动。设备表面的振动辐射到周围环境中，成为空气传播的可听噪声，辐射的声功率 W 可由下列公式计算：

$$W=\rho_0 c A_w \sigma \nu^2 \tag{2-6}$$

式中 ρ_0——空气密度，kg/m^3；

c——声波在空气中的传播速度，m/s；

A_w——声辐射面的面积，m^2；

σ——辐射效率；

ν——振动速度，m/s。

设备振动表面的振速 ν 和声辐射面的面积 A_w 基本决定了辐射声功率的大小，因为干式空心电抗器的绕组是声辐射面的主要部分，所以其声辐射主要由绕组径向振动速度决定。绕组的轴向振动和其他构件的振动对总辐射声音的贡献相对低一些。

为了避免振动速度的加大，激励力的频率（主要取决于电流频率）不能和空心电抗器结构的固有频率相同，否则将会产生速度共振。

电抗器的声功率与负荷电流的 4 次方成正比（见式（2-6））。为了获得准确的计算结果，有必要明确换流站的运行状态。

设交流滤波电抗器的电流见图 2-14，由基频 f 分量和谐频次数为 h（频率为 hf）的分量所组成。实际上，电流中至少包含一种谐波成分。

作用在电抗器绕组上激励力的频谱会出现如图 2-15 所示的变化，激励力是由一个预加静荷载（频率为零）和频率为 $2f$、$f(h-1)$、$f(h+1)$、$2fh$ 的对应分量组成。激励力中只有谐频激励力分量会产生噪声，而预加静荷载不会产生噪声。

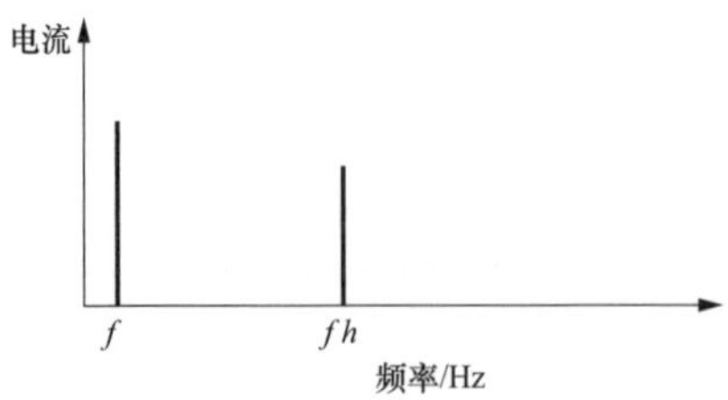

图 2-14　交流滤波电抗器电流频谱

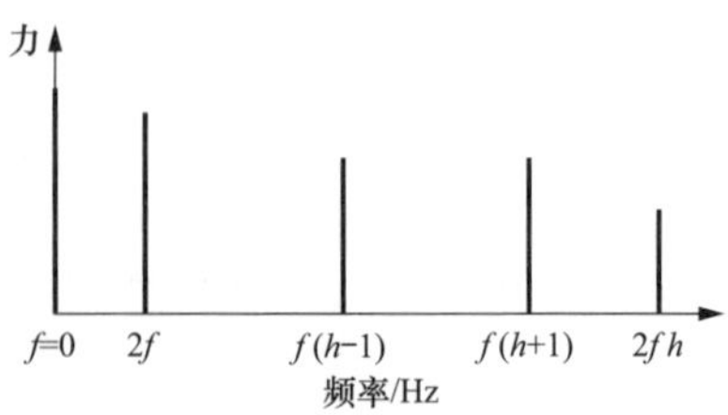

图 2-15　作用在电抗器绕组上的分力频谱

在电流产生电磁激励力的过程中，电磁激励力的频率与电流频率相比发生了较大的变化，在激励力频谱中，激励力（$f=0$ 除外）各谐频的数量等于电流频谱中各谐频数量的平方。如果电抗器电流频谱中包含几个谐波分量，则噪声频谱中的谐频分量就会大大增加。

2.3.2　高压直流平波电抗器

平波电抗器是换流站的最重要设备之一，对于限制逆变侧电压崩溃时的过电流、平抑传输直流电流中的纹波、防止沿直流线路入侵到换流站的过电压对换流阀绝缘的影响，以及保持低负荷工况下直流电流不间断等具有重要的作用。同时，它也是高压直流换流站的主要噪声源之一，其噪声辐射水平的高低不但影响平波电抗器的工作性能，而且对换流站噪声也有很大影响。在换流站中使用的高压直流平波电抗器有干式空心平波电抗器和油浸式平波电抗器两种。

干式空心平波电抗器和油浸式平波电抗器的噪声主要由绕组振动产生，而绕组振动则是由输入电流中的谐波成分引起。目前，换流站通常采用 12 脉波换流桥运行，所以直流侧的谐波主要是 12 次和 24 次。因此对于 50Hz 交流系统，平波电抗器的噪声主要为 600Hz 和 1200Hz 的谐波。

实际测试的平波电抗器的噪声频谱特征为类似于换流变压器的宽频带噪声（见图 2-16），其中中低频噪声成分稍强，而高频成分稍弱，频谱中以 100Hz、200Hz、400Hz、500Hz、600Hz 等 50Hz 的高次谐频为主，其中 400Hz、600Hz 的噪声为主要噪声成分。由于实际声场受平波电抗器两侧的防火墙反射影响，并且防火墙还阻挡了平波电抗器后部的高频噪声辐射，因此设备向外部的噪声辐射表现为以 400Hz、600Hz、800Hz 中低频为主的噪声频谱。

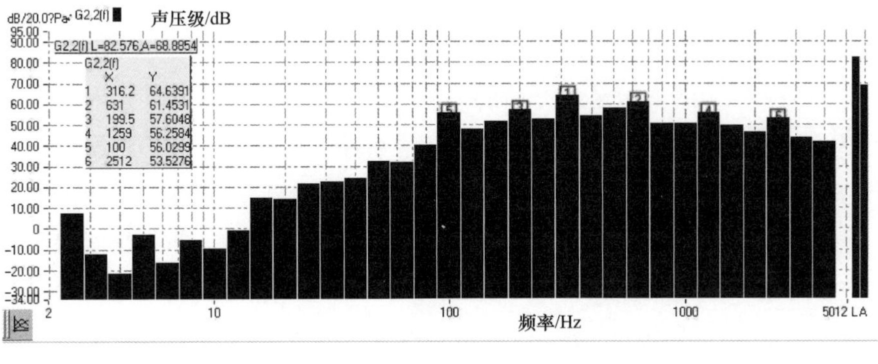

图 2-16　平波电抗器噪声频谱

2.4 其他设备噪声

2.4.1 换流阀水冷机组噪声

水冷机组和水泵一般安装在建筑地下室的专用机房内。机房内的噪声大致可分为两种，一种是振动噪声，由于机组体型大，在使用很久之后，运行时可能无法保持水平，故而产生较大振动。水泵在使用过程中，有时会因为进出水立管的吊架位置不妥，使管道和阀门的重量压在水泵上，故泵一侧的重量大于电机一侧，橡胶减振器被压扁，使水泵的轴偏移。振动噪声随之而来，以致不能正常运转。振动会通过支撑结构以及维护结构传递到各房间，再释放成为结构噪声，这部分噪声普遍呈现低频特性，也说明了低频噪声较难隔离。机房的第二种噪声呈现中、高频特性，这部分噪声包括压缩机运行时产生的噪声、水泵运行时轴转动的噪声以及机组和水泵机壳振动向周围辐射的噪声。振动噪声通过建筑构件传入泵附近的房间，造成噪声污染。

冷却塔是中央空调系统中很重要的设施，而且其安装位置多在建筑附近或者楼顶上，体型大，使用台数多，所产生的噪声对人的影响更加直接和严重。所以我们要在安装前期就做好降噪的各种措施，防止或减小其噪声对人们生活和工作产生的影响。冷却塔产生的噪声主要包括三个方面：通风机空气流动涡流声、滴水噪声以及传动部件振动噪声。通风机空气流动涡流噪声是由于冷却塔在运行过程中，采用的是风机带动塔内的空气流动使得冷却水冷却，从而起到换热冷却的效果。如前所述，风机噪声也是冷却塔噪声的主要噪声污染源。冷却塔在运行时，水经过分水盘，流经播水喷嘴，将水均匀溅散在填料中，经过淋水填料进行热交换，直接流入蓄水盘中，滴水噪声的产生主要来源于水滴溅散发出。传动部件振动噪声主要包括阀体、电动机及冷却水泵的噪声。

2.4.2 空调机组噪声

空调设备噪声的来源是多方面的，包括由于风机选型及其安装和机房设置不合理、系统管路在设计过程中存在缺陷、管路气流速度调节不均衡等原因造成设备运行不良，带来固体传声、管路串声、局部透声、空气动力性噪声等。

总体上可以把空调系统噪声的来源分为两个方面，第一部分是间接噪声即设备与人不在一个生活空间内，如冷水机组、风机（包括空调机组）、冷却塔、水泵等。水泵和冷水机组一般安装在地下室，将建筑作为媒介以振动传声的方式影响人们的生活。冷却塔和风冷式空调机组一般安装在屋顶或者是建筑周围空区，包括了固体传声、空气动力性噪声等危害性声音。第二部分可以概括为直接噪声或者现场噪声，与人生活空间直接接触的空调噪声有风机盘管噪声和新、回风产生的噪声。在暖通空调系统中，除设备以外，空调管道管件也会因为气体的流动而产生气流噪声。这些噪声控制的方式主要包括消声和隔振两个方面。

空调系统中的设备，由于其特点各异，在噪声的大小和特性上也有着较大的区别。对于相同的设备，由于加工技术和安装的差别，也会使噪声强度有所差异。对于大多数同种设备来说，其频率特性是一样的，也有少数同种设备因为安装存在问题，噪声源与其他同种设备不相同，这就需要具体问题具体分析。空调系统设备主要的噪声源有各种类型的风机、制冷机组、水泵、风机盘管、冷却塔等。

2.4.3 风机噪声

无论离心式风机还是轴流式风机，它们的噪声都包括有空气动力性噪声、机械噪声（含结构噪声）、电磁噪声等。风机噪声主要以空气动力性噪声为主，机械噪声、电机的电磁噪声及其他噪声为辅。

1. 空气动力性噪声

风机的空气动力性噪声是由于气体非稳定流动，即气流的扰动，气体与气体及气体与物体相互作用产生的噪声。从噪声产生的机理来看，主要由旋转噪声（气压脉动）和涡流噪声（紊流噪声）组成。

（1）旋转噪声。

旋转噪声是工作轮旋转时，轮上的叶片打击周围的气体介质，引起周围气体的压力脉动而形成的。对于给定的空间某质点来说，每当叶片通过时，打击这一质点气体的压力便迅速起伏一次，旋转叶片连续地逐个掠过，就不断地产生压力脉动，造成气流很大的不均匀性，从而向周围辐射噪声。

（2）涡流噪声。

涡流噪声又称紊流噪声。它主要是气流流经叶片界面产生分裂时，形成附面层及漩涡分裂脱离，而引起叶片上压力的脉动，辐射出一种非稳定的流动噪声。

由于涡流噪声的频率，主要取决叶片与气流的相对速度，而相对速度又与工作轮的圆周速率有关，圆周速率是随着工作轮各点到转轴轴心距离而连续变化的。

2. 机械噪声

风机的机械噪声主要有风机外壳与风管出现共振而产生的噪声、轴承噪声、装配不当引起的噪声等。

风机转子的动不平衡以及风管与风机外壳的内面接缝处不平整，都会激励风机外壳与管路产生共振，使细微的声音变大，造成更大的机械噪声。

轴承的精度不足，风机的装配不当，都会引起转子回转中心发生改变，从而使得回转激励力增大，带来额外的机械噪声。

3. 电磁噪声

电磁噪声是由电动机工作时产生的励磁电流激励产生，它与电动机的设计制造有很大的关系。一般来说，电磁噪声在风机中所占比例较小。

4. 风机噪声的声级

风机噪声的强弱和频谱不仅与风机形式、结构特点（如叶片数量、叶片形式）、转速、效率、技术水平以及生产质量相关，同时也与当前的风量（出口风速）和风压有直接关系。值得注意的是，风机的空气动力性噪声与风机出风口气流的流速 6 次方成正比。不同系列、不同型号的风机，其声级是不一样的。即使是同一风机，在不同工况下，其噪声声级也是不同的。

为了更好地表征风机的噪声性能，引入了比声功率级概念。比声功率级是指通风机在单位流量和单位全压下所产生的声功率级。不同系列的风机在额定工况下的比声功率级表征了该系列风机噪声的限值指标。同一系列不同型号的风机，其比声功率级大体相近。风机加工精度愈高，气动性能愈好，比声功率级愈低。

当风机的形式、结构和技术水平和制作质量固定后，风机的噪声比声功率级是固定的。风机在正常运行时，其实际产生的噪声声功率级为

$$L_{W_i} = k_i + 10\lg Q + 20\lg P + C \tag{2-7}$$

式中 k_i——比声功率级（单位风量单位风压的声功率级），dB；

Q——流量，m^3/s；

P——风机全压，Pa；

C——与转速和效率等相关的修正系数；

i——频程号。

5. 风机噪声的频谱

风机噪声的频谱是复合谱，是风机叶片的通过频率与宽带空气动力性噪声成分的叠加。其中叶片的通过频率由下式确定：

$$f_n = NBn/60\text{Hz} \tag{2-8}$$

式中 B——叶片数；

N——通风机的转速，转/分；

n——谐音序数：$n=1$(基频)，$n=2$(第二谐音)。

图 2-17 是某变电站 1 号主变压器上方散热风机噪声频谱。

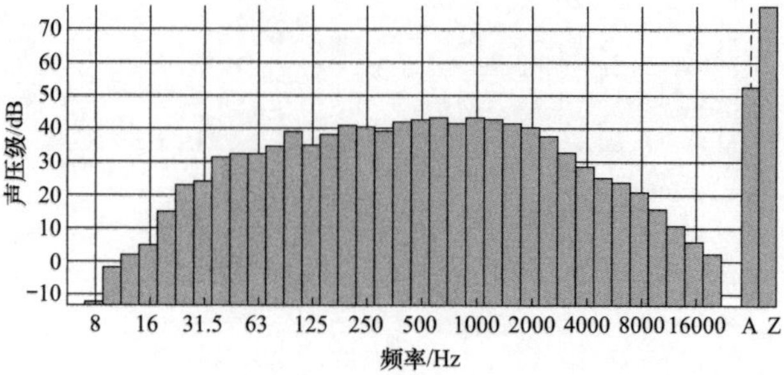

图 2-17　某变电站 1 号主变压器上方散热风机噪声频谱

实测表明：距主变压器进风口风机 1m 处的噪声声压级一般在 66dBA，距主变压器排风口 1m 处的噪声声压级一般在 76～89dBA。风机的噪声频率主要分布在 400～4000Hz 较为宽广的范围内。排风口噪声 1/3 倍频程频谱见图 2-18。

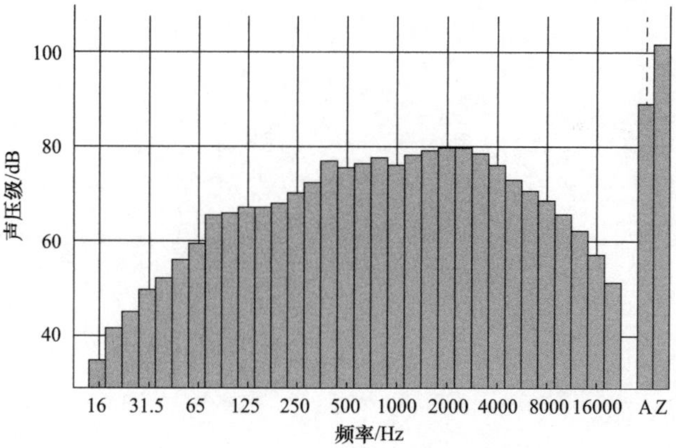

图 2-18　排风口噪声 1/3 倍频程频谱

2.4.4　空调机噪声

变电站中的空调机虽然单台的辐射声级不大，但在多台设备的噪声共同作用下，加上相对其他声源的安装位置为室外，极大可能会对周边环境产生严重的影响。

室外空调机的噪声频谱见图 2-19。空调室外机辐射噪声是主要集中在 200～2000Hz 的中低频段，其中以 250Hz 中心频率倍频带的噪声为主要噪声成分。

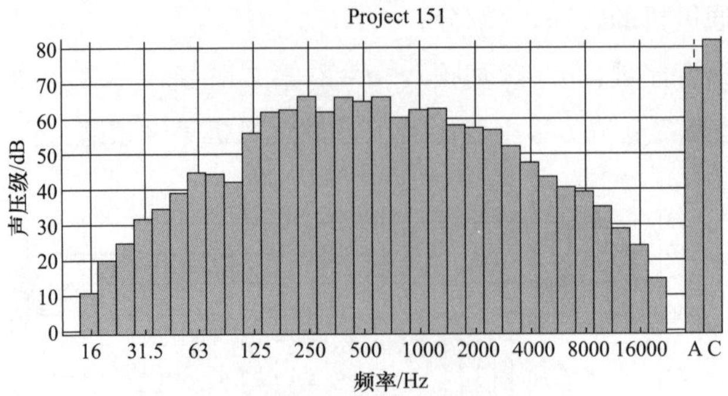

图 2-19　室外空调机噪声频谱

第3章

变电站/换流站噪声测量

噪声和振动的测量是实施噪声与振动控制的首要环节，只有通过对现场噪声和振动的科学的测量，才能准确了解各种噪声和振动源的属性和危害程度，从而为采取有效的控制措施提供依据。在变电站/换流站内，存在着多种噪声源，站内外的噪声是这些噪声源声音的叠加，有些情况下需要分别了解某类设备的噪声特征，这就必须把此类噪声从叠加后的噪声中分离出来。本章主要依据工程技术的需要和现行国家标准，有针对性地介绍几种常用的噪声和振动测量方法并对站内噪声进行分离尝试。

3.1 基本测量仪器

3.1.1 声级计

声级计是噪声测量中常用的基本声学测量仪器。声级计适用于室内噪声、环境噪声、机器噪声、电力设备噪声、建筑噪声等各类噪声的测量。

1. 声级计测量的量

常用的精密积分声级计可以测量的声学量有效声压级 L_p、最大声压级 L_{pmax}、等效连续声级 L_{eq}、累计百分声级 L_N 等。在变电站/换流站环境噪声测量中采用的声学评价量在 GB 3096—2008《声环境质量标准》和 GB 12348—2008《工业企业厂界环境噪声排放标准》中都有明确的规定，即当被测声源是稳态噪声，采用 1min 的等效连续声级 L_{eq}。

实际测量中，操作者往往会忽视一些问题，比如：用一段测量时间内的有效声压级 L_p 的大致平均值代替等效连续声级 L_{eq}，或在测量等效连续声级 L_{eq}时采用的时间段远小于 1min 等，这是不可取的。

2. 声级计的分类

声级计按用途可分为两类，一类用于测量稳态噪声（如精密声级计和一般声级计），另一类用于测量不稳态噪声和脉冲噪声（如积分声级计和脉冲声级计）。按其体积大小又可分为台式声级计、便携式声级计和袖珍声级计。依据国际电工委员会 IEC 61672-1—2002 和国家标准 GB 3785. 1—2010，声级计可按测量精度等级分为两类，表 3-1 是这两类不同精度等级声级计在测量时的允许误差。

表 3-1　　声级计的分类及允差

类型	精密声级计	通用声级计
精度等级	1 级	2 级
1/3 倍频程中心频率/Hz	测量允差/dB	
20	±2.5	±3.5
25	+2.5；−2.0	±3.5
31.5	±2.0	±3.5
40～80	±1.5	±2.5
100～200	±1.5	±2.0
250～800	±1.4	±1.9
1000	±1.1	±1.4
1250	±1.4	±1.9
1600～2000	±1.6	±2.6
2500～3150	±1.6	±3.1
4000	±1.6	±3.6
5000	±2.1	±4.1
6300	+2.1；−2.6	±5.1
8000	+2.1；−3.1	±5.6
10000	+2.6；−3.6	+5.6；−∞
12500	+3.0；−6.0	+6.0；−∞
16000	+3.5；−17.0	+6.0；−∞

3. 声级计的结构和原理

声级计一般由传声器、放大器、衰减器、计权网络、检波器及指示器等部分组成，其结构示意见图 3-1。

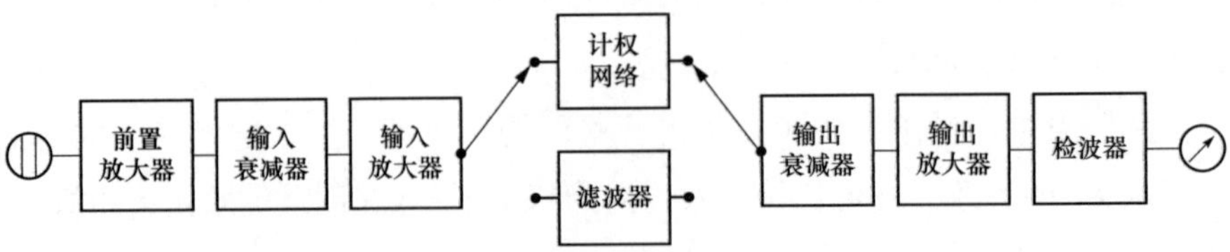

图 3-1　声级计结构框图

（1）传声器。传声器是一种将声信号（声压）转化为电信号（电压）的换能元件。传声器的类型很多，常见的有晶体传声器、电动式传声器、电容传声器和驻极体传声器等。其中，由于电容式传声器具有动态范围宽、频率响应平直、灵敏度变化小、长时间稳定等优点，多用于精密声级计和标准声级计中。

电容传声器是由后极板和一片紧靠后极板的金属膜片组成。金属膜片与后极板绝缘，构成一个以空气为介质的电容器。当外界产生的声波作用于金属膜片上时，膜片产生振动，膜片与后极板的间隙随之改变，电容发生变化，导致通过负载电阻的电流变化，形成一个交变电压信号输入到前置放大器。

电容传声器的灵敏度有三种：自由场灵敏度、声压灵敏度和扩散场灵敏度。自由场灵敏度平直的传声器叫自由场型（或声场型）传声器，主要用于消声室等自由场和近似自由场的测试，它能比较真实地测量出传声器放入前该点原来的自由场声压，在声级计中就是使用这种传声器。声压灵敏度平直的传声器叫声压型传声器，主要用于仿真耳等腔室内使用。扩散场灵敏度平直的传声器叫扩散场型传声器，用于扩散场测量，如在混响室或混响声严重的场所内进行的测量。

（2）放大器。传声器将声信号转变为电信号后，所产生的电信号通常很微弱，难于在电表上指示出来，需将电信号做进一步放大。声级计上所使用的放大器，要求具有较高的输入阻抗和较低的输出阻抗，有合理的动态范围、较小的线性失真和满足需要的频率范围。声级计的放大部分一般包括输入放大器和输出放大器。

（3）衰减器。声级计的量程范围一般为 25～130dB，检波器和模拟式指示器没有这样宽的量程范围，通常需要使用衰减器，将较强信号做衰减，可避免放大器过载。衰减器亦分为输入衰减器和输出衰减器。为提高信噪比，在声级计中，前者位于输入放大器之后，后者接在输入放大器和输出放大器之间。这样，当测量较大信号时，由于输出衰减器的衰减作用，输入衰减器的衰减量减小，输入放大器上的信噪比就能得到提高。

（4）计权网络。噪声测量中，为使所测声音的客观物理量与人耳听觉的主观感觉近似取得一致，按 IEC 的规定，选取接近人耳对声音频率响应的几条等响曲线，设计了 A、B、C、D 四种标准的计权网络。由 A、B、C、D 计权网络测得的读数称为声级，声级是经过频率计权之后的声压级，注意与声压级相区别。

声级计还有“线性”频率响应，这时声级计在所测频率范围内的频率响应基本上是平直的，即不随频率变化而变化，线性响应用于测量噪声声压级。许多声级计还有“滤波器”挡，用于与滤波器连接时测量噪声源或现场的频带声压级。A、B、C、D 四个计权网络的频率特性见图 1-5。

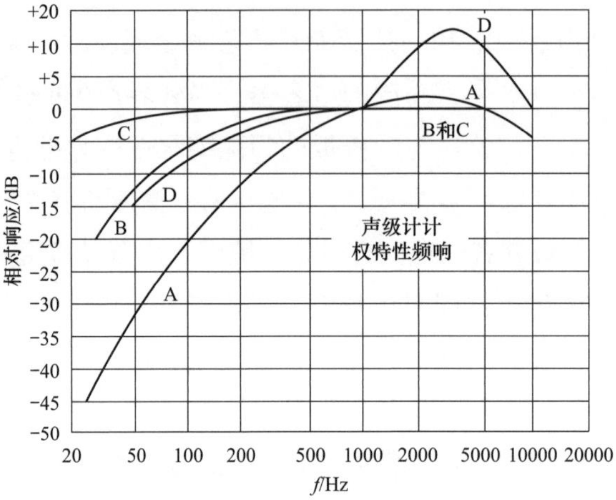

图 3-2　计权网络频率特性

4. 声级计的使用方法

（1）声级计的校准。声级计使用前后要进行校准，以保证测量数据的精确。一般声级计能产生一个标准电信号用于校准内部的电子线路，但仅进行电校准有时无法达到测量精度的要求，通常使用活塞发声器、声级校准器或其他声级校准仪器进行声学校准。

使用活塞发声器进行校准时，声级计的计权开关放在“线性”或“C”计权位置，要将活塞发声器紧密地套入声级计的前端，必要时使用适配器。打开活塞发声器的电源开关，活塞发声器可产生频率为 250Hz、声压级为 124dB 的声音，调节声级计“灵敏度调节”电位器，使声级计读数为 124dB，关闭并取下活塞发声器，校准完毕。使用数字式声级计时要注意将其动态范围设定在可读出 124dB 的挡位上。

声级校准器产生的声音频率为 1000Hz，声压级为 94dB。校准时将声级校准器紧密地套在传声器上，调节声级计上的灵敏度调节器，使声级计读数与声级校准器产生的声压级一致。

图 3-3 显示了使用活塞发声器和声级校准器两种仪器对声级计进行校准时在频率上的区别。

（2）声级计的读数：声级计的噪声测量值为输入衰减器、输出衰减器和电表读数之和。一般为获得较大的信噪比，使用模拟式声级计时，要尽量减小输入衰减器的衰减，增大输出衰减器的衰减，使电表指针位于 0～10dB 的指示范围内，而数字式声级计则无须进行调整。

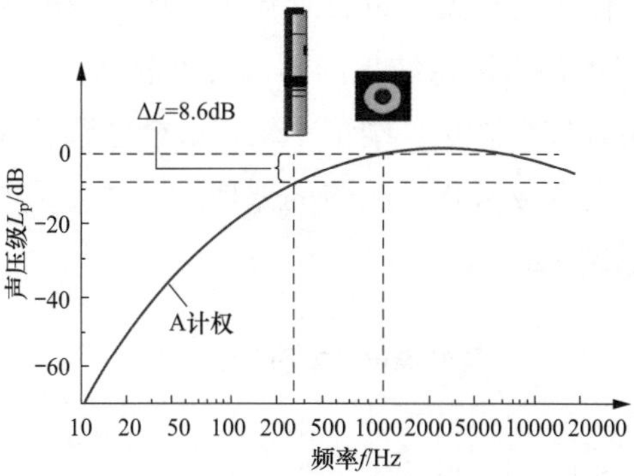

图 3-3　两种校准器的频率区别

声级计读数直接给出声压级，通常测量范围约为 20～130dB。声级计的指示电表有快挡和慢挡两种响应速度。一般测量时使用快挡，慢挡指示是在表针起伏大于±2dB 而小于±5dB 时用来读出平均值的。对于稳态噪声，两种速度响应读数是一样的。对于脉冲噪声，如机修车间冲床的噪声、用计算机打字的噪声等，重复出现的间隔无一定规律，应使用脉冲声级计，取电表指针最大偏转位置读数，或使用其峰值保持功能。对于间歇噪声，用快挡读取每次出现的最大值，以数次测量的平均值表示，并记录间歇噪声出现的时间及出现频率。数字式声级计功能较强，操作亦不复杂，既可直接从仪表窗口读数，也可利用多数仪器具有的记忆功能，回到实验室对所测量和记录的数据进行分析处理。

5. 测量误差产生的原因

（1）频率响应的影响。不同类型的声级计除了有不同的固有误差外，其频率响应特性的不一致也会带来误差。在标准 JJG 188—2002《声级计检定规程》中给出了声级计在不同频率处进行 A 计权时的允许误差，表 3-2 按倍频程中心频率列出 1 型声级计和 2 型声级计在中心频率 31.5～8000Hz 范围内的允差。

表 3-2　　常用声级计在不同频率处 A 计权的允许误差　　单位：dB

中心频率/Hz	31.5	63	125	500	1000	2000	4000	8000
1 型声级计	±2.0	±1.5	±1.5	±1.4	±1.1	±1.6	±1.6	2.1～−3.1
2 型声级计	±3.0	±2.5	±2.0	±1.9	±1.4	±2.6	±3.6	±5.6

（2）背景噪声的影响。测量噪声时，除被测噪声源以外，周围还存在与被测噪声无关的环境噪声，称为背景噪声（或本底噪声）。进行现场测量时，为了保证测量结果的准确性，应首先测量背景噪声。如背景噪声与被测噪声级的差值大于 10dB，则背景噪声对测量结果的影响可以忽略；若该差值小于 3dB，则背景噪声对测量结果有较大影响，结果不精确，会导致较大误差，这时要降低背景噪声或增大被测噪声级与背景噪声的差值。若该差值在 3～10dB，可按照表 3-3 做修正，以减少误差。

表 3-3　　背景噪声（振动）修正值　　单位：dB

声源声级（振源振级）与本底声级（振级）之差	3	4	5	6	7	8	9	10	11	12	13	14	15
修正值	3.0	2.3	1.6	1.3	1.0	0.8	0.6	0.5	0.4	0.3	0.2	0.2	0.1
粗略修正值	3	2		1					0				

（3）反射声的影响。现场测量环境中，声源附近或传声器周围往往可能有许多物体，这些物体对声波的反射会给测量带来较大的误差。如墙壁、机械设备、人体等都是反射体。测量时，原则上测点位置应离开所有反射面 1m 以上，必要时可借助延伸杆或电缆消除人体等反射体对测试的影响。在无法远离反射面的情况下，有特殊必要，也可在反射噪声的物体表面敷设吸声材料。

当测量者手持声级计测量时，声级计位于测量者与声源之间并且靠近人体，当测量的噪声频率高于 100Hz 时，由于人体的反射作用，会对被测噪声造成 1dB 或更大的误差。如果测量时拿持声级计的手臂伸直，将会使这个误差减小。

（4）环境的影响。在气象条件的变化中，风噪声的影响最大，这是由于风吹到传声器上时，作用在传声器膜片上的压力发生变化所引起的。图 3-4 是风速

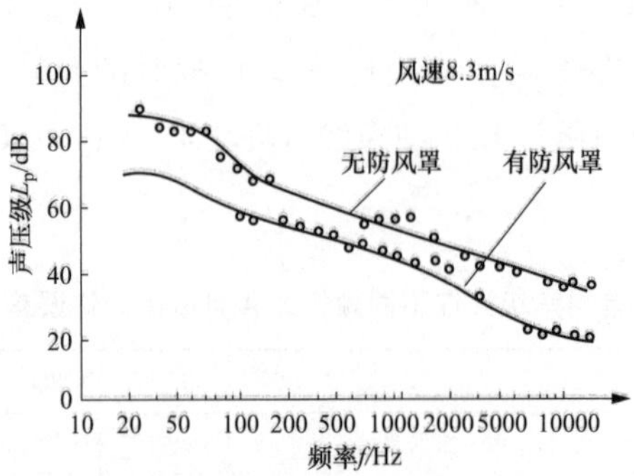

图 3-4　风噪声与频率的关系

约为 8.3m/s(30km/h)，不同频率处的风噪声值。

风噪声的大小与风速成正比，因此这时需要使用防风罩以减小风噪声引起的误差。当测量受到高风速干扰时，可使用鼻锥来代替防风罩，以最大限度地降低风噪声影响。鼻锥常用于固定风向和固定风速的情况，还能改善传声器的方向特性。为此，在诸多标准中都规定，在室外测量时，风速要小于 5m/s，并且在测量记录中要说明测量时的气象条件。

另外，在下雨天，除了落雨的声音会对测量造成较大的影响外，雨水还会淋坏声级计，因此在雨天是不能进行环境噪声测量的。

除了风、雨等影响外，当测量环境的温度、湿度以及大气压力变化时，都会使传声器的灵敏度发生变化，从而带来测量误差。在大气压力变化 10%时，1 型声级计的灵敏度会变化 0.3dB，2 型声级计的灵敏度会变化 0.5dB；在环境温度为 20℃时，1 型声级计的灵敏度的变化范围是±0.5dB，2 型声级计的灵敏度的变化范围是±1dB；在 65%的相对湿度下，1 型和 2 型声级计的灵敏度变化都在±0.5dB 范围内。

在对电力设备进行噪声测量时，为避免强电磁场对测量的影响，可以试探性地改变声级计的方位，观察指示器的示数是否有显著变化，如磁场干扰过大，应变换声级计的方位或在远离磁场处进行测量。

振动环境中噪声测量结果会受到振动的影响而产生误差，当振动方向与传声器膜片垂直时，影响可能最为严重，必须引起注意并加以防止。

（5）声级计的外形。便携式声级计的外形会给测量结果带来误差。声级计的体积越大，带来的影响也越大；测量频率越高，影响也越大。一般在 500Hz 频率以下的影响可以忽略，但 500Hz 以上的影响必须考虑。

质量好的声级计，其外形经过严格认真的声学设计，它的外形影响在整个频率范围内可以忽略。在变电站/换流站的噪声测量中应使用这类声级计。

（6）传声器的指向性。自由场型传声器在高频时具有较强的指向性。膜片越大，产生指向性的频率越低。一般国产声级计在自由场（没有声波反射）条件下测量时，传声器应指向声源。若声波是无规则入射（有较强声波反射），则需要加上无规则入射校正器。测试环境噪声时，可将传声器指向上方。

通常，在进行厂界环境噪声测量时声级计上安装的传声器都是自由场传声器。使用这种声级计测量噪声时，应使传声器的轴线正对着声源，否则，将会产生指向性误差。表 3-4 给出了 1 型和 2 型声级计的指向性误差值，图 3-5 则是指向变化引起的测量误差变化示意图。

表 3-4　　传声器的指向性误差

频率/kHz	在偏离参考方向±θ°的任意两个声入射角内，指示声级的最大绝对差值 L/dB					
	θ=±30°		θ=±90°		θ=±150°	
	1 型声级计	2 型声级计	1 型声级计	2 型声级计	1 型声级计	2 型声级计
0.25～1	1.3	2.3	1.8	3.3	2.3	5.3
>1～2	1.5	2.5	2.5	4.5	4.5	7.5
>2～4	2.0	4.5	4.5	7.5	6.5	12.5
>4～8	3.5	7.0	8.0	13.0	11.0	17.0
>8～12.5	5.5	—	11.5	—	15.5	—

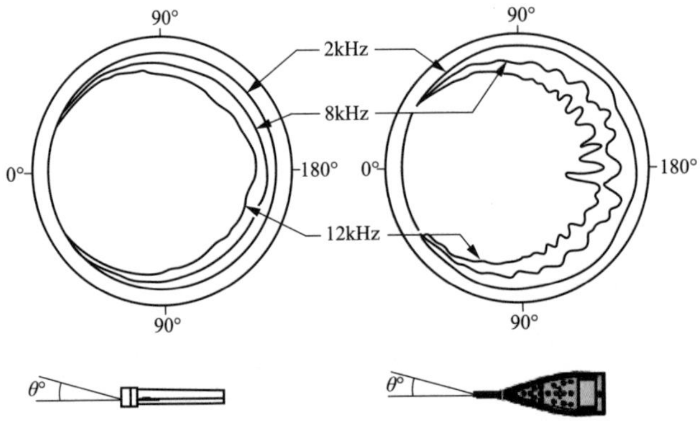

图 3-5　传声器的指向误差变化示意图

3.1.2　滤波器

滤波器是将声信号的声能按频率予以分离而进行分析测试的仪器。现场噪声的频率范围常较宽，使用滤波器可以使需要测试频段的声音通过，而将不必要的频率成分滤掉，以最小的衰减传输有用频段内的信号（通频带），而给予其余频段信号（阻频段）以最大限度的衰减。位于通频带与阻频带界限上的频率称为截止频率 fc。滤波器的种类很多，按其频带宽度的不同，可将其分为恒定百分比带宽滤波器、恒定带宽滤波器和窄带滤波器；按其通频带范围可分为低通滤波器（能传输 0～fc 频带内的信号）、高通滤波器（能传输 fc～∞频带内的信号）、带通滤波器（能传输 f_1～f_2 频带内的信号）、带阻滤波器（不能传输 f_1～f_2 频带内的信号）等多种。

测量噪声常常需要分析现场噪声的不同频率成分，这就需要在噪声测量系统中使用对频带具有选择特性的仪器。因此，滤波器是噪声振动测量的常用辅助仪器。噪声与振动测量中较常使用的是恒定带宽滤波器和恒定百分比带宽滤波器两类。利用声级计测量噪声时，最常使用的滤波器是倍频程滤波器和 1/3

倍频程滤波器。这两种滤波器属于恒定百分比带宽滤波器。它们的上限频率 f_2 和下限频率 f_1 之间的关系在式（3-1）已有说明。

$$f_2/f_1 = 2^n \tag{3-1}$$

或

$$n = \log_2 f_2/f_1$$

式中　f_1——任一频程的下限截止频率，Hz；

f_2——任一频程的上限截止频率，Hz。

若一个滤波器的上限截止频率是下限截止频率的 2 倍，即 $n=1$，则称为倍频程滤波器；对于 1/3 倍频程滤波器，$n=1/3$。倍频程滤波器和 1/3 倍频程滤波器的下限频率值 f_1、上限频率值 f_2 和中心频率值 f_m 值见表 3-5。

表 3-5　　滤波器通带的准确频率　　单位：Hz

通带号数	中心频率 f_m	1/3 倍频程滤波器下、上限频率	1 倍频程滤波器带宽
14	25	22.4～28.2	22.4～44.7
15	31.5	28.2～35.5	
16	40	35.5～44.7	
17	50	44.7～56.2	44.7～89.1
18	63	56.2～70.8	
19	80	70.8～89.1	
20	100	89.1～112	89.1～178
21	125	112～141	
22	160	141～178	
23	200	178～224	178～355
24	250	224～282	
25	315	282～355	
26	400	355～447	355～708
27	500	447～562	
28	630	562～708	
29	800	708～891	708～1410
30	1000	891～1120	
31	1250	1120～1410	
32	1600	1410～1780	1410～2820
33	2000	1780～2240	
34	2500	2240～2820	
35	3150	2820～3550	2820～5620
36	4000	3550～4470	
37	5000	4470～5620	

续表

通带号数	中心频率 f_m	1/3 倍频程滤波器下、上限频率	1 倍频程滤波器带宽
38	6300	5620～7080	5620～11200
39	8000	7080～8910	
40	10000	8910～11200	
41	12500	11200～14100	11200～22400
42	16000	14100～17800	
43	20000	17800～22400	

各种滤波器与测量放大器（或声级计）配合使用，可以用来进行频率分析。在信号分析的早期，常把滤波器与测量放大器组合在一起，构成频率分析仪或频谱分析仪。

3.1.3 振动测量仪器

1. 环境振动计

振动计又称为测振仪，是测量振动的基本仪器。环境振动计则是专门用于测量环境振动的装置，其基本结构和测量原理与测振仪相同，在计权网络方面有所不同，有些测振仪并不设置计权网络，有些测振仪的频率响应范围与其主要应用领域相适应或匹配，与环境振动计的频率响应范围存在较大差异。

环境振动计一般由振动传感器（拾振器）、放大器、衰减器、频率计权网络、频率限止电路、检波器和指示器等构成。其结构示意图见图 3-6。

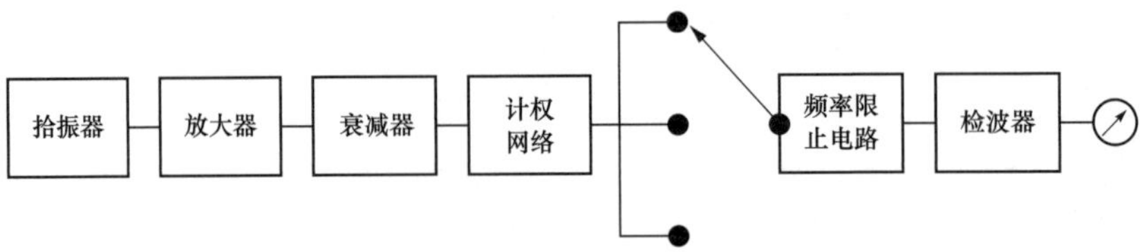

图 3-6 环境振动计结构示意图

振动传感器将采集到的振动信号转换成与振动（加速度、速度或位移）成正比的电信号，振动传感器内设的前置放大器将电信号进行阻抗变换和初步放大；放大器将传感器输出的微弱电信号进行再放大，衰减器用于将过强的输入信号衰减到恰当的程度再馈入放大器，使其能在正常参数范围工作，从而保证振动计有足够量程；频率计权网络是根据人体对振动的响应而设计的滤波线路，其目的是使用单值参数测量和评价环境振动。频率限止电路由高通和低通滤波器组成，其作用是将振级测量的频率范围限制在一定的频率范围，以保证测量结果不受其他频率信号的干扰和影响。检波器把来自放大器的交变信号转换成与信号幅值保持一定关系的直流信号，以推动电表指针偏转来显示测量的振级或计权振级值。

现场振动测量前须对振动计进行校准，以使仪器灵敏度保持正常。传感器的灵敏度随外界条件会发生变化，仪器内部的电校准信号也会随外界环境条件的变化而有微小的变化，因此必须对传感器和环境振动计的整机灵敏度做定期校准。

2. 激光测振仪

激光测振仪属于典型的非接触式测量仪器，具有无附加质量影响、抗干扰能力强、可现场应用、测量方便快捷、动态范围大和精度高的特点，特别适用于高电压环境远距离非接触测量。

目前的激光测振仪普遍利用激光的多普勒效应进行工作。图 3-7 中，S 为激光源，激光的频率为 f，光速为 c；O 为光波接收器。激光源 S 和接收器 O 保持相对静止。当运动物体 P 以速度 v 运动时，其反射光波就会发生频移现象，此现象称为多普勒效应，相应的频移量（多普勒频率）与 Δf_D，此时接收器接收到的光波频率为 $f+\Delta f_D$。其中激光频移量与速度的关系为

$$\Delta f_D=\frac{2vf}{c}=\frac{2v}{\lambda} \tag{3-2}$$

式中　Δf_D——频移量（多普勒频率），Hz；

f——激光频率，Hz；

c——光速，m/s；

v——物体的运动速度，m/s；

λ——激光的波长，m。

由此可知，激光多普勒测振原理就是基于测量从物体表面微小区域反射回的相干激光光波的多普勒频率 Δf_D，进而确定该测点的振动速度 v。

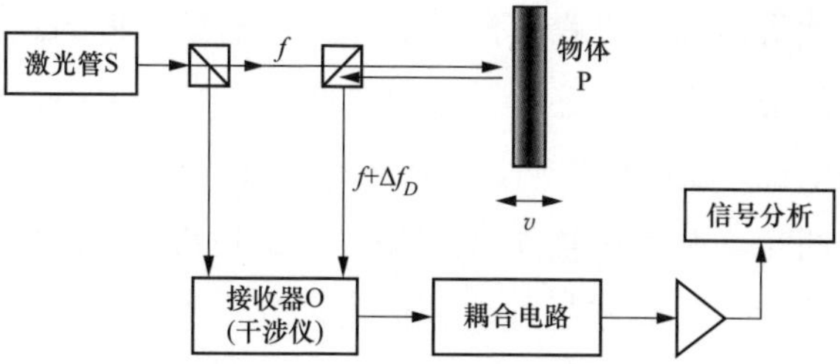

图 3-7　激光多普勒测振原理示意图

3. 振动计的使用

（1）仪器的校准。现场振动测量前须对振动计进行校准，以使仪器灵敏度保持正常。传感器的灵敏度随外界条件会发生变化，仪器内部的电校准信号也

会随外界环境条件的变化而有微小的变化，因此必须对传感器和环境振动计的整机灵敏度做定期校准。

（2）传感器的放置和频率计权选择。环境振动计的传感器通常具有体积大、质量大、底面积大等结构特点，以便使其能稳定可靠地压贴在待测环境的表面。根据测量的需要，传感器可选择垂直或水平方向放置，这时须选择相应的频率计权特性。

（3）背景值修正。主动隔振设计前测量振源强度时，应在同一位置测量背景振动，即测量振源停止振动时由周围其他振源引起的地面振动。当背景振动值小于振源振动实测值 10dB 以上时，测量值有效，可不必修正；若背景振动值与振源振动实测值相差在 10dB 以内，振源的实际振动值须按表 3-3 进行修正。

3.2 变电站/换流站噪声测量

变电站/换流站的噪声可分为生产环境噪声、非生产环境噪声（厂界噪声、敏感点噪声站内服务区噪声等）以及站内工作人员噪声暴露，本节将讨论变电站/换流站的这三种噪声的测量和评价。

3.2.1 测量的基本要求

1. 测量条件

（1）主变压器或换流变压器的噪声应在大负荷（负荷率在 75%以上）工作状态下进行测量，并记录测量时的运行工况（包括有功功率、无功功率、电压、电流和谐波状况等）。

室外测量应在无雨雪、无雷电天气，风速小于 5m/s 时进行。测量时应记录当时的气压、温度、湿度、风速、风向等气象参数。

（2）站内区域噪声和厂界噪声测量时，应对测量环境的地形、地物、周围建筑状况、敏感点位置进行描述，并绘出简图。测量过程中，应尽量避免周围环境其他噪声的干扰以及减少振动、电磁场等因素的干扰。

（3）在工作期间，由于变电站/换流站的设备是长期不间断运行，故测量时只能对测点位置的背景噪声进行判断和描述。但在站内设备检修期间，可以对背景噪声进行测量，并以此对设备运行时的测量噪声进行背景噪声修正。

2. 测量的量

（1）生产环境的噪声测量。

一般情况下测量的量为 1/3 倍频带（或更窄频带）等效声压级和 A 声级。噪声照射的测量为 1/3 倍频带等效声压级、A 声级和最大 A 声级。

噪声暴露的测量为接触噪声人员的日暴露声级。其他情况可根据实际需要选择测量。

（2）非生产环境的噪声测量。

非生产环境应测量等效连续A声级、最大A声级，必要时可测量频谱。

厂界噪声和敏感点噪声应测量等效连续A声级、最大A声级，必要时测量频谱。

3. 测量的时长

（1）稳态噪声的测量时间长度不应少于1min。

（2）非稳态噪声应选取具有代表性的工作时段（如设备的工作周期或作业人员的正常操作时间）作为测量时间长度，必要时测量整个正常工作时间；若测量单个工作日不能反映环境中的噪声或作业人员日常接触噪声的特点，可测量多个工作日。

4. 测量区域

为便于综合评价变电站、换流站内不同区域的噪声，根据不同的使用功能，把变电站/换流站内部划分为若干个测量评估区域，表3-6是换流站内的区域划分，表3-7是变电站内的区域划分。

表3-6　换流站噪声测量区域划分

换流站区域划分	区域内主要噪声来源
换流变区域	换流变压器
交流滤波场	交流滤波电容器、交流滤波电抗器
直流滤波场	直流滤波电容器、直流滤波电抗器、平波电抗器
交流场区域	高压电晕噪声、阀冷却装置
换流阀阀厅	换流阀
站用变区域	站用变压器
主控楼、综合楼	站内综合噪声
厂界	站内综合噪声

表3-7　变电站噪声测量区域划分

变电站区域划分	区域内主要噪声来源
主变区域	主变压器
高抗区域（户外站）	高压并联电抗器（户外站）
低压无功补偿区域	补偿电容器、补偿电抗器
站用变区域	站用变压器
主变风机区域（户内站）	主变压器通风风机
厂界	站内噪声综合

5. 生产区域噪声测量原则

（1）测点选择。

1）每个噪声测量区域测点应选择在可以代表本区域噪声水平的位置。若测量区域有隔声罩、声屏障等噪声控制设施，测点应在控制设施的有效控制区和未控制区分别布置，布置原则同上。

2）噪声照射的测量，测点应选择在工作位置。传声器应放在该工作位置的作业人员的头部位置且离外耳道入口约 0.1m 处，其方向与作业人员的视线方向一致。如工作位置作业人员的头部位置不明确，则传声器的高度应按下列方法确定：

立姿——人站立的垂直平面上方，距地 1.55m±0.075m 处。

坐姿——在座位处水平和垂直中点或紧靠中点安置的座椅的垂直平面中央上方 0.91m±0.05m 处。

仪器应固定在三脚架上，置于测点处；若测点不适于放置三脚架，可手持仪器测量，但应保持测试者与传声器的距离大于 0.5m。

3）噪声暴露的测量，应选择作业人员为测点。传声器宜固定于作业人员的肩部、领部或头盔上，置于等效声级较高的一侧，并距离外耳道入口 0.1～0.3m 处。

4）在生产环境中无作业人员或工作位置等情况时，传声器应置于距墙面和其他反射面不小于 1m 的位置，距地面高度 1.2～1.5m 处。

（2）噪声测量。

1）测量时，传声器应安装防风罩。

2）除个别要求外，测量时传声器的轴线应指向测量面。

3）测量时传声器周围不应有人围观或阻挡在声源与传声器之间。

4）若作业人员在不同的声级区流动作业，宜使用声暴露计测量，或对不同的工作位置使用声级计分别测量并根据各位置的工作时间计算结果。使用个人声暴露计的抽样应按照工作性质、工种相近程度将作业人员进行归类分组，然后再进行抽样测量，抽样人数按表 3-8 执行。

表 3-8　　抽样人数

同一类或同一种作业的作业人员数/人	抽样人数/人
＜3	所有作业人员
3～5	≥2
6～10	≥3
＞10	≥4

6. 非生产环境的噪声测量原则

（1）办公室、会议室、值班室、休息室等室内噪声测量，应在室内选 1 个或多个有代表性测点测量并取其算术平均值作为测量结果。

（2）传声器应置于地面上方 1.2m 处，并距其他反射面应大于 1m；传声器应指向影响较大的声源。

（3）测量噪声时，房间应处于正常使用状态（例如：门、窗、空调器等的开或关）。

7. 室外噪声测量应符合的规定

（1）应在各主要建筑物外侧选取 1 个测点进行测量，测点应距建筑物外墙表面 1m。

（2）传声器应置于地面上方 1.2m 处，传声器应指向影响较大的声源。

8. 噪声测量的设备工况

测量时，变电站或换流站的工作环境应在主变压器或换流变压器处于大负荷（负荷率在 75%以上）工作状态下进行测试，并记录测量时的负荷率。

9. 其他

室外测量应在无雨雪、无雷电天气，风速小于 5m/s 时进行。测量过程中，应尽量避免周围环境其他噪声的干扰以及减少振动、电磁场等因素的干扰。

站内区域噪声和厂界噪声测量时，应注意描述测量环境的地形地物、周围建筑状况、敏感点位置等信息。

3.2.2　变电站/换流站噪声测量方法

1. 主变压器、换流变压器、站用变压器区域的噪声测量

（1）测量条件。

变压器、换流变压器处于工作状态，变压器、换流变压器本体的风机处于开启状态，在变电站主变压器室测量时，主变压器室的通风风机处于临时停止运行状态。

（2）主变压器室内的测点位置。

主变压器室内的变压器周围测点共有 4 个，其布置见图 3-8，测点高度在主变压器器身中部，距离主变压器为 1m，距任一壁面距离不小于 1m；如果变压器到壁面的距离不足 2m 时，则测点位于变压器到壁面的中点，但须注明具体距离值。

当主变压器的测点较高时，可用延伸电缆将传声器置于测点位置。测量中除记录测量数据外，还应描述主变压器室内墙壁有无吸声措施，如有，需对吸声措施（材质、厚度等）进行说明。

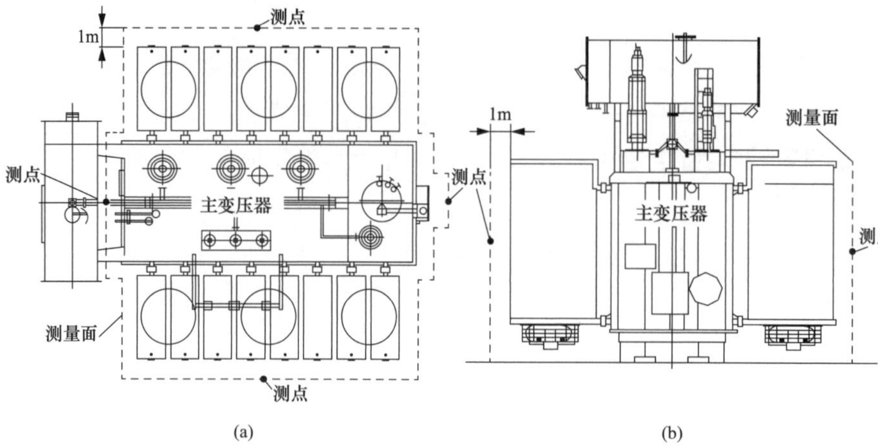

图 3-8　主变压器室区域噪声测量点位置

（a）俯视图；（b）正视图

（3）户外变压器、换流变压器区域及高抗区域的测点位置。

如果变压器（或换流变压器、高压电抗器）等两侧有防火墙，在变压器（或换流变压器、高压电抗器）防火墙两端的连线上噪声值最大的位置进行测量，见图 3-9（a），测量时须记录测点到变压器（或换流变压器、高压电抗器）最近的一个面的距离。

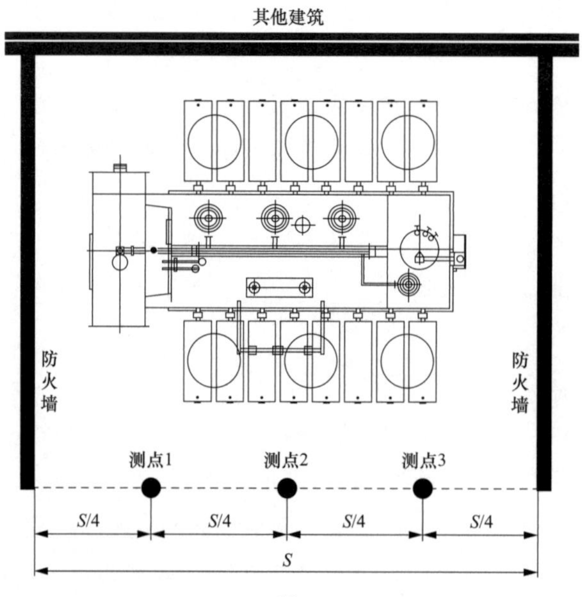

图 3-9　变压器（或换流变压器、高压电抗器）区域有防火墙时的测点位置（一）

（a）测点位置俯视图

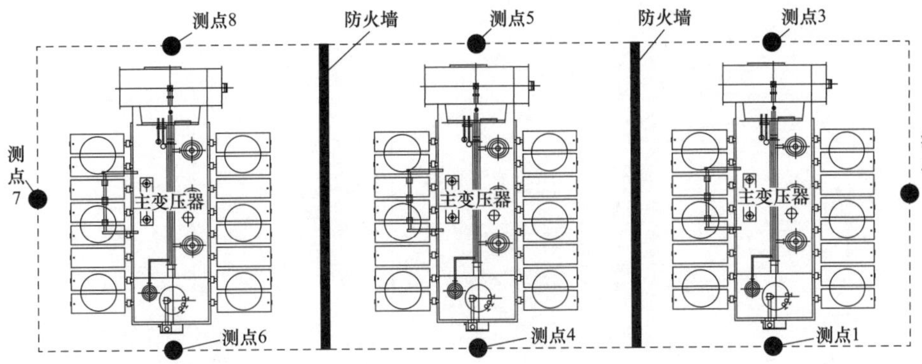

(b)

图 3-9　变压器（或换流变压器、高压电抗器）区域有防火墙时的测点位置（二）

（b）测点位置侧视图

如果变压器（或换流变压器、高压电抗器）除了两侧有防火墙，防火墙之间还有控制室或阀厅与之相连，一般选择防火墙两端的连线上的 3 个等距离的位置进行测量，见图 3-9（b），测量时须记录测点到变压器（或换流变压器、高压电抗器）最近的一个面的距离。

如果变压器周围有安全防护网，应在变压器每个侧面方向上防护网外侧布置 1 个测点，此时须记录测点到变压器被测面的距离。

2. 低压无功补偿区域、交流滤波场、直流滤波场中电抗器区域噪声测量

在这些区域里的主要噪声源分别是并联电抗器、低压并联电抗器或滤波电抗器，测量过程中这些电抗器应处于正常工作状态。

在该区域围绕电抗器周围互成 90°的位置布置 2 个噪声测点，见图 3-10（a）。测点距离电抗器噪声辐射面的距离不小于 2m，测点高度位于电抗器的中部位置。

如果电抗器的外部有隔声罩，还需在距隔声罩通风开口面 2m 处、正对通风开口面的位置设置测点，见图 3-10（b）。

对于绝缘支架很高的干式空心平波电抗器，测点距地面高度为 1.5m，传声器指向平波电抗器的中心，须记录测点到电抗器中心的直线距离。

如果电抗器周围有防护网，则测点应位于正对电抗器的防护网外侧，须记录测点到电抗器中心的直线距离。

对于交流滤波场、直流滤波场中的电抗器区域测点最好在防护网外侧布置 3 个，参照图 3-10（c）所示测点位置。

对于区域中有油浸式平波电抗器的噪声测量可以参照变压器区域噪声测量进行。在测量中须对被测的油浸式平波电抗器周围设备、环境进行描述。

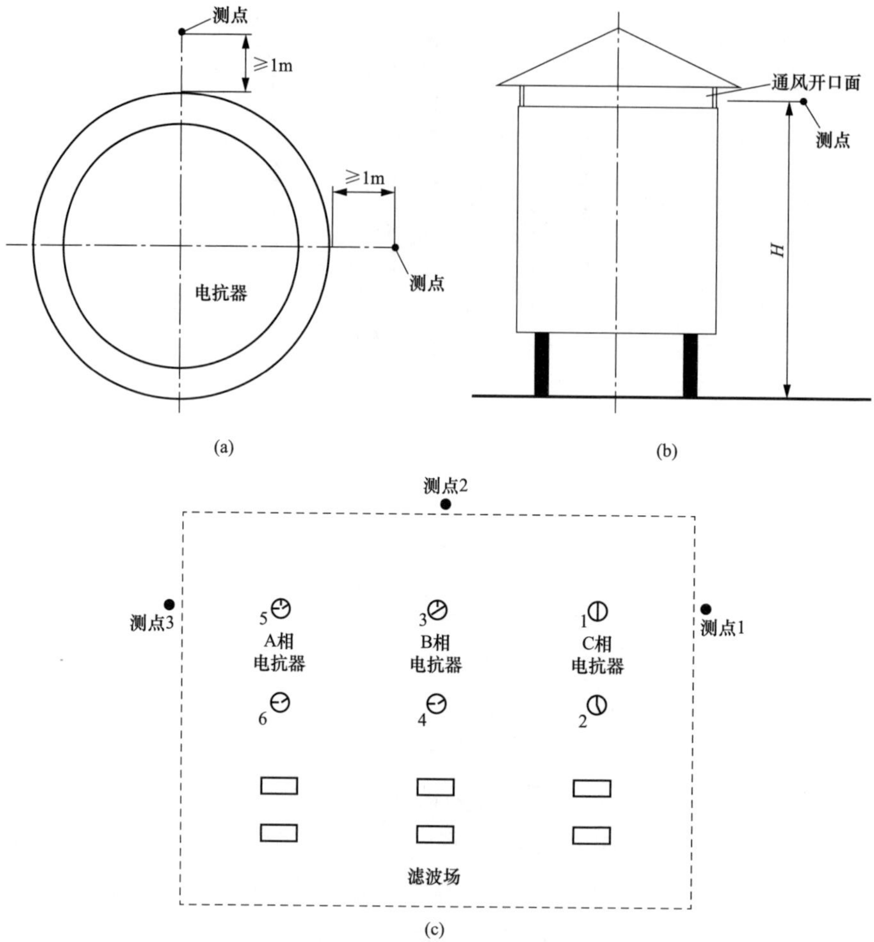

图 3-10　电抗器的噪声测点示意图

（a）电抗器的噪声测点示意图；（b）电抗器的噪声测点示意图（开口面）；

（c）交流滤波场电抗器区域测点示意图

3. 低压无功补偿区、交流滤波场、直流滤波场中电容器区域噪声测量

在这些区域里的主要噪声源分别是补偿电容器和交、直流滤波电容器，测量过程中这些电容器应处于正常工作状态。

（1）户内低压无功补偿区电容器室的噪声测量。

在对电容器室内噪声进行测量时，排气扇应暂时停止运行。

在电容器室内电容器支架周围布置 2 个测点，其中一个测点位于电容器的接线套管面，另一个测点位于套管面的相邻面，测点距离电容器噪声辐射面的距离不小于 1.5m，离地面 1.5m 高。

如果电容器支架周围有防护网，则测点应位于防护网外侧，噪声测点示例

见图 3-11，测量点宜紧靠防护网外侧，测量点 2 位于 2 个电容器组的中心位置，测点高度为 1.5m。须记录测点到电容器的距离。

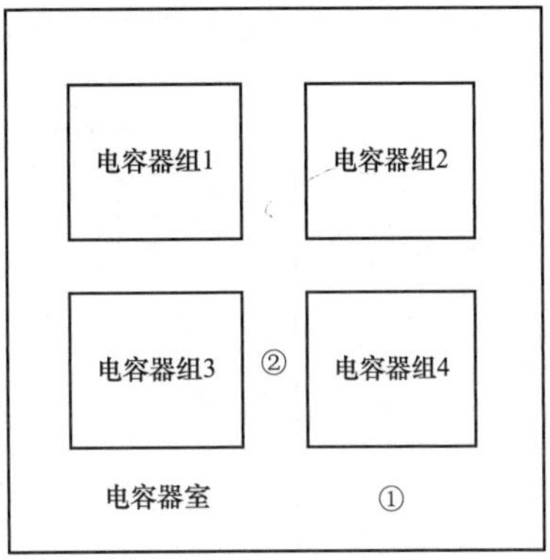

图 3-11　电容器室噪声测量点示意图

在测量记录中须对被测的电容器周围设备、环境、墙壁有无吸声措施及进行描述，如有，需对吸声措施（材质、厚度等）进行说明。

（2）交、直流滤波场电容器区域噪声测量。

对于在换流站的交、直流滤波场内的电容器区域，在防护网外侧最少布置 3 个测点，参照图 3-12 所示测点位置。

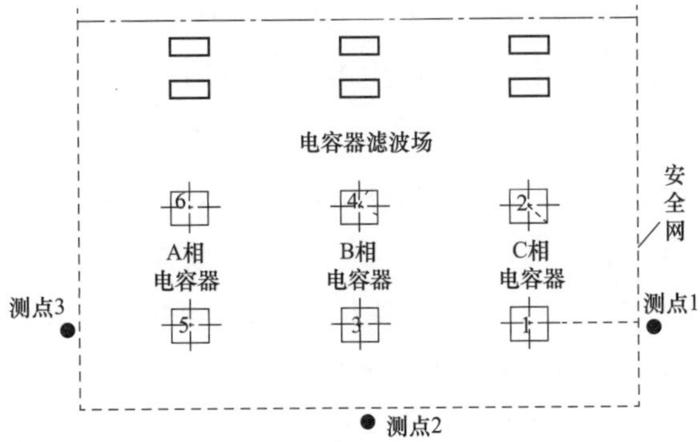

图 3-12　电容器滤波场测试现场示意图

4. 主变风机区域的噪声测量

主变风机区域一般存在两种风机，一种是进风风机，另一种是排风风机。噪声测量时，主变风机区域的风机应处于正常运转状态下。

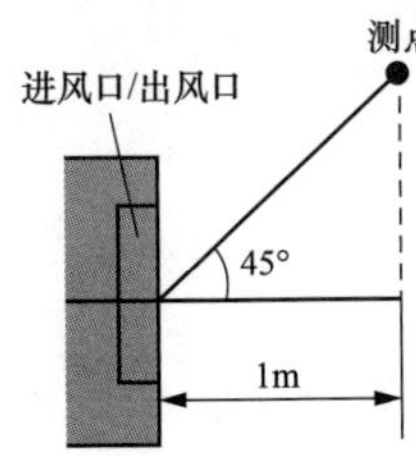

图 3-13　主变风机区域噪声测量示意图

在每台进风风机的进风口或排风风机出风口位置各布置 1 个噪声测点，测点处传声器位于进风口、出风口中轴线向上倾斜 45°角度，水平距离 1m，见图 3-13。

5. 换流阀阀厅的噪声测量

噪声测量时，换流阀应处于正常运行状态。

在阀厅的巡视通道上正对每个换流阀阀床的长轴向的位置上各布置 1 个测点，在短轴向上布置 1 个测点，见图 3-14。

在测量记录中须对被测的阀厅墙壁有无吸声措施进行描述。

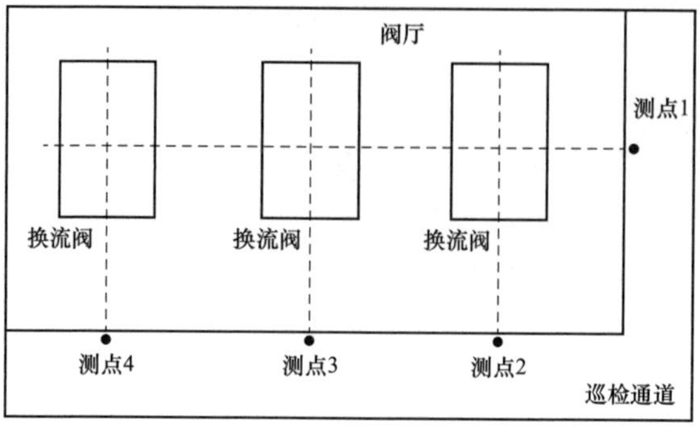

图 3-14 阀厅测点示意图

6. 其他区域的噪声测量

交流场区域主要存在高压电晕噪声、阀冷却装置噪声。

(1) 高压电晕噪声的测量。在产生电晕噪声的高压线路正下方，两个塔架的中间，离地 1.5m 的位置布置 1 个测点，测量时传声器指向高压线。

(2) 阀冷系统噪声测量。距离阀冷系统主要发声部位 1m、高度 1.5m 处布置 2～4 个测点，传声器指向各发声部位。测量等效连续 A 声级。

(3) 空调机组噪声测量。距离空调机组 1m、高度 1.5m 处，距空调机组压缩机最近的位置处布置 1～2 个测点。测量等效连续 A 声级。

(4) 供水泵噪声测量。距离水泵 1m、高度 1.5m 处布置 4 个测点。测量等效连续 A 声级。

7. 主控制室、综合楼噪声测量

(1) 测点布置。主控制室噪声测量点在 2～4 个操作人员座位处距地面 1.2m 高度位置，综合楼在最靠近声源的房间窗口处，测量时窗户打开。

(2) 测量方法。在设备正常运行的条件下采用等效连续 A 声级进行测量，每次采样时间不少于 1min。

3.2.3 厂界噪声测量

1. 测点布置

(1) 当厂界有通透式栅栏时，测点一般选在距变电站厂界外 1m、高度 1.2m 以上，距任一反射面距离不小于 1m 的位置，测点总数不少于 12 个。

(2) 当厂界有围墙时，测点应选在厂界外 1m、高于围墙 0.5m 以上的位置，测点总数不少于 12 个。

（3）在向外辐射噪声大的厂界位置处，如正对主变室门等位置，必须布设2～3个测点，测点布设原则可参见GB 12348—2008。

2. 测量时段

（1）分别在昼间、夜间两个时段测量（一般昼间为6：00到22：00，夜间为22：00到第二天6：00，如当地有规定，则按当地的规定执行）。

（2）测量时段如有偶发噪声或交通噪声影响时，需避开此时段进行测量。

3. 测量方法

在设备正常运行的条件下采用等效连续A声级进行测量，每次采样时间不少于1min。

4. 敏感点噪声测量

噪声敏感点是指变电站、换流站周围的医院、学校、机关、科研单位、住宅等需要保持安静的建筑物附近的测点。

当变电站/换流站附近有敏感点时，除了在厂界布置测点进行测量外，还必须在敏感点处布置测点进行测量，敏感点测点一般设于噪声敏感建筑物户外。必须要在噪声敏感建筑物室内进行测量时，应在门窗全打开状况下进行室内噪声测量。

对噪声敏感建筑物的噪声测量应在变电站、换流站正常工作的条件下进行，视变电站、换流站的运行工况，分昼、夜两个时段连续进行。根据变电站、换流站的噪声特征，可优化测量时间。

噪声敏感建筑物的噪声测量值是1min的等效连续A声级。

3.2.4 噪声暴露的测量

噪声暴露的抽样人员宜以流动作业或非固定工作位置的作业人员为主。

按照工作性质、工种相近程度将作业人员进行归类分组，然后再进行抽样测量，抽样人数按表3-7执行。

3.2.5 测量结果的评价

1. 区域噪声影响的评价

（1）将每个区域内各个测点位置处噪声的测量结果按最大值、平均值和最小值进行整理、分析，并对各测点处的频谱进行特征识别。

（2）将变电站、换流站各区域测量的主要设备附近位置处测量的声压级与变电站、换流站设备技术规范书的相关要求进行比较分析与评价。

（3）若测量区域有隔声罩、声屏障等噪声控制设施，将控制设施的有效控制区和未控制区的测量结果进行比较分析。

2. 厂界噪声与敏感点噪声测量结果的评价

将变电站、换流站在厂界最大噪声位置处测量的等效连续 A 声级与 GB/T 12348 的相关要求进行比较评价；必要时须对影响厂界测量值的干扰因素进行排除，并分析超标原因。

厂界噪声敏感点的评价一般采用较该噪声敏感建筑物所在声环境功能区对应的环境噪声限值作为评价依据。在变电站、换流站噪声呈现出明显的有调噪声特点时，需参照 1.3.4.4 按 GB/T 3222.2—2009 的方法，对 A 声级加以修正后进行评价。

3. 站内噪声测量结果的评价

将变电站、换流站站内主控楼、综合楼及巡检通道等位置处测量的声暴露量与“绿色”变电站示范工程评价指标体系中关于噪声的要求或国家有关职业健康声暴露限值进行比较评价。

3.3 振—声相干分离技术

在变电站、换流站内具有很多辐射噪声的设备。在这些设备工作时，它们同时辐射出的声音相互交叠，在其周围任一点处测量的噪声都是这些噪声的叠加值。为了分清其中某台设备单独辐射噪声的状况，必须对声场中测得的总噪声进行分离识别。目前较为成熟的分离技术是振-声相干分离技术。

振-声相关分析的测试系统见图 3-15。测试时，一方面将被测对象（如交流滤波电容器或交流滤波电抗器）的噪声通过经过强指向性传声器拾取并转换为电信号进行采集，另一方面，激光测振仪通过激光束的多普勒效应把被测对象的表面振动也转换为电信号进行采集。最后，噪声信号和振动信号同时送入计算机进行频谱运算和相干分析。

3.3.1 相干分析原理

设换流站存在着 n 个声源设备，$h_{1y}(t)\cdots h_{ny}(t)$ 是这 n 个声源设备的振-声传递系统，其中 $h_{iy}(t)$ 为被测设备的振-声传递系统；$y_1(t)\cdots y_n(t)$ 是各声源在 $x_1(t)\cdots x_n(t)$ 振动激励下产生的噪声，其中 $y_i(t)$ 是第 i 台电力设备在振动 $x_i(t)$ 激励下产生的噪声；$y(t)$ 是测量位置处的各声源噪声的叠加。如将除被测设备以外的其他 $n-1$ 个声源产生的噪声归总为干扰 $n(t)$，则可建立图 3-16 下方的框图所示的换流站电容器振动与噪声的模型。

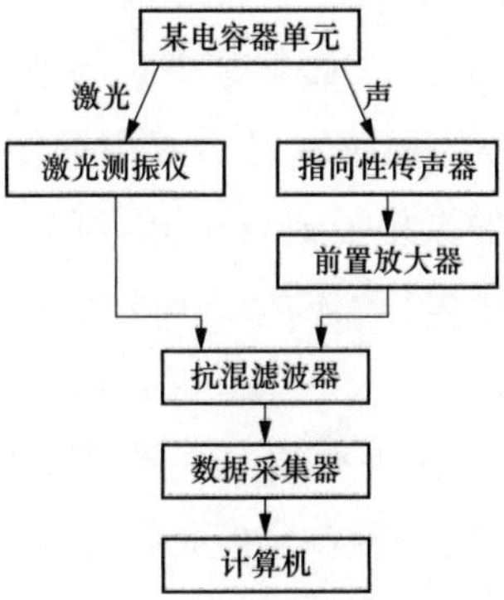

图 3-15 测试系统简图

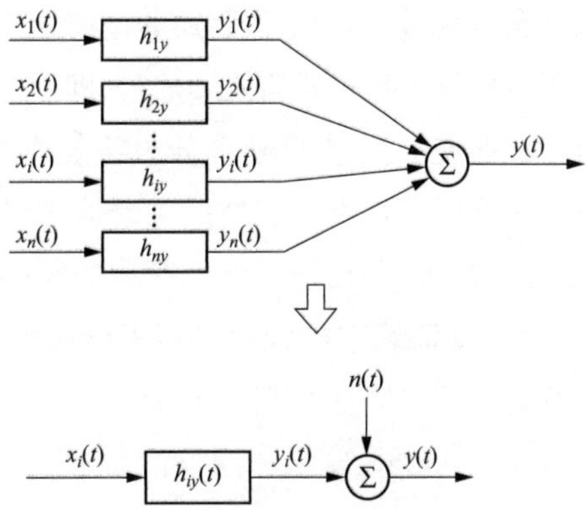

图 3-16 电容器振动与噪声的模型

在设备振动与噪声的模型中，振动信号 $x(t)$ 和噪声信号 $y(t)$ 的自功率谱密度函数为

$$S_x(f)=E[X^*(f)X(f)] \tag{3-3}$$

$$S_y(f)=E[X^*(f)Y(f)] \tag{3-4}$$

式中 $S_x(f)$——振动信号 $x(t)$ 的自功率谱密度函数，简称 $x(t)$ 的自谱；

$S_y(f)$——振动信号 $y(t)$ 的自功率谱密度函数，简称 $y(t)$ 的自谱；

$X(f)$——振动信号 $x(t)$ 的傅立叶变换；

$Y(f)$——噪声信号 $y(t)$ 的傅立叶变换；

$X^*(f)$、$Y^*(f)$——分别为 $X(f)$ 和 $Y(f)$ 的共轭函数。

自功率谱密度函数反映信号的频域结构，并且当它以功率谱的形式出现时，反映的是信号幅值的平方，因此能更加凸显频域结构的特征。

同样 $x(t)$ 和 $y(t)$ 互谱密度函数定义为

$$S_{xy}(f)=E[X^*(f)Y(f)] \tag{3-5}$$

式中 $S_{xy}(f)$——$x(t)$ 与 $y(t)$ 的互功率谱密度函数，简称互谱。

由式（3-3）～式（3-5）可以得到描述输入与输出之间因果性的相干函数为

$$\gamma_{xy}^2(f)=\frac{|S_{xy}(f)|^2}{S_x(f)S_y(f)} \tag{3-6}$$

式中 $\gamma_{xy}^2(f)$——信号 $x(t)$ 与 $y(t)$ 的相干函数；

$S_{xy}(f)$——$x(t)$ 与 $y(t)$ 的互功率谱密度函数；

$S_x(f)$——振动信号 $x(t)$ 的自功率谱密度函数；

$S_y(f)$——振动信号 $y(t)$ 的自功率谱密度函数。

相干函数是在频域上描述系统输入和输出两个信号相关程度的实值函数。

在换流站噪声测量中，由于受到其他噪声源的输出干扰和系统非线性因素等影响，实测的相干函数通常都在 0～1，即 $0\leqslant\gamma_{xy}^2(f)\leqslant1$。如果某个频率处的相干函数为零，则表示测量的噪声与电容器振动信号的激励在这个频率处不相干，即此频率的噪声不是由电容器的振动信号引起；如果相干函数为 1，则表示输出信号与输入信号完全相干，即此频率的噪声完全由电容器的振动信号引起。

3.3.2　交流滤波场噪声的相干分离系统

在换流站的交流滤波场内具有三类典型设备：滤波电容器、滤波电抗器和电阻器，其中滤波电容器和滤波电抗器是主要的发声设备。但是，在滤波场内由于电容器和电抗器的距离较近，工作时电容器和电抗器同时辐射出的声音相互交叠，在其周围任一点处测量的噪声都是它们的叠加值。为了分清滤波电容器和滤波电抗器各自辐射噪声的状况，必须对声场中测得的总噪声进行分离识别。在某换流站采用振-声相关分析法成功地对滤波电容器和滤波电抗器各自辐射的噪声进行了分离识别。

振-声相关分析的测试系统见图 3-17。测试时，一方面将被测对象（交流滤波电容器或交流滤波电抗器）的噪声通过经过超指向性传声器拾取并转换为电信号进行采集，另一方面，激光测振仪通过激光束的多普勒效应把被测对象的表面振动也转换为电信号进行采集。最后，声信号和振动信号同时送入计算机进行频谱运算和相干分析。图 3-18 是测试现场和测点布置示意图。

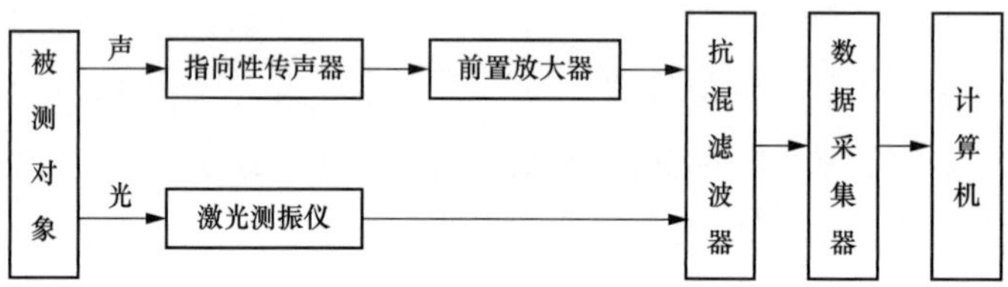

图 3-17　测试系统简图

为了能在多声源共存的声场中较为准确地测量其中某个声源的噪声值，在此采用指向性很强的超指向性传声器。

因为声波以不同角度 θ（θ 为声波与振膜的法线之间的夹角）入射到传声器的振膜上时，振膜所受到的作用力的大小也不同，将传声器的输出电压与激励声的入射方向的关系称为指向效应，指向效应通常用覆盖角 θ 来表示，覆盖角是指在 1kHz 时指向性增益相对于参考轴下降 6dB 时所张开的角度范围。一般超指向性传声器的覆盖角 $\theta\leqslant45°$，见图 3-19。将图 3-19 的指向特性与图 3-4 所示的普通传声器指向特性进行比较，超指向性传声器的指向特性具有明显的指向优势，它可以在采集声信号时就能降低周围声源的影响。超指向性传声器为进一步分离换流站多种噪声源的混合辐射提供了设备保障。

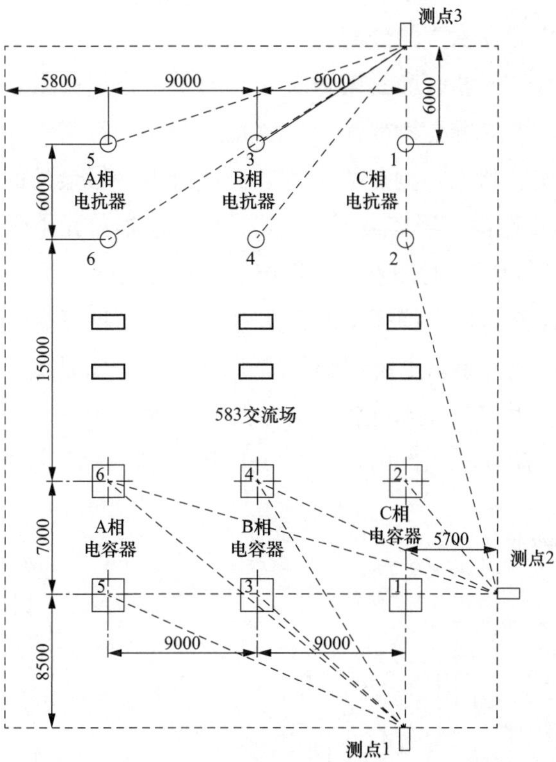

图 3-18　测试现场示意图

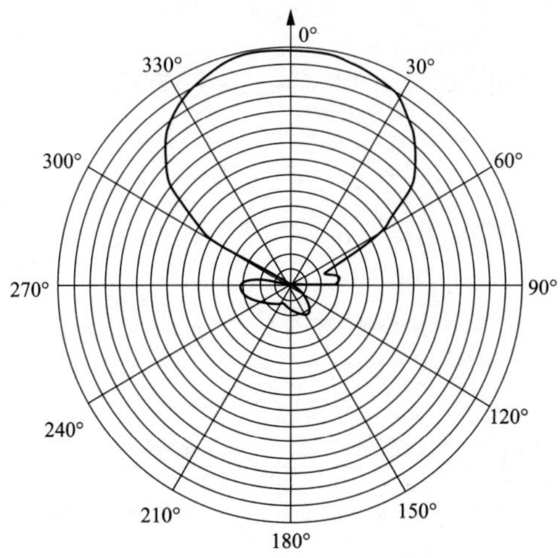

图 3-19　超指向性传声器的指向特性

3.3.3 交流滤波场噪声源的分离

现以某±500kV 直流换流站内的 DT 12/24 交流滤波场为例，对滤波电容器 C 相塔架的噪声和对滤波电抗器的噪声进行振-声相干分离。

1. 交流滤波电容器噪声的分离

测试现场和测点布置示意图见图 3-18。图中，分别在测点 1 和测点 2 处各布置一个传声器，并在测点 2 布置一台激光测振仪进行测试。电容器单元在塔架上呈水平卧置安装状态，测点 2 距电容器塔最下一层最外的电容器单元套管侧面 5.7m，测点 1 距电容器塔最下一层最外的电容器单元小侧面 8.5m。

线路负载为 3000MW 时测点 2 的噪声信号频谱见图 3-20。从图 3-20 仅可以看出噪声的频率成分和频谱特征，但无法分辨出哪些噪声成分是由电容器辐射出来的，哪些噪声成分是由电抗器辐射出来的。图 3-21 是测点 2 位置测得的电容器套管端面振动信号的频谱，其主要振动频率依次是 100Hz、500Hz、1100Hz、600Hz、700Hz、1250Hz 和 300Hz 等。图 3-22 是该测点处噪声与振动

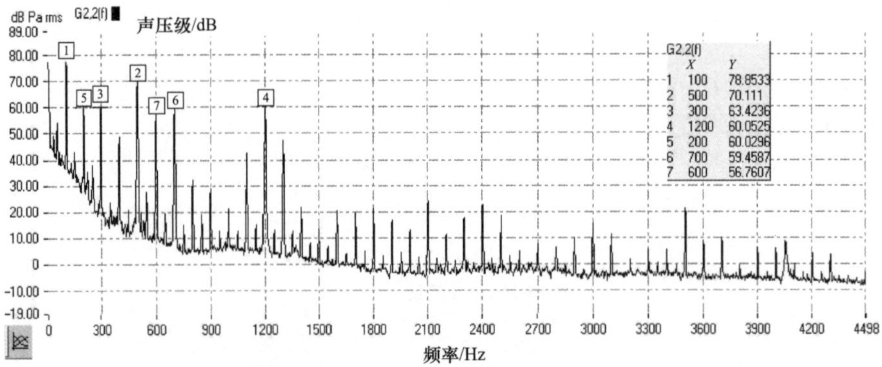

图 3-20 L2 电容器 4.7m 处噪声窄带谱

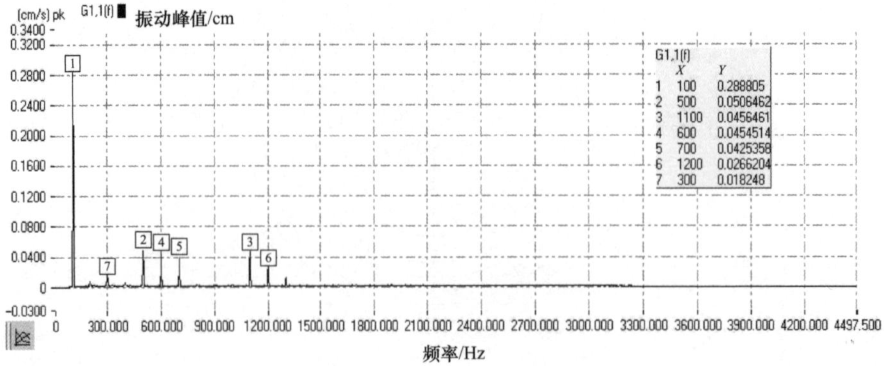

图 3-21 L2 电容器套管面振动自谱图

的相干函数谱，由图 3-22 可以看出，在 100Hz、500Hz、600Hz、700Hz、1100Hz、1250Hz、300Hz 和 1200Hz 等频率处噪声与电容器套管端面振动的相干性都较大。考虑到噪声的 A 计权因素，可以判定电容器辐射的噪声频率主要是 500Hz、1250Hz、100Hz、600Hz 和 700Hz，并从图 3-21 中可以读出这些频率所对应的噪声值。

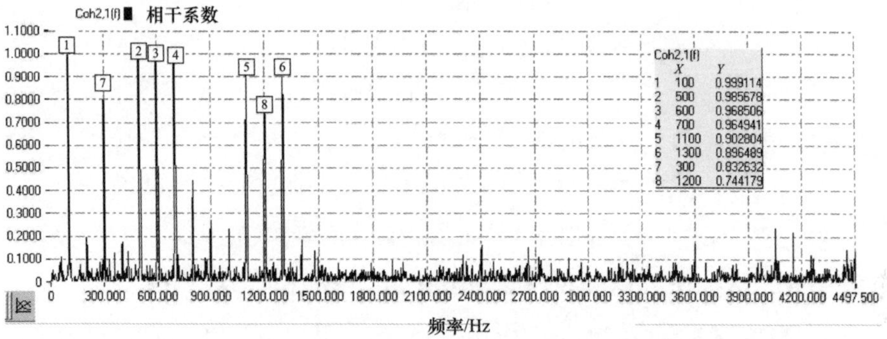

图 3-22　L2 电容器噪声与振动信号间的相干函数

在图 3-23 的电容器 A 计权 1/3 倍频程频谱中可见，电容器噪声的主要成分是 500Hz[67.0dB(A)]，其次是 1250Hz[61.2dB(A)]，这两个频率成分的噪声值合成后是 68.0dB(A)，占总噪声值 69.5dB(A) 的 97.8%。

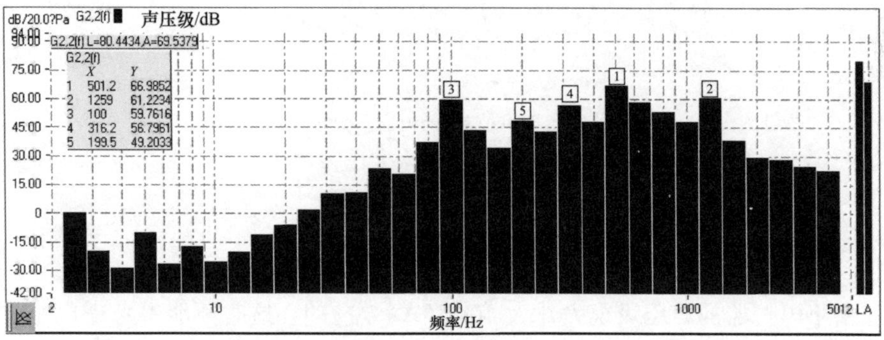

图 3-23　L2 电容器 5.7m 处噪声 1/3 频谱图

（1）叠加值的解耦。

测点处测量的噪声总声压级实际上是多个电抗器与电容器噪声的叠加之和，必须通过计算再进一步分离出单个电容和电抗的噪声值。

1）单台电抗器噪声的解耦。在测点 1 处，由于电抗器的噪声比电容器的噪声大 10dB(A) 左右，加之经过几何衰减，电容器对于预测点 1 总声压级的影响可以不予考虑。用 $L_{A(r0)}$ 表示距单个电抗器 6m 处的声压级，只考虑几何衰减，利用公式 $L_{A(r)}=L_{A(r0)}-A_{div}$ 计算各个电抗器对测点 1 的声压级贡献值。结果为：

$$L_{A(r)1}=L_{A(r0)}$$

$$L_{A(r)2}=L_{A(r0)}-6.0\text{dB(A)}$$

$$L_{A(r)3}=L_{A(r0)}-5.1\text{dB(A)}$$

$$L_{A(r)4}=L_{A(r0)}-8.0\text{dB(A)}$$

$$L_{A(r)5}=L_{A(r0)}-10.0\text{dB(A)}$$

$$L_{A(r)6}=L_{A(r0)}-11.1\text{dB(A)}$$

对它们进行能量叠加，得到总的声压级为

$$\begin{aligned}L_{A(r)总}&=L_{A(r0)}+10\lg(1+10^{-0.6}+10^{-0.51}+10^{-0.8}+10^{-1}+10^{-1.1})\\&=L_{A(r0)}+2.8\text{dB(A)}=86.3\text{dB(A)}(\text{实测声压级})\end{aligned}$$

由此解得单个电抗器 6m 处的噪声声压级 $L_{A(r0)}=83.5$dB(A)。

2）单台电容器噪声的解耦。用 $L_{A(r0)}$ 表示距单个电容器 5.7m 处的声压级，解耦中只考虑几何发散衰减 A_{div}，利用公式 $L_{A(r)}=L_{A(r0)}-A_{div}$ 计算各个电容器对测点 2 的声压级贡献值。结果为

$$L_{A(r)容1}=L_{A(r0)}$$

$$L_{A(r)容2}=L_{A(r0)}-4.0\text{dB(A)}$$

$$L_{A(r)容3}=L_{A(r0)}-8.2\text{dB(A)}$$

$$L_{A(r)容4}=L_{A(r0)}-9.1\text{dB(A)}$$

$$L_{A(r)容5}=L_{A(r0)}-12.4\text{dB(A)}$$

$$L_{A(r)容6}=L_{A(r0)}-12.7\text{dB(A)}$$

对它们进行能量叠加，得到总的电容器声压级为

$$\begin{aligned}L_{A(r)容总}&=L_{A(r0)}+10\lg(1+10^{-0.4}+10^{-0.82}+10^{-0.91}+10^{-1.24}+10^{-1.27})\\&=L_{A(r0)}+2.5\text{dB(A)}\end{aligned}$$

由于电抗器的声压级很大［大 10dB(A) 左右］，这时不能不考虑电抗器对该测点的影响。计算各个电抗器对测点 2 声压级的贡献值，结果为

$$L_{A(r0)抗1}=83.5\text{dB(A)}-13.6\text{dB(A)}=69.9\text{dB(A)}$$

$$L_{A(r0)抗2}=83.5\text{dB(A)}-11.6\text{dB(A)}=71.9\text{dB(A)}$$

$$L_{A(r0)抗3}=83.5\text{dB(A)}-14.4\text{dB(A)}=69.1\text{dB(A)}$$

$$L_{A(r0)抗4}=83.5\text{dB(A)}-12.9\text{dB(A)}=70.6\text{dB(A)}$$

$$L_{A(r0)抗5}=83.5\text{dB(A)}-15.7\text{dB(A)}=67.8\text{dB(A)}$$

$$L_{A(r0)抗6}=83.5\text{dB(A)}-14.6\text{dB(A)}=68.9\text{dB(A)}$$

对它们进行能量叠加，得到测点 1 处总的电抗器声压级为

$$L_{A(r)抗总}=77.7dB(A)$$

在测点 1 实测声压级值为 78.9dB(A)，因此

$$L_{A(r)容总}=L_{A(r0)}+2.5=10\lg(10^{0.1\times78.9}-10^{0.1\times77.7})=72.7dB(A)$$

解得 $L_{A(r0)}=70.2dB(A)$。

经过进一步对多个设备噪声叠加值解耦、修正和 A 计权后，得到图 3-24 所示的 C 相交流电容器第 1 座塔架的噪声 1/3 倍频程 A 计权频谱图。

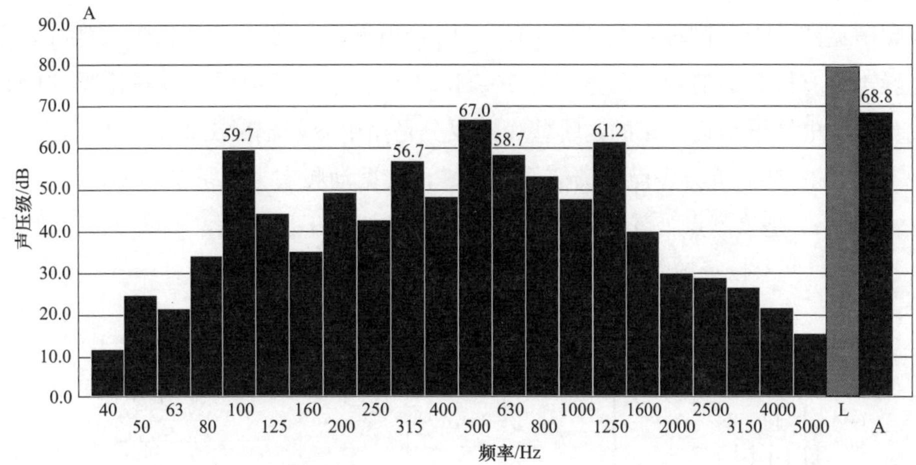

图 3-24　距 L2C 相电容器塔套管面 5.7m 处修正后的噪声 1/3 频谱图

上述计算结果中，对单个电抗器噪声的声压级的计算精度是可信的。而对单个电容器噪声的声压级的计算精度的可信度较低，如果电抗器的声压级总贡献值的计算结果增加 1dB 即 $L_{A(r)抗总}=78.7dB(A)$，则单个电容器声压级计算结果 $L_{A(r0)}=62.9dB(A)$，减小了 7.3dB(A)，可见它取决于电抗器对测点的声压级总贡献值的计算精度的高低，但这是很难保证的。根本原因在于在测点 2 处电抗器干扰噪声值 [77.7dB(A)] 远大于被测电容器噪声值 [70.2dB(A)]，造成信噪比太差的缘故。要提高测量精度，应该选择尽量远离干扰源和接近被测设备的位置作为测点，这样可以提高信噪比。

在图 3-22 的电容器塔架 A 计权 1/3 倍频程频谱中可见，在电容器套管侧 5.7m 处电容器塔架的噪声值是 68.8dB(A)。

由上述过程，同样可以得到测点 2 处距电容器小侧面 8.5m 处电容器塔架的噪声值是 61.4dB(A)。

根据对电容器塔架噪声的分离，就可以根据式（3-7）估算出塔架上单台电

容器的平均噪声：

$$L_{pA0}=L_{p5.7}-10\lg m \tag{3-7}$$

式中 L_{pA0}——单台电容器单元的平均声压级，dB(A)；

$L_{p5.7}$——距电容器塔架5.7m处的噪声声压级，dB(A)；

m——单个电容器塔架上电容器单元的总台数。

2. 交流滤波电抗器噪声的分离

在某换流站的交流滤波场北侧距交流电抗器约6m处的测点处（即图3-18中测点1所指的c相滤波电抗器位置），线路负载为3000MW时电抗器的噪声信号频谱见图3-25，同样在图3-25中仅可以看出噪声的频率成分和频谱特征，即此噪声具有极强的谐频性，且都是100Hz的高次谐频；但无法分辨出哪些噪声成分是由电抗器辐射出来的，哪些噪声成分是由电容器辐射出来的。

图3-26是电抗器表面振动信号的频谱，其振动频率主要是1200Hz。

图3-27是该测点处噪声与电抗器表面振动的相干函数谱，由图3-27可以看出，仅在1200Hz处噪声与电抗器表面振动具有较强的相干性。

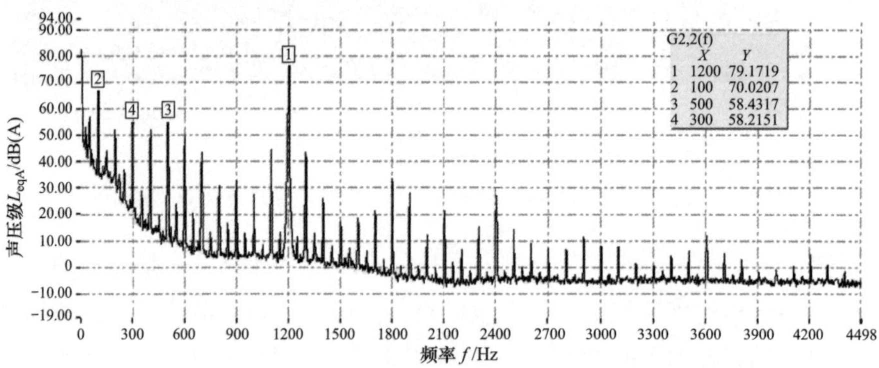

图3-25 距L_2电抗器北侧6m处噪声自谱图

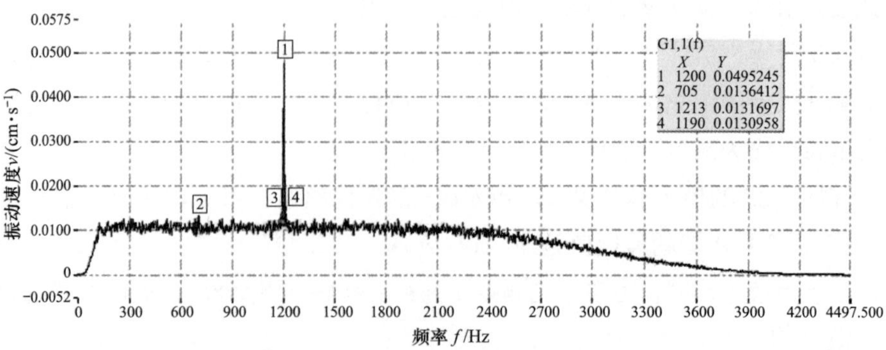

图3-26 L_2电抗器表面振动自谱图

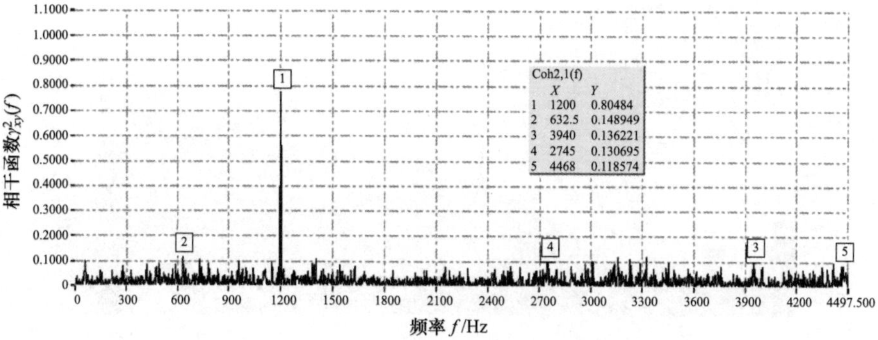

图 3-27　电抗器噪声与振动信号间的相干函数

由于噪声是由振动引起的，在滤波电抗器的表面只存在 1200Hz 的振动，因此，滤波电抗器不可能辐射出其他频率的噪声，故可以判定：电抗器辐射的噪声频率主要是 1200Hz，并从图 3-25 读出此频率的噪声值为 79.2dB，经 A 计权修正后，此值为 79.9dB(A)。

在测点 3 处，由于电抗器的噪声比电容器的噪声大 10dB(A) 左右，加之经过几何衰减，电容器对于预测点 1 总声压级的影响可以不予考虑。用 $L_{A(r0)}$ 表示距单个电抗器 6m 处的声压级，只考虑几何衰减，利用公式 $L_{A(r)}=L_{A(r0)}-A_{div}$ 计算各个电抗器对测点 1 的声压级贡献值。结果为

$$L_{A(r)1}=L_{A(r0)}$$

$$L_{A(r)2}=L_{A(r0)}-6.0\text{dB(A)}$$

$$L_{A(r)3}=L_{A(r0)}-5.1\text{dB(A)}$$

$$L_{A(r)4}=L_{A(r0)}-8.0\text{dB(A)}$$

$$L_{A(r)5}=L_{A(r0)}-10.0\text{dB(A)}$$

$$L_{A(r)6}=L_{A(r0)}-11.1\text{dB(A)}$$

对它们进行能量叠加，得到总的声压级为

$$\begin{aligned}L_{A(r)总}&=L_{A(r0)}+10\lg(1+10^{-0.6}+10^{-0.51}+10^{-0.8}+10^{-1}+10^{-1.1})\\&=L_{A(r0)}+2.8\text{dB(A)}=82.9\text{dB(A)}(实测声压级)\end{aligned}$$

由此解得 $L_{A(r0)}=80.1$dB，所以单个电抗器 6m 处的噪声声压级是 80.1dB。

在测点 3 处测量的电抗器噪声总值为 80.1dB(A)，而根据图 3-25 中 1200Hz 处电抗器噪声进行 A 计权修正后的值为 79.9dB(A)，可见电抗器噪声中 1200Hz 处的噪声占总噪声值的 99.8%。在电抗器的倍频程频谱中，1200Hz 为主的电抗器噪声反映在中心频率为 1250Hz 的频带中。图 3-28 是 583L2 电抗器北 6m 处 A 计权噪声 1/3 倍频程频谱的测量谱图，图 3-29 是其修正后的 1/3 倍频程频谱图。

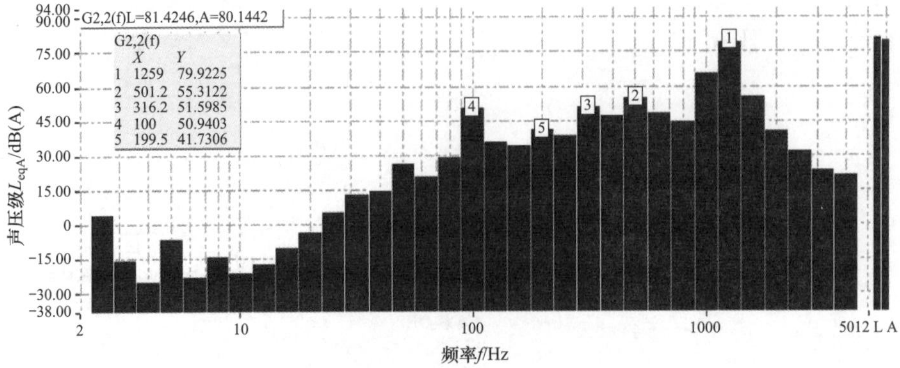

图 3-28　583 L_2 电抗器北 6m 处噪声 1/3 倍频程频谱测量值

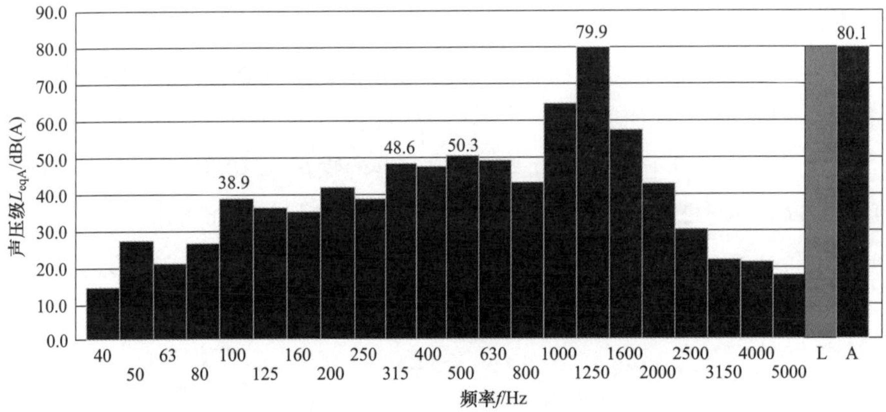

图 3-29　修正后 583 L_2 电抗器 5.8m 处噪声 1/3 倍频程频谱图

3.4 变电站/换流站主要设备出厂测试

3.4.1　噪声设备的声功率级

声功率级是国内外普遍用来评价设备噪声的声学物理量，它反映了设备辐射噪声的客观能力，与测量环境没有关系。而声压级反映的是由于声波的传递而引起声场中某点位置处压力的波动，它是一个与测量环境条件密切相关的量。对于同一台设备，如果测量位置不变，而测量环境变了，测出来的声压级也不一样，但这台设备辐射的噪声声功率级没改变。在不指定测量位置和限定测量环境的情况下测量的声压级是不能用来作为设备噪声的评价量的。

另外，在变电站、换流站建设设计之初，需要对变电站、换流站的主要噪声设备（如变压器、换流变、滤波电容器等）向周围辐射的噪声进行预测，这时采用的声源基本参数也是设备的声功率级和它们的频谱。并且，为了减小辐射噪声的预测误差，通常都是采用设备辐射噪声的倍频程声功率级。

虽然声功率是评价设备噪声的唯一指标，但声功率却无法直接进行测量，通常都是通过测量声压或声强的间接方法进行试验测定。

1. 声强法测定声功率的原理分析

按照声强的定义，声功率与声强有着如下确定的关系[4]

$$W = IS \tag{3-8}$$

式中　W——声功率，W(瓦)；

S——包络发声体的封闭面积，m^2；

I——包络面上总的法向声强，W/m^2。

假设声源发射的声波是无指向性的球面声波（在足够远处任一声源发出的声波都可以近似为球面声波），且设包络声源的面上每个面积单元处的法向声强为 I_n，此时由式（3-8）则有

$$W = IS = \int_S I_n \mathrm{d}s \tag{3-9a}$$

用求和形式表达则是

$$W = \sum_{i=1}^{N} I_n \Delta S_i \tag{3-9b}$$

式中　W——声功率，W(瓦)；

S——包络发声体的封闭面积，m^2；

I——包络面上总的法向声强，W/m^2；

i——包络面上面积单元的个数，$i=1、2\cdots N$；

ΔS_i——包络面上的第 i 个面积单元，m^2；

I_n——包络面上第 i 个面积单元的法向声强，W/m^2。

式（3-9b）即是采用离散点位置处的声强计算声功率的公式，式中各量之间的关系见图 3-30。

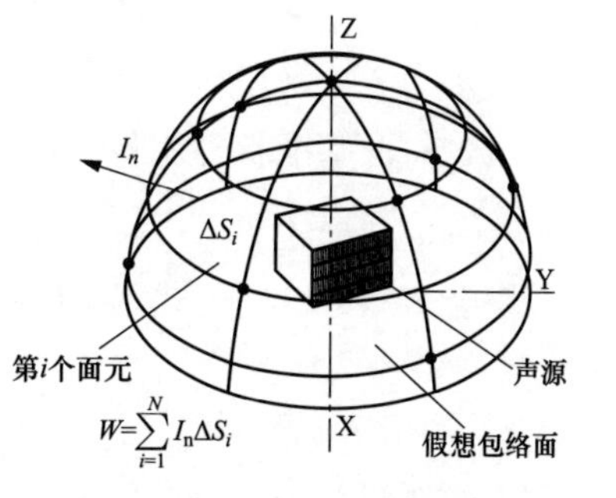

图 3-30　声功率与声强的关系

2. 声压法测定声功率级的原理分析

由于声压与声功率没有直接关系，但在空气介质的自由场中，声强和声压却有着较为简单的近似关系，利用此关系，就可以建立起用声压法测定声功率的近似方法。

在自由声场（即无反射声的空间）中，声强 I 和声压 p 存在着如下近似关系：

$$I \doteq \frac{p^2}{\rho c} \tag{3-10}$$

式中 I——声强，W/m^2；

ρc——传播声波的介质的特性阻抗，在空气中，常温、常压时空气介质的特性阻抗 $\rho c \approx 400 = \rho_0 c_0$，其中 $\rho_0 c_0$ 是基准特性阻抗；

p——声压，Pa。

因此，由声功率级的定义则有

$$L_w = 10\ \lg \frac{W}{W_0} = 10\ \lg \frac{IS}{I_0 S_0} = 10\ \lg \frac{I}{I_0} + 10\ \lg \frac{S}{S_0} = L_I + 10\ \lg \frac{S}{S_0} \tag{3-11}$$

式中 W——声功率，W；

W_0——基准声功率，$W_0 = 10^{-12}$ W；

I——声强，W/m^2；

I_0——基准声强，$I_0 = 10^{-12}\ W/m^2$；

S——包络面积，m^2；

S_0——基准面积，$S_0 = 1m^2$；

L_I——声强级，dB。

由式（3-10）知，在空气中有：

$$L_I = 10\lg \frac{I}{I_0} = 10\ \lg \frac{p^2/\rho c}{p_0^2/\rho_0 c_0} = 10\ \lg \frac{p^2}{p_0^2} + 10\ \lg \frac{\rho_0 c_0}{\rho c} \approx L_p \tag{3-12}$$

式中 L_I——声强级，dB；

I——声强，W/m^2；

I_0——基准声强，$I_0 = 10^{-12}\ W/m^2$；

p——声压，Pa

p_0——基准声压，$p_0 = 20\mu Pa$；

ρc——传播声波的介质的特性阻抗；

$\rho_0 c_0$——基准特性阻抗，$\rho_0 c_0 = 400$；

L_p——声压级，dB。

综合式（3-11）与式（3-12），有

$$L_W \approx L_p + 10\ \lg \frac{S}{S_0} \tag{3-13}$$

至此，声压级与声功率级建立起了基本联系。

由于实际声源发出的声音是不均匀的，在这种情况下，各测点的声压并不是常数，也即声压级 L_p 不是常数，于是在用式（3-13）计算声功率级时须用测量面上各测点的平均声压级$\overline{L_p}$来代替式中的L_p：

$$L_W = \overline{L_p} + 10\ \lg\frac{S}{S_0} \tag{3-14}$$

式中　L_W——声源的声功率级，dB；

$\overline{L_p}$——平均声压级，dB；

S——包络面积，m^2；

S_0——基准面积，$S_0=1m^2$。

此即采用声压法测定声源声功率级的基本公式。

3. 非自由声场的影响修正

由以上分析可知，采用声压法测定声功率级的推导过程中，式（3-10）～式（3-14）成立的环境条件是自由声场。一般来说，声源在普通室内的声场分布情况见图 3-31，在普通室内能形成近似自由声场的区域很小，甚至有时几乎不存在，室内声场大部分都是混响声场，即声场中除存在直接声外，还遍布着反射声。

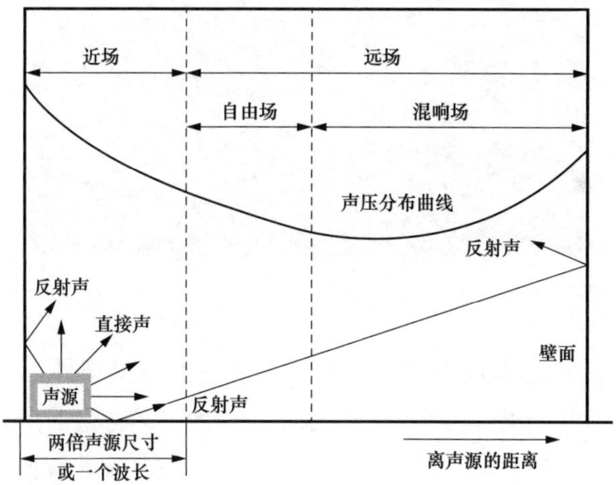

图 3-31　室内声场的分布

当测量的环境不是理想的自由声场环境，而是存在着少量的声反射，这时仍利用式（3-14）来计算声功率级就会产生较大的误差。为了消除由于环境不理想带来的误差，就需要在式（3-14）中对环境误差加以修正：

$$L_W = \overline{L_p} + 10\lg\frac{S}{S_0} - K_2 \tag{3-15}$$

式中　L_W——声源的声功率级，dB；

$\overline{L_p}$——平均声压级，dB；

K_2——环境修正值，dB。环境修正值与频率有关。对频带，修正值记为 K_{2f}，其中 f 表示相关频带的中心频率，在 A 计权情况下记为 K_{2A}。

由以上声压法测定声源的声功率级基本公式推导过程可知，在测试电力设备噪声时，必须要具有一个符合一定的声学条件的测量环境。否则，将无法保证上述测定过程中的测量不确定度。进行精密级测定时，较为理想的测量环境是在设备噪声的频率范围内 $K_2<0.5$dB，而在进行工程级测定时 $K_2\leqslant 2$dB。可以实现的具有较为理想的测量环境是半消声室（见图 3-32）。半消声室内具有一个坚硬的反射地面，地面的吸声系数在 0.06 以下；室内四壁和顶部都用吸声材料覆盖，吸声材料的吸声系数达到 0.99 以上。半消声室内的绝大部分空间都具有半自由声场的特性，在这样的半消声室内可以对声源的噪声进行精确的测量。

图 3-32　半消声室

由于普通房间内的声场中除了存在声源发射的直接声外，还遍布着壁面的反射声，因此在这种环境中采用声压法测定声源的声功率级时所得的测定结果会比声源的实际声功率级偏大。在生产企业中可以利用已有的普通实验室进行消声改造，但应注意使改造后的室内环境修正值满足 $K_2\leqslant 2$dB 的要求。表 3-9 是某电力电容器公司在实验室改造前后对同一台电容器单元测试结果的对比，从表中可以看出，由于减小了室内混响声的影响，改造后测试的结果小于改造前。

表 3-9　　实验室改造前后电容器测试结果的对比

实验室	声压级/dB(A)					声功率级/dB（A）
	套管面	侧面	油孔面	底面	大面上方	
改造前	53.3	54.8	54.7	56.7	55.7	70.2
改造后	51.5	46.9	48.0	57.0	49.1	66.4

4. 背景噪声的影响修正

在测试环境中，除了被测设备的工作噪声外的其他噪声都是背景噪声。

实际上，采用声级计测量的声压级数值是设备噪声与测量环境背景噪声的叠加值。也就是说，背景噪声会影响设备噪声值的测量结果。

如果背景噪声是稳定的，测试过程中没有突变现象，则采用声强法测试声功率级时的测量精度不会受到影响。但是，采用声压法测定声功率级时，不论背景噪声的变化如何，只要达到一定程度，都会对测量结果有影响。

分析表明，在采用声压法的精密级测量中，设备辐射噪声的 A 计权或频带声压级与在相同测点上测得的背景噪声声压级之差应在 20dB 以上时，测量环境的背景噪声影响才可以忽略；设备辐射噪声与背景噪声声压级之差在 10～20dB 时，则需要按一定方法进行修正，具体的修正可参见 GB/T 6882—2017 的有关内容。

在进行声压法测定声功率级的工程级测量时，如果每个频带的背景噪声级比设备运行时测得的声压级低 6～15dB，则须对平均声压级$\overline{L_p}$进行背景噪声修正；如果背景噪声级比设备运行时低 15dB 以上，则不需修正；如果设备运行时噪声值与背景噪声值之差不到 6dB，则测量结果通过修正的方法得到，测量结果无效。

为了降低背景噪声的影响，必须保证在测试场所（半消声室或改造后的测试室）内除被测设备以外无其他声源，同时不能使外界的声源传入测试场所。一般来说，在生产企业的测试场所中让背景噪声降低到 30dB(A) 以下并不困难。

5. 测量距离的影响

由声压法测定声功率级的原理分析可知，通过声压级来测定声功率级的另一假设前提是：声源发出的声波为球面波，否则会带来模型误差（或近场误差）。实际上，任何复杂的声源在足够远处都可以近似为点声源，其辐射声波为球面波。基于以上要求，在采用声压法测定设备声功率级的标准中，测点基本都是布置在距声源一定距离的球形测量面上。

测点到声源的距离足够远一般是从几何角度和声学角度来考虑。当声源的理论声学中心未知，但已知声源的几何中心时，可以认为声源的实际声学中心就在几何中心上。以半球测量表面为例，半球的球心在测试室地面上（见图 3-32），并在被测声源声学中心垂直下方。GB/T 6882 表明，测量半径 r 满足下列条件中的最大值时，即可认为测点距离足够远：

（1）$r\geqslant 2d_0$ 或 $r\geqslant 3h_0$ 中的较大者，d_0 是声源特性尺寸，$d_0=\sqrt{(l_1/2)^2+(l_2/2)^2+l_3^2}$，$h_0$ 是声源声学中心距地面的距离（l_1、l_2 和 l_3 是声源的三维长度）。

（2）球半径 $R\geqslant\lambda/4$，λ 是测量声范围中最低频率的波长；对于电力设备来说，其噪声的最低频率一般是 100Hz，即在常温常压下波长 $\lambda=3.4$m。

（3）球半径 $R\geqslant 1$m。对于体积小，并在有限频率范围内产生低噪声的声源，测量半径可以小于 1m，但不能小于 0.5m，否则将会带来较大的模型误差。由于条件（1）和条件（2）的原因，测量半径小于 1m 则会对测量时的最低频率范围带来限制。

对于电力设备噪声测量来说一般属于工程级测量，测量中允许采用其他形状的测量表面，但须事先证明采用其他形状的测量表面测量的声功率级与半球面测量的声功率级误差不能大于 1dB。如在变压器、换流变压器和电容器的测量中，普遍采用如图 3-33 所示的矩形六面体表面。图中①～⑰表示布置的 17 个测点号。

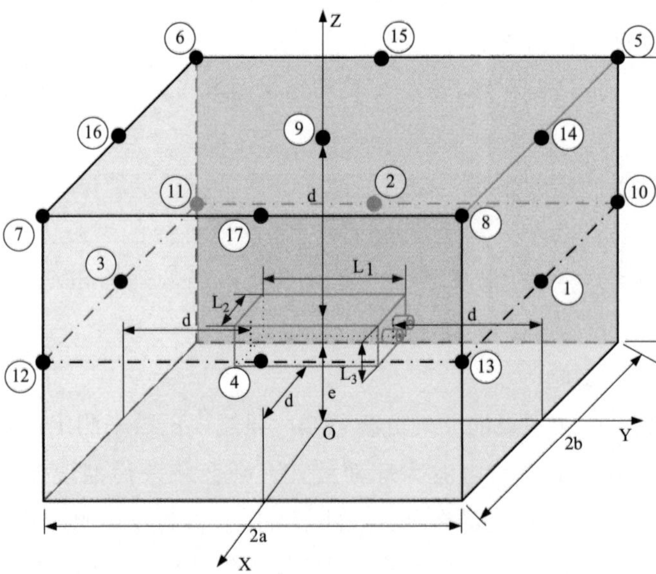

图 3-33　矩形六面体表面构成的测量面

6. 平均声压级的计算

在式（3-14）中，给出了由平均声压级$\overline{L_p}$计算声功率级的公式，由式（3-14）的近似推导可知，$\overline{L_p}$的计算与测量面上测点的布置状况有关。

在图 3-33 中，测量面上的各个子面的面积 S_i 相同（或近似相同），每个子面上的平均声压可以用这个面上中部测点位置的声压 p_i 表示，此时整个测量表面的平均声压级可以简单地由式（3-16）所示的测点平均方法来计算：

$$\overline{L_p} = 10\lg\left[\frac{1}{N_M}\sum_{i=1}^{N_M}10^{0.1L_{pi}}\right] \tag{3-16}$$

式中　$\overline{L_p}$——平均声压级，dB；

i——传声器测点位置数，$i=1、2\cdots N_M$；

L_{pi}——经背景噪声修正后第 i 个测点的声压级，dB($L_{pi}=L'_{pi(ST)}-K_{1i}$，其中，$L'_{pi(ST)}$ 为未经背景噪声修正的第 i 个测点的声压级测量值，dB)；

K_{1i}——第 i 个测点的背景噪声修正值，dB。

如果每个测点所对应的子面 S_i 的面积相互差别较大，也就是说测量表面上的测点分布不均匀，则由式（3-15）所示的测点平均计算方法求平均声压级就会带来较大的计算误差。

每个测点所对应的子面 S_i 的面积相互差别较大时，由图 3-28 和式（3-9）可以推导出：

$$\overline{L_p} = 10\lg\left[\frac{1}{S}\sum_{i=1}^{N_M}S_i\times 10^{0.1L_{pi}}\right] \tag{3-17}$$

式中　$\overline{L_p}$——平均声压级，dB；

i——传声器测点位置数，$i=1、2\cdots N_M$；

S_i——第 i 个传声器在测量表面位置或路径上占有的面积，m^2；

S——测量表面的总面积，$S=\sum_{i=1}^{N}S_i$，m^2；

L_{pi}——经背景噪声修正后第 i 个测点的声压级，dB($L_{pi}=L'_{pi(ST)}-K_{1i}$ 其中，$L'_{pi(ST)}$ 为未经背景噪声修正的第 i 个测点的声压级测量值，dB)；

K_{1i}——第 i 个测点的背景噪声修正值，dB。

式（3-17）称为面积平均计算法，当测量面上的测点分布不均匀时，须采用此法以减小计算误差。

3.4.2　变压器类设备声功率级的出厂测试

变压器、换流变压器、高压电抗器、油浸式平波电抗器的噪声声功率级出厂测试方法比较类似，在此一并讨论，并把它们统称为变压器类设备。

现行涉及变压器类设备噪声的国家标准有 4 个：

《变流变压器第 2 部分：高压直流输电用换流变压器》(GB/T 18494—2007)

《高压直流输电用油浸式换流变压器技术参数和要求》(GB/T 20838—2007)

《800kV 直流输电用油浸式换流变压器技术参数和要求》(GB/T 25082—2010)

《电力变压器第 10 部分：声级测定》(GB/T 1094.10—2003) 和 GB/T 1094.101

其中，GB/T 18494 规定了变压器噪声声级试验为型式试验内容，GB/T 20838 和 GB/T 25082 则提出在条件许可的情况下应进行空载、负载、谐波和偏磁状况下的声级测定。而这些标准都表明，变压器噪声声级的试验应按 GB/T 1094.10 提供的方法进行。而 GB/T 1094.101 则讨论了可能影响测量方法准确度的各种因素，是对变压器制造厂及用户提供进行噪声测定的实际指导，它对正确理解 GB/T 1094.10 有很大的帮助。

《电力变压器第 10 部分：声级测定》(GB/T 1094.10—2003) 是根据国际电工组织标准 IEC 60076—10：2001 按修改采用原则重新起草的标准。GB/T 1094.10 指出：根据标准的本部分进行的噪声试验能使不同试验室测出的噪声值之间的复验性标准偏差小于或等于 3dB。目前，变压器类设备可听噪声的出厂测试完全依据此标准。

在标准 GB/T 1094.10 中，提出了采用声压和声强两种方法测量变压器类设备噪声的合成声功率级，并规定了测试过程中两种典型的施加负载的条件。GB 1094.10 要求，在生产工厂加载条件和环境条件下，主要是在正弦波额定电压、额定频率及空载电流下测定的 A 计权声功率级 $L_{WA,UN}$(简称空载声功率级)，以及在额定电流情况下测定的 A 计权声功率级 $L_{WA,IN}$(简称负载电流声功率级)，然后把二者合成得到变压器在额定电压、额定电流和额定频率下的声功率级 $L_{WA,SN}$。在散热状况下冷却系统开启时，还要包含冷却系统噪声的声功率级。

1. 负载条件

标准 GB/T 1094.10 规定，在一般情况下，需进行空载声级和负载电流声级两种测量，并按该标准的第 14 章内容进行合成。

空载声级测量时，应在空载状态下以额定频率的正弦波或实际正弦波的额定电压对试品进行励磁。此电压应与 GB/T 1094.1 的规定一致。

由于电抗器类设备所吸收的电流取决于输入的电压，故电抗器类设备不能在空载状态下进行噪声测试，当电源容量足够时，则可以进行电抗器的全电压激励下的测试；如果电压容量不够，可以采取降低容量的测试，然后根据测试结果进行外推。

负载电流声级测量时，应将一个绕组短路，而对另一个绕组施加符合 GB/T 1094.1 规定的额定频率的正弦波电压。所加电压应均匀上升，直到短路绕组中所通过的电流达到额定值为止。

值得注意的是，在 GB/T 1094.10 中规定，为了判断负载电流下的声级测量是否必要，可先通过式（3-18）粗略地估算负载电流声功率级：

$$L_{WA,IN} \approx 39 + 18\lg\left(\frac{S_r}{S_p}\right) \tag{3-18}$$

式中 $L_{WA,IN}$——变压器在额定电流、额定频率及短路阻抗下的 A 计权声功率级；

S_r——额定容量，MVA；

S_p——基准容量，1MVA。

若估算的 $L_{WA,IN}$ 值比保证的声功率级低 8dB 或更多时，则不必进行负载电流声级测量。

2. 环境条件

变压器类设备噪声测量的环境条件应符合 GB/T 1094.10—2003 中户内测量条件的各项要求。理想的试验环境应是在具有一个反射面之上的近似自由声场环境。实际的试验环境应是使变压器测量表面位于一个基本不受邻近物体或环境边界反射干扰的声场内。当试验室边界或邻近试品的反射物体产生声反射影响时，会使测量的试品声功率级比实际的要大，这时须采用环境修正值 K_2 进行修正。

在 GB/T 1094.10—2003 中的 11.1.2.2 和 11.1.2.3 中给出了环境修正值 K_2 的计算方法：

$$K_2 = 10\lg\left(1 + \frac{4S}{A}\right) \tag{3-19}$$

$$A = \alpha S_V \tag{3-20}$$

式中 K_2——环境修正值，dB；

S——测量表面积，m^2；

A——测试室的吸声量，m^2；

α——测试室内平均吸声系数，一般按 GB/T 1094.10—2003 的表 1 选取近似值；

S_V——测验室内（包括墙壁、天棚和地面）的总表面积，m^2。

环境修正值 K_2 的最大允许值为 7dB，否则，试验误差大于 3dB(A)。

在 GB/T 1094.10—2003 中共给出了三种环境修正值 K_2 的确定方法：

（1）利用式（3-19）、式（3-20）和 GB/T 1094.10—2003 中的表 1 进行计算确定。

（2）利用实测混响时间和式（3-19）、式（3-21）进行计算确定：

$$A = 0.16(V/T) \tag{3-21}$$

式中 A——测试室的吸声量，m^2；

V——测试室的体积，m^3；

T——测试室的混响时间，s。

（3）利用标准声源和式（3-22）进行计算确定：

$$K_2 = L_{Wm} - L_{Wr} \tag{3-22}$$

式中 L_{Wm}——标准声源的标称声功率级，dB；

L_{Wr}——标准声源的视在声功率级，dB。

这三种方法确定的同一个测量室的环境修正值 K_2 是不完全相同的，从环境修正值 K_2 的确定精确程度来说，方法（3）的精度优于方法（1）和方法（2），在实验室的混响效果比较明显时，即室内平均吸声系数 $\bar{\alpha}$ 小于 0.2 时考虑使用方法（2）否则使用方法（1）。因此建议在使用标准 GB/T 1094.10—2003 进行噪声测量时应优先推荐使用方法（3），其次是方法（2），再次才是方法（1）。

另外，在使用方法（1）时，即使用式（3-20）计算等效吸声量 A 时，易使操作者误认为只要在 GB/T 1094.10—2003 的表 1 中选取一种房间状况的平均吸声系数就可以代入计算了。实际上试验室的壁面、顶棚、地面是由不同材料建成，它们各自的平均吸声系数都不尽相同。因此，建议在计算等效吸声量 A 时应按下式进行计算：

$$A = \sum_{i=i}^{k} A_i = \sum_{i=1}^{k} \alpha_i S_{vi} \tag{3-23}$$

式中 S_{vi}——不同的壁面、顶棚、地面等吸声面面积，m^2；

α_i——各吸声面的平均吸声系数，这可以从 GB/T 1094.10—2003 的表 1 中选取；

k——室内具有不同吸声材料的壁面、顶棚、地面等吸声面的数量。

3. 测点位置及测量面

按 GB/T 1094.10—2003 的要求，测点位于规定轮廓线上，轮廓线距基准面的水平距离在冷却风扇关闭时为 0.3m，在冷却风扇开启工作时为 2m。对于换流变通常有两个轮廓线，它们离地高度分别位于换流变高度（含油箱）的 1/3 和 2/3 处。

测点（传声器）在规定轮廓线上的彼此间距大致相等，且间隔不得大于 1m，见图 3-34。

测量面 S 按下式计算：

$$S = 1.25h/\text{m}, \text{（测量距离为 0.3m 时）} \tag{3-24}$$

$$S = (h + 2)/\text{m}, \text{（测量距离为 2m 时）} \tag{3-25}$$

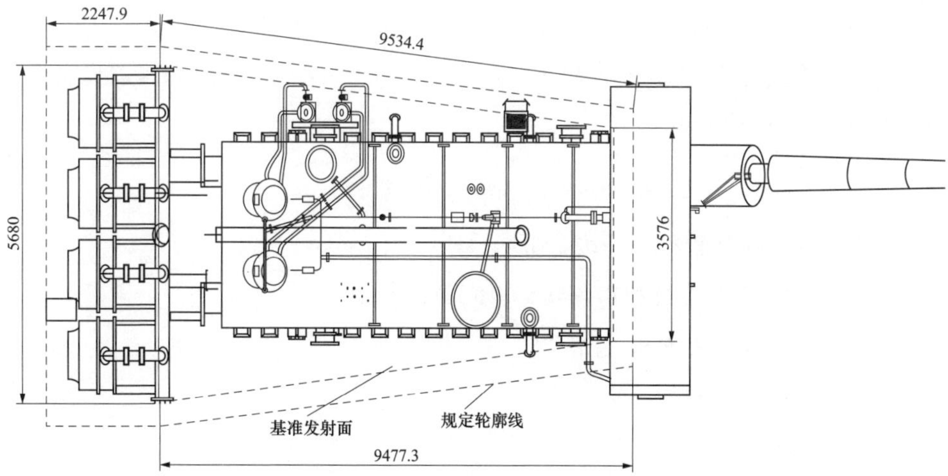

图 3-34　测量轮廓线示意图

4. 仪器和读数要求

GB/T 1094.10 给出的仪器和读数要求如下：

（1）采用声压法测量时，应使用符合 GB/T 3785 要求的 1 型声级计，声级计的传声器应采用自由场传声器，并在测试前、后按 GB/T 3768 的方法对声级计进行校准。测试时声级计的传声器应垂直指向测量面。

采用声强法测试时，应使用符合 IEC 61043 要求的 1 类声强仪，并按 GB/T 16404 的方法进行校准。

（2）声压法测量时，声级计的时间计权应选择为测量挡，即快速计权挡。在每个测点处读数时必须待声级计数据稳定后（一般需 10s 以上）再进行读数，且读取经常显示的中间声压级值。

5. 声功率级的计算

GB/T 1094.10—2003 规定，由在供电施加负载时于各测点上测得的 A 计权声压级按

$$\overline{L_{pA0}} = 10\lg\left(\frac{1}{N}\sum_{i=1}^{N}10^{0.1L_{pAi}}\right) \tag{3-26}$$

由式（3-26）计算出未经背景噪声修正的平均 A 计权声压级$\overline{L_{pA0}}$，再由下式计算出修正的平均 A 计权声压级$\overline{L_{pA}}$：

$$\overline{L_{pA}} = 10\lg(10^{0.1\overline{L_{pA0}}} - 10^{0.1\overline{L_{bgA}}}) - K_2 \tag{3-27}$$

式中　$\overline{L_{pA}}$——背景噪声修正后的平均 A 计权声压级，dB(A)；

$\overline{L_{pA0}}$——未经背景噪声修正的平均 A 计权声压级，dB(A)；

$\overline{L_{bgA}}$——两个计算出的背景噪声平均 A 计权声压级中的较小者，dB(A)；

K_2——环境修正值，dB(A)，最大允许值为 7dB(A)。

最后由修正后的平均 A 计权声压级$\overline{L_{pA}}$按式（3-28）计算出变压器设备辐射噪声的 A 计权声功率级：

$$L_{WA}=\overline{L_{pA}}+10\ \lg\frac{S}{S_0} \tag{3-28}$$

式中，L_{WA}——A 计权声功率级，dB(A)；

$\overline{L_{pA}}$——平均 A 计权声压级，dB(A)；

S——测量表面积，m^2；

S_0——基准面积，$S_0=1m^2$。

6. 噪声测试流程

变压器类设备在进行出厂噪声声功率级测定时的操作流程见图 3-35。在分别测量计算出空载声功率级 $L_{WA,UN}$和负载声功率级 $L_{WA,IN}$后，再按下式进行合成计算：

$$L_{WA,SN}=10\lg(10^{0.1L_{WA,UN}}+10^{0.1L_{WA,IN}}) \tag{3-29}$$

式中，$L_{WA,SN}$——变压器在额定正弦波电压、额定正弦波电流及额定频率下的 A 计权声功率级，dB(A)；

$L_{WA,UN}$——空载电压加载时的 A 计权声功率级，dB(A)；

$L_{WA,IN}$——负载电流加载时的 A 计权声功率级，dB(A)。

图 3-35　换流变出厂噪声测试流程

如果需要，应考虑将冷却设备的噪声也包括在 $L_{WA,UN}$ 或 $L_{WA,IN}$ 内。

在 GB/T 1094.10 中给出的采用声强法的测试流程与声压法类似。

值得注意的是，以上所述的变压器类设备噪声的测定，是分解为空载噪声和负载电流噪声两种各自独立的声源进行的，这与实际工况有很大的区别。实际现场测试表明，大多数情况下在实际现场测试的 A 计权声功率级要比按以上方法所测定的声功率级 $L_{WA,SN}$ 大。因此，出厂测试的额定负载 A 计权声功率级是产品出厂质量控制的一个指标，它还不能完全反映变压器类产品在现场的噪声状况，这在进行变电站/换流站环境噪声预测计算时需要加以注意，不能直接用实验室测量的声功率级量值和频谱输入计算软件进行预测计算，否则将会产生较大的误差。

3.4.3 变压器类设备噪声的出厂测试方法研究

3.4.3.1 变压器出厂噪声的声压法测量

在本次测试研究中，采用 GB 1094.10—2003 规定的方法对某变压器有限公司给不同用户生产的 6 种不同型号的大型交流变压器进行了空载噪声和负载噪声测试分析。现以该公司生产的×××-515000/220 型变压器为例进行测试分析。

1. 测量距离的影响分析

×××-515000/220 型变压器在空载电流和额定电压状态下，冷却风扇关闭，在距基准发声面 0.3m 处测定的声功率级 $L_{WA,UN0.3}=88.8$dB(A)，在距基准发声面 2m 处测定的声功率级 $L_{WA,UN2.0}=87.6$dB(A)。在 0.3m 处测定的空载电流和额定电压状态下声功率级 $L_{WA,UN0.3}$ 和在 2.0m 处的测定值 $L_{WA,UN2.0}$ 相差约 1.2dB(A)。

变压器的声功率级是表征变压器辐射噪声的物理属性，是一个固有值，它不会随测量距离的变化而发生变化。如果测量结果不一致，只能说明测量方法有问题。由图 3-36 可以看出，在空载电流和额定电压状态下噪声的最主要频率是 100Hz、200Hz、300Hz 和 500Hz，对于 100Hz 的声波来说其波长为 3.4m，对于 200Hz 的声波来说其波长为 1.7m。也就是说，0.3m 的测量距离对于这些频率的噪声来说连波长的 1/4 都不到，因此会产生近场测量误差，这是造成二者差值的一个主要原因；其次，在两次测量时的背景噪声不稳定也会造成一定影响；因此，在距离 2m 测量的声压级应该更接近实际值，这一结论在后面采用的声强法测试中得到了验证。

2. 不同加载工况的噪声频率成分分析

在对×××-515000/220 型变压器的一个绕组按照 GB/T 1094.10—2003 的空载电压加载方法施加额定电压，另一绕组短路时，距离 0.3m 的噪声频谱见图 3-36。

从图 3-36 可看出，尽管此时的噪声比较小，但 50Hz 的高次谐频仍然凸现出来，其中 300Hz 成分的噪声比较突出。

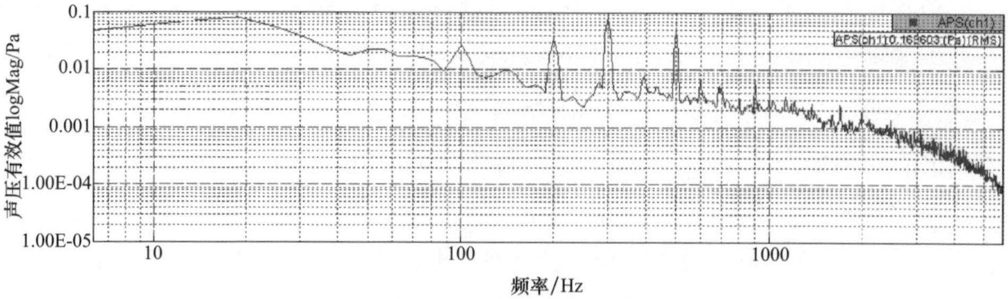

图 3-36　输入端额定电压和输出端开路状态下的声压频谱

×××-515000/220 型变压器在断电时，仅开启冷却风扇，沿距离交流变压器基准发声面 2m 处测定的声功率级 $L_{WA,FAN2.0}$＝94.1dB(A)，其声压频谱见图 3-37。

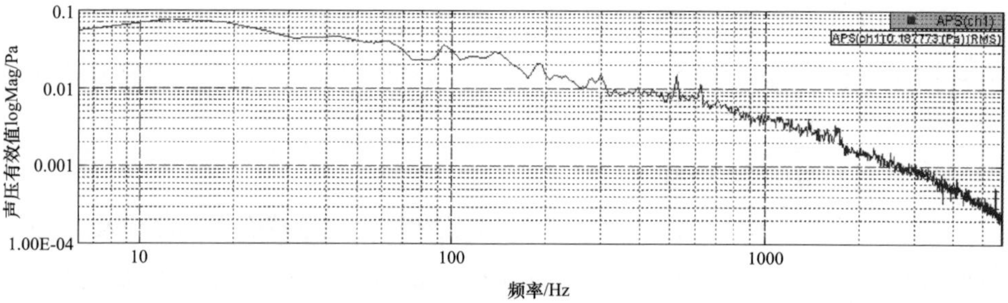

图 3-37　风扇噪声的声压频谱

由图 3-37 可以看出，冷却风扇的噪声是以中低频成分为主的宽带噪声，其中并不包含具有 50Hz 高次谐频特征的有调声成分。

×××-515000/220 型变压器在一个绕组调整电压、使另一个绕组短路电流达到额定电流的状态下，关闭冷却风扇，沿距 0.3m 处测定的声功率级 $L_{WA,IN0.3}$＝91.0dB(A)，图 3-38 是该工况下的声压频谱图。

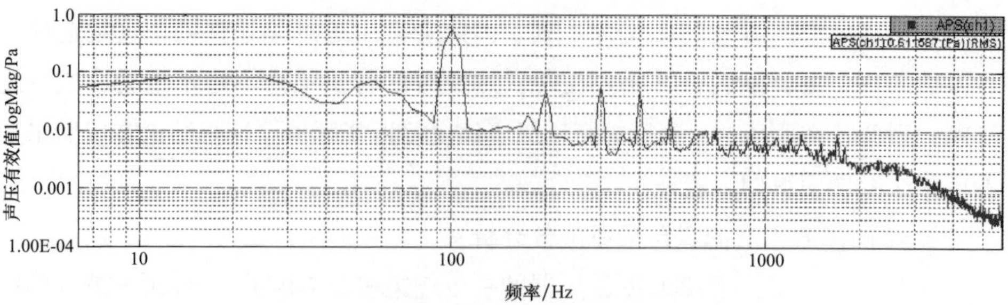

图 3-38　额定电流和短路电压状态下的声压频谱

比较图 3-36 和图 3-38 可以看出，变压器在空载电压和负载电流两种加载状况下的噪声频率成分完全不同。在图 3-36 中虽然存在 100Hz、200Hz、300Hz 和 500Hz 成分的噪声，但其声压值都不大，但在图 3-38 中，100Hz 的噪声成分占主导地位，两种加载状况下的噪声主要频率成分的比较见表 3-10。

表 3-10　　两种加载状况下的噪声主要频率成分的比较

频率/Hz		100	200	300	400	500
空载电压加载	声压/Pa	0.027	0.031	0.079	0.008	0.042
	声压级/dB	62.6	63.8	71.9	52.0	66.4
负载电流加载	声压/Pa	0.531	0.043	0.051	0.042	0.018
	声压级/dB	88.5	66.6	68.1	66.4	59.1

从测量结果来看，有的变压器在出厂测试中负载电流加载状况下的噪声会远比空载电压加载时大，并且 100Hz 频率的噪声是最主要的噪声频率成分。

由式（3-28）可知，按 GB/T 1094.10—2003 的在空载电压和负载电流下不计入风扇噪声时运行的变压器 A 计权声功率级为

$$L_{WA,SN} = 10\lg(10^{0.1L_{WA,UN}} + 10^{0.1L_{WA,IN}}) = 93.0\text{dB(A)}$$

在空载电压和负载电流下同时计入风扇噪声时变压器 A 计权声功率级为：

$$L_{WA,SN} = 10\lg(10^{0.1L_{WA,UN}} + 10^{0.1L_{WA,IN}} + 10^{0.1L_{WA,FAN}}) = 96.6\text{dB(A)}$$

可见，按 GB/T 1094.10—2003 的方法，当冷却系统开启时，整个变压器的噪声会增加，在本次测试中增大量约 3.6dB(A)。

3.4.3.2　变压器出厂噪声的声强法测量

1. 声强测量的基本方法

在 GB 1094.10—2003 中同时还给出了采用声强测定变压器类设备噪声声功率级的方法。尽管采用声强法对环境的要求较低、测试准确度较好，但由于声强法测量的技术要求较高，至今国内的企业都还没有采用此法进行过变压器类设备噪声声功率级的测定的资料。为了了解采用声强法和声压法在大型变压器类设备的噪声在出厂测试时的不同和各自的优缺点，特同时采用声强法和声压法对变压器在出厂时的噪声声功率级进行了测试对比。在测试时，声强法的测试主要按照 GB 1094.10—2003 和 GB/T 16404.1 的要求进行，声压法的测试按 GB 1094.10—2003 的要求进行。

采用声强法的测试流程与声压法类似，所不同的是要由各测点的声强级按式（3-30）计算平均声强级：

$$\overline{L_{IA}} = 10\lg\left[\frac{1}{N}\sum_{i=1}^{N}\text{sign}(L_{IAi})10^{0.1|L_{IAi}|}\right] \tag{3-30}$$

式中 $\overline{L_{IA}}$——平均A计权声强级，dB（A）；

i——测量面上的声强测点数，$i=1,2,3,\cdots,N$；

L_{IAi}——测量面上第 i 个测点的A计权声强值，dB(A)。

再由平均声强级按式（3-31）计算声功率级：

$$L_{WA}=\overline{L_{IA}}+10\lg\frac{S}{S_0} \tag{3-31}$$

式中 L_{WA}——A计权声功率级，dB(A)；

$\overline{L_{IA}}$——平均A计权声强级，dB(A)；

S——测量表面积，m^2；

S_0——基准面积，$S_0=1m^2$。

2. 声强法与声压法测量结果的对比

测试对象是某企业生产的型号为ZZDFPZ-300400/500的换流变压器（接线方式：YY）。

在采用声强法和声压法进行测试时，加载条件和环境条件都相同，测量值为：

（1）冷却系统不开启，测量距离为0.3m时，在空载电流和额定电压情况下的声功率级，记为 $L_{WA,UN,0.3}$；

（2）冷却系统不开启，测量距离为2m，在空载电流和额定电压情况下的声功率级，记为 $L_{WA,UN,2}$；

（3）冷却系统开启，测量距离为2m，在空载电流和额定电压情况下的声功率级，记为 $L_{WA,UN,F2}$；

（4）冷却系统不开启，测量距离为2m，在额定电流和短路电压情况下的声功率级，记为 $L_{WA,IN}$。

分别采用声强法和声压法对在同样加载状况下的换流变压器进行噪声测量，测试结果及对比见表3-11。

表3-11　　声强法和声压法测试结果的对比

冷却系统开启状况	距离/m	声功率级/dB(A)			载荷状况
		符号	声压法	声强法	
不开启	0.3	$L_{WA,UN03}$	95.1	99.4	空载电流和额定电压
不开启	2	$L_{WA,UN2}$	99.2	99.4	
开启	2	$L_{WA,UN2F}$	104.0	103.6	
不开启	2	$L_{WA,IN}$	99.2	99.6	额定电流和短路电压

从表 3-10 显示的采用声强法和声压法对同一台换流变压器噪声的测量对比可知：

（1）在对 ZZDFPZ-300400/500 换流变压器进行测量时，在采用声压法测量时距离换流变压器 0.3m 的声功率级测量值是 95.1dB(A)，而在距离换流变压器 2m 的声功率级测量值是 99.2dB(A)，但采用声强法测量时不论是 0.3m 还是 2m，测量值都是 99.4dB(A)。可见，距离 0.3m 的声压测量的偏差达 4.3dB(A)，造成偏差较大的原因已在 2.5.3.1 中进行了初步分析，本次实测又做了进一步的验证。

（2）在生产企业的测试大厅内采用声压法对换流变压器进行噪声测试时，只有在对测试环境进行良好的修正后，才会与声强法的声功率测量结果接近。如采用声强法测量 ZZDFPZ-240300/500-800 的负载工况下的声功率级为 99.9dB(A)，采用声压法并经仔细的环境修正后的测量结果为 100.6dB(A)，这两种测量方法的结构相差 0.7dB(A)，这个测量结果符合工程级测量的不确定度要求。

（3）声强法测量的是声能流密度矢量，基于声强法测定声功率级的结果不会受到测量环境稳态噪声的干扰影响，而基于声压法的声功率测量会受到试验大厅墙壁以及周边设备对声场反射作用的影响，需要通过环境修正系数 K_2 值才可以降低这一误差。对于测试环境较为复杂的场合，环境修正系数 K_2 值计算精度将直接影响声功率测量结果，此时使用声强法进行测量更加适合。

（4）为达到较好的中低频测量精度，实际测试时采用了声强测量方法中的交换传声器法。由于每个测点需要进行正方向和反方向两次测量，因此试验测试周期比声压法长。

由变压器、换流变压器的出厂噪声测试可知：

（1）在施加空载电流和额定电压进行测试时，变压器和换流变压器噪声的主要频率成分为：100Hz、300Hz 和 500Hz。

（2）在施加额定电流和短路电压进行测试时，变压器和换流变压器噪声的主要频率成分为：100Hz、200Hz、300Hz、400Hz 和 500Hz。

（3）空载电流和额定电压加载时的声功率级 $L_{WA,UN}$ 普遍小于额定电流和短路电压加载时的声功率级 $L_{WA,IN}$。从各厂家的情况看，天威保变、沈阳 TBEA、德国西门子的换流变压器的加载量均按测试标准中的规定实现了产品的空载电压和额定电流的加载测试，而西电的变压器只测了空载电压的工况。从实际测试结果看，加负载电流的工况比加空载电压的工况噪声要大，在出厂噪声测试时不能只测空载电流和额定电压加载时的声功率级 $L_{WA,UN}$ 而不测额定电流和短路电压加载时的声功率级 $L_{WA,IN}$；应该严格按照国家标准 GB/T 1094.10 的要求，由 $L_{WA,UN}$、$L_{WA,IN}$ 和冷却系统噪声这三部分来合成计算最终声功率级 $L_{WA,SN}$。

（4）在冷却风扇不开启时，测量噪声的距离也应是 2m。

（5）当冷却风扇开启时，变压器噪声的频率呈现出粉红噪声的特点，并且此时的声功率级远大于空载电压声功率级和负荷电流声功率级，也就是说，冷却风扇的噪声已成为变压器的噪声主要成分。

尽管变压器、换流变压器噪声的出厂测试加载条件与现场加载条件完全不同，但可以通过对出厂噪声的控制来实现对变压器、换流变压器噪声质量的控制。因此，在有关的设备招标规范书中除了必须严格规定变压器、换流变压器噪声的限值外，还必须同时对测试方法提出严格的要求。

3.4.4　电力电容器单元的出厂噪声测试

1. 电力电容器现场噪声的特点

研究表明，电力电容器单元的工作载荷对电容器单元的噪声有很大的影响，其中影响最大的是电容器单元噪声的谐频性、指向性和多频噪声跳变现象。

（1）谐频性。电力电容器单元在换流站工作时，施加在电容器单元上的载荷既有工频成分又有高次谐频成分。相应的电容器单元辐射出的噪声也具有谐频的特征，实测表明（见图 3-39）电力电容器现场噪声的主要能量集中在 4000Hz 以内，尤其是在 550Hz（工频的 11 次谐频）、600Hz（工频的 12 次谐频）、650Hz（工频的 13 次谐频）等频率处噪声最大。

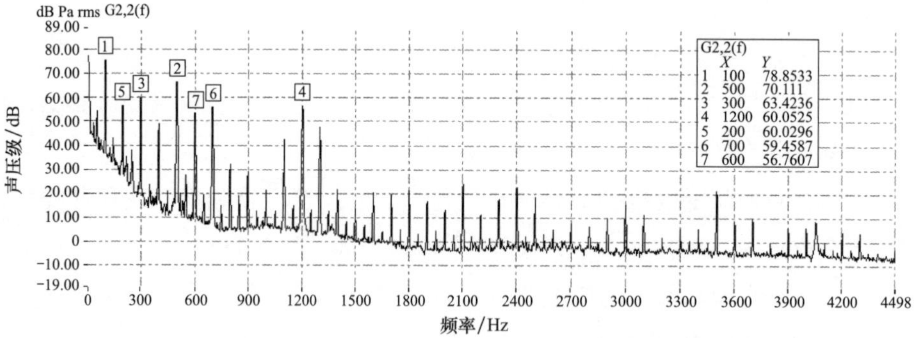

图 3-39　某换流站滤波场电容器 4.8m 处噪声窄带谱（L 计权）

图 3-40 是在某换流站交流滤波场实测的电容器噪声频谱（L 计权），其他换流站电容器的噪声都具有相类似的谐频特征。从图 3-40 可以看出，电力电容器工作时的辐射噪声频谱都具有大量离散高次谐频成分的特征。

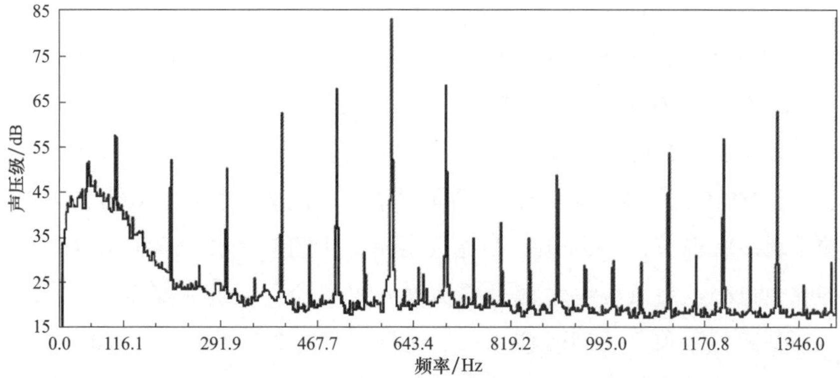

图 3-40　某换流站第二大组交流滤波器场频谱特性

（2）指向性。电容器单元具有 6 个发声面，见图 3-41（a），对电容器单元工作时进行噪声全息测量的结果见图 3-41（b）显示，电容器单元 6 个面中面积最小的底面和套管面发射的噪声要比其他面大得多，也就是说，电容器单元的噪声发射具有强烈的指向性。表 3-12 是正对电容器单元不同辐射面距离为 1m 处测量的声压级，此结果同样显示了电容器单元噪声的指向性特性。

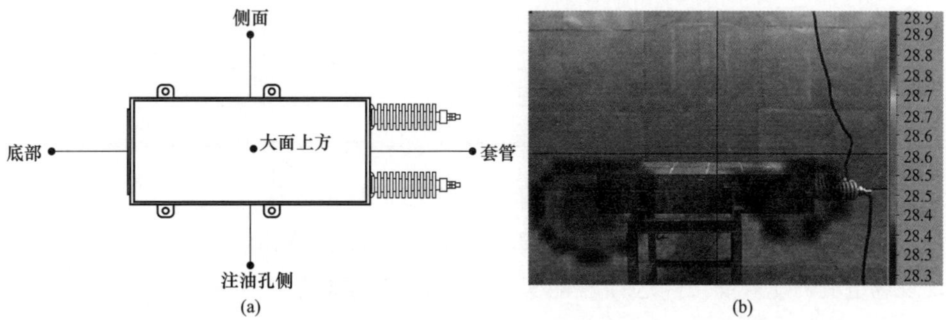

图 3-41　电容器单元噪声辐射全息图

（a）电容器单元侧视图；（b）电容器单元噪声辐射图

表 3-12　　不同辐射面的噪声测量值

辐射面	油孔侧面	套管面	侧面	底面	大面
声压级/dB(A)	52.1	56.3	51.6	58.6	52.6

注　试验时工频电流 58A，11 次谐频电流 10.2A。

为了反映电力电容器辐射噪声的这个特性，故在 GB/T 32524—2016 中要求按式（3-32）计算出指向性指数 D_{Ii}：

$$D_{Ii} = L_{pi} - \overline{L_p} \tag{3-32}$$

式中 L_{pi}——传声器位置 i 方向上，经背景噪声修正后的声压级，dB；

$\overline{L_p}$——经背景噪声修正后的测量表面平均声压级，dB。

（3）多频噪声跳变现象。

表 3-13 是在对电容器单元施加不同频率、不同电流情况下测量的电容器单元声功率级。由表 3-13 可看出，当电容器单元中只有基频电流通入时，电容器单元的噪声很小；当只有单个谐频电流通入电容器时，电容器单元的噪声也很小；但当基频和谐频电流同时通入时，电容器单元的噪声突然增加，我们把这种现象称为多频噪声跳变现象。这个现象说明电容器单元噪声辐射系统不是线性系统，同时也说明在测量电容器单元噪声时不能每次只施加一个频率的电流，而必须同时施加工频电流和多个谐频电流。

表 3-13　　　　不同频率和电流施加时的噪声跳变现象

工频电流/A	11 次谐频电流/A	声功率级/dB(A)
0	2.6	33.2
0	12.8	35.8
58	0	37.1
58	2.6	54.1
58	5.1	60.3
58	10.2	66.0
58	12.8	67.8

由现场测试与试验分析可知，在实验室内进行电力电容器单元可听噪声的出厂测试时，必须要对电容器单元的现场实际工况进行模拟，即对电容器单元实现现场电流的注入模拟，这样才能实现电容器单元现场可听噪声的再现。GB/T 32524—2016 就是基于这个原则，经过大量的试验提出了模拟现场电流注入的噪声测量方法。

2. 桥式全谐波电流注入方式

在 GB/T 32524 中，对于交流滤波电容器噪声的测试加载电路采用的是图 3-42 所示的电桥形式的全谐波电流注入电路。电路中的电桥由 4 个规格、型号和技术参数都相同的电容器单元组成，每一个桥臂连接一个电容器单元，其中一个电容器单元为试品，另外 3 个为陪测的电容器单元。桥式电流注入电路的 A、C 两端为工频电压输入端，B、D 两端为可控谐波电压（电流）输入端。对工频端来说，BD 两端电位相等，故工频电压不会对谐波端产生影响。同样，对谐波端来说，AC 两端电位相等，故谐波电压也不会对工频端产生影响。于是，电路中注入的工频电流与谐波电流实现了相互独立，互不干扰。

实际电流注入系统中用于谐波电流注入的关键设备是可控谐波注入电源。可控谐波注入电源由谐波信号控制源和功率放大器两部分组成，谐波信号控制源可以同时产生任意个高次谐波（一般不小于 12 个工频谐波），并可以任意调节谐波频率的大小，而功率放大电路可以任意调节谐波电流输出幅值的大小。电路中的电流互感器（或电压互感器）用来进行谐波注入电流的反馈控制，以此来获得稳定的输出信号并对输出信号进行监测。

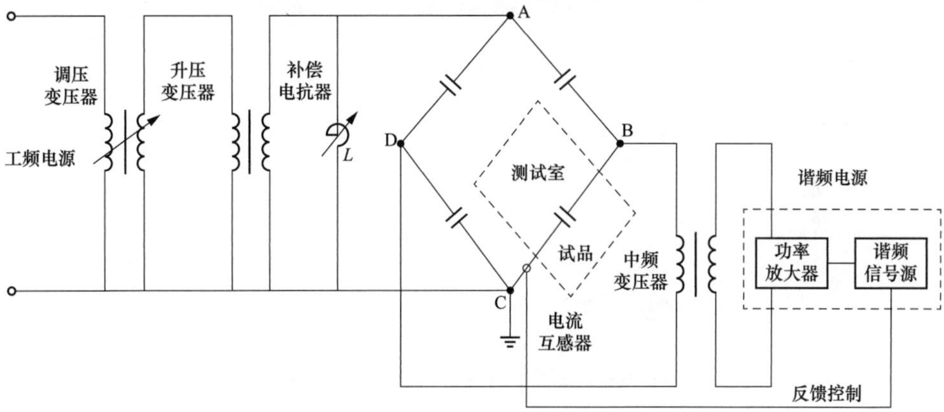

图 3-42　桥式全谐波电流注入电路示意图

为了减少测试过程中对电桥的供电电能，在加载电路的 A、C 两点之间连接一个可调电抗器，调节电抗器的电感量 L_n，使电抗器和电容器形成并联谐振回路，以补偿桥式测量电路中电能损耗。电抗器的电感量 L_n 可按式（3-33）进行计算：

$$L_n = \frac{1}{(2\pi f_n)^2 C} \tag{3-33}$$

式中　f_n——测试中施加的不同谐频的频率（$n=1,2\cdots N$），Hz；

C——单个电容器的电容量，F(法拉)。

有时会出现 LC 并联谐振回路的 Q 值会比较高的情况，造成谐频频率难以准确调节，这时可在补偿电抗器的一端串联一个阻值较小的电阻，降低谐振回路的 Q 值。

图 3-43 为谐波信号源与功率放大器工作时的照片。图 3-44 是某工程项目规范书中用于噪声计算的 12 个谐波电流值来设定的电容器单元注入电流值，表 3-14 是工频电流和各谐频电流注入的电流值。

图 3-43　可控谐波信号源与功率放大器

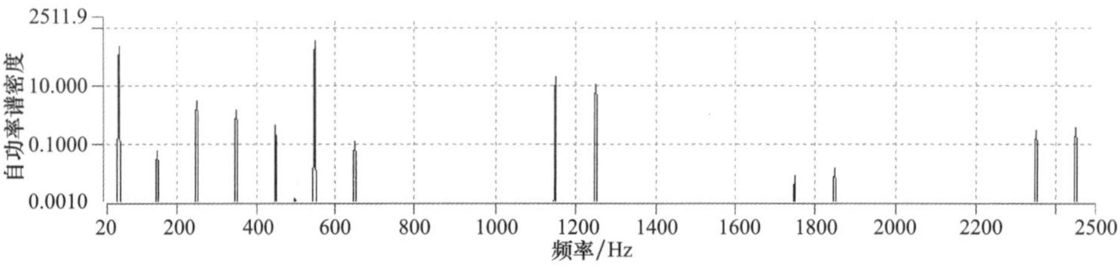

图 3-44　某工程项目中用于噪声计算的 12 个谐波电流值

表 3-14　　注入电容器单元的工频与各次谐频电流值

频率/Hz	谐波次数	注入电流值/A
50	1	43.300
150	3	0.675
250	5	4.750
350	7	3.425
450	9	1.825
550	11	53
650	13	0.950
1150	23	12.450
1250	25	9.300
1750	35	0.250
1850	37	0.350
2350	47	1.525
2450	49	1.650

3. 闭环加载控制精度试验

在电容器单元噪声加载电路中，工频电流和谐频电流是同时施加在电容器单元上的，由于工频电流一般较大，工频电流调节时产生的相对波动较小，比较而言，谐频电流的调节就会产生较大的相对波动。因此，有必要了解在进行闭环反馈控制时，各谐频电流的调节波动误差对测量结果的影响程度。

加载电路调整到谐频电流负反馈控制状态。试验时电容器单元采用钢架简支安装方式，电容器单元底面距地 0.6m，采用 GB/T 32524—2016 中的 17 测点进行测量。

试验的工频（50Hz）电流为 75A，并在这个试验过程中始终保持不变，同时施加的是 550Hz、11.5A 和 1150Hz、9.5A 两种谐频电流。在试验过程中，两种谐频电流的幅值偏差分别同时调整为设定电流值的 0%、±1%、±3%、±5%、±7%、±10%、±20%。测量结果的比较见表 3-15。

表 3-15　　谐频电流的幅值调节偏差对噪声的影响

谐波的偏差/%	−20	−10	−7	−5	−3	−1	0	1	3	5	7	10	20
平均声压级/dB(A)	51.6	52.7	53.0	53.3	53.4	53.5	53.6	53.8	54.1	54.0	54.1	54.4	55.1
噪声偏离值/dB(A)	−2	−0.9	−0.6	−0.3	−0.2	−0.1	0	0.2	0.5	0.4	0.5	0.8	1.5
偏离比/%	−3.7	−1.7	−1.1	−0.6	−0.4	−0.2	0	0.4	0.9	0.7	0.9	1.5	2.8

图 3-45 是谐频电流幅值波动引起的电容器单元噪声变化的曲线。

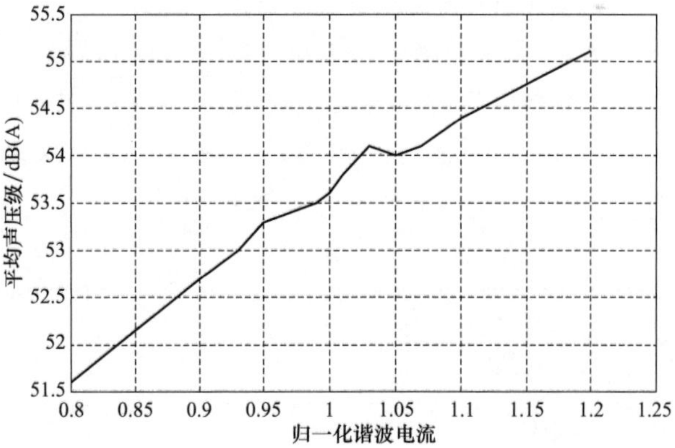

图 3-45　平均声压级与谐频电流幅值波动影响的试验关系

由表 3-14 和图 3-45 可见，在测量中，只要谐频电流的幅值偏差控制在 5%以内，就可以使电容器单元由于谐波电流调节的偏差而产生的噪声辐射偏差不会超过 1%，即当谐频电流的幅值偏差控制在 5%以内时，噪声的偏差不会超过 0.5dB(A)。同样可知，只要谐频电流的幅值偏差在 1%以内，电容器单元由于谐波电流调节的偏差而产生的噪声辐射偏差不会超过 0.2dB(A)。

因此，要注意通过频谱分析仪监视各次谐频输出电流的变化状况，以此来提高加载系统的输出准确性和稳定性。

3.4.5 干式空心电抗器的出厂噪声测试

1. 空心平波电抗器的噪声频谱特点

由 GB/T 22075—2008《高压直流换流站可听噪声》可知，干式空心平波电抗器的噪声主要由绕组振动产生，而绕组振动则由直流电流和谐波电流引起。如果高压直流平波电抗器中的电流由直流分量和一个谐波次数为 n 的谐波组成，如图 3-46（a）所示，就会形成图 3-46（b）所示的由一个静态预加负载（力频率 $f=0$）和频率分别为 f_n 和 $2f_n$ 的振动力。

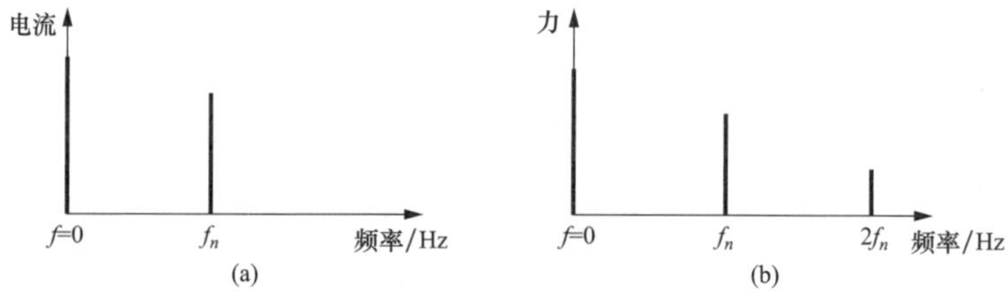

图 3-46　高压直流平波电抗器绕组的电流和力的频谱示例

在对空心平波电抗器进行出厂试验时，当激励电流的频率为 300Hz($n=6$) 时，激励力的频率会是 300Hz 和 600Hz，此时实测的噪声频谱见图 3-47。图 3-47 显示出噪声的频率出现两个分量，分别是 300Hz 和 600Hz。可见，空心平波电抗器的噪声频率与激励力的频率是一致的。这个现象在其他频率处也同样存在。因此得出：如果空心平波电抗器的电流具有 n 次谐波成分，则其

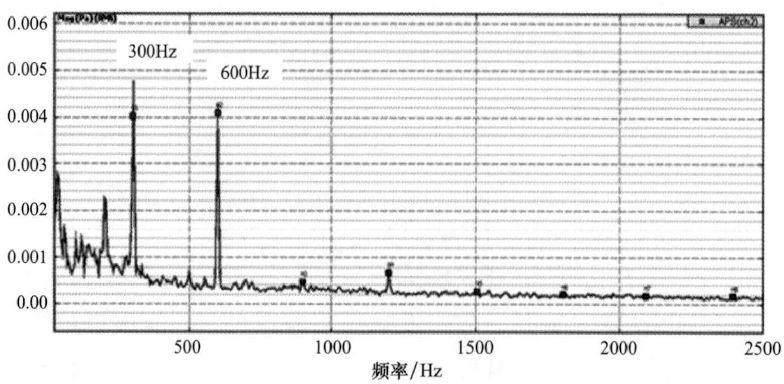

图 3-47　出厂测试中加载 300Hz 电流时的噪声频谱

噪声中就会具有 f_n 和 $2f_n$ 的成分。图 3-48 是在换流站现场实测的平波电抗器频谱。

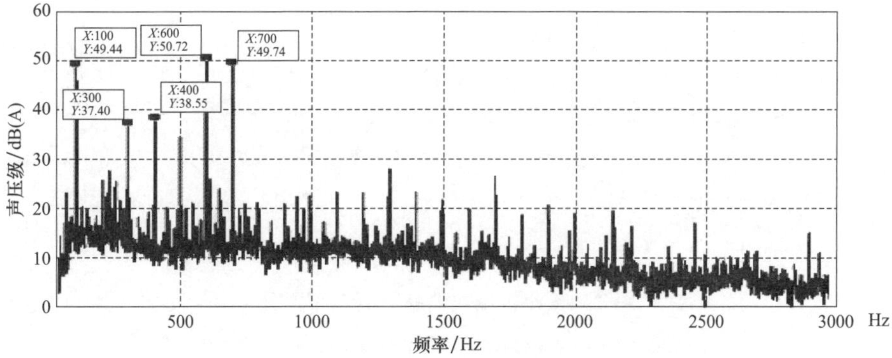

图 3-48　换流站现场平波电抗器噪声频谱

2. 电抗器的轴向噪声分布

图 3-49 是平波电抗器周围磁场分布图，当平波电抗器的绕组中通有电流时，绕组就会振动发声。应用 SysNoise 噪声分析软件对平抗的声场进行模拟计算分析后，得出图 3-50 所示的平波电抗器绕组的噪声分布图，由图中可见，平波电抗器绕组的噪声沿其轴向的分布基本上对称与平波电抗器的水平中心平面，噪声最大的位置处在其水平中心平面处。另外，在其竖直中轴线向上和向下的方向，噪声也很大，其分布形状有些近似磁场的分布。

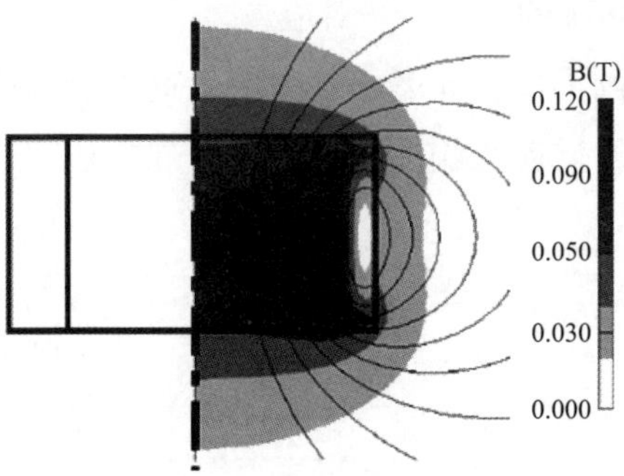

图 3-49　平波电抗器周围磁场分布图

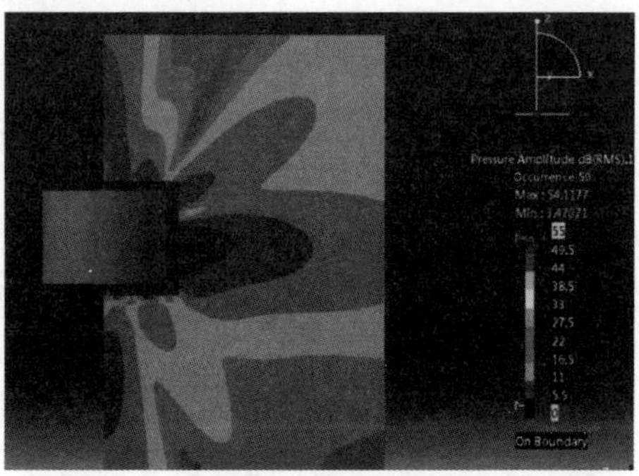

图 3-50　平波电抗器周围噪声分布图

3. 电抗器的径向噪声分布

在平波电抗器出厂噪声测试时，在平波电抗器的 1/3 高度和 2/3 高度水平平面个布置了 30 个测点，进行噪声声压级测试，测点的布置见图 3-51。

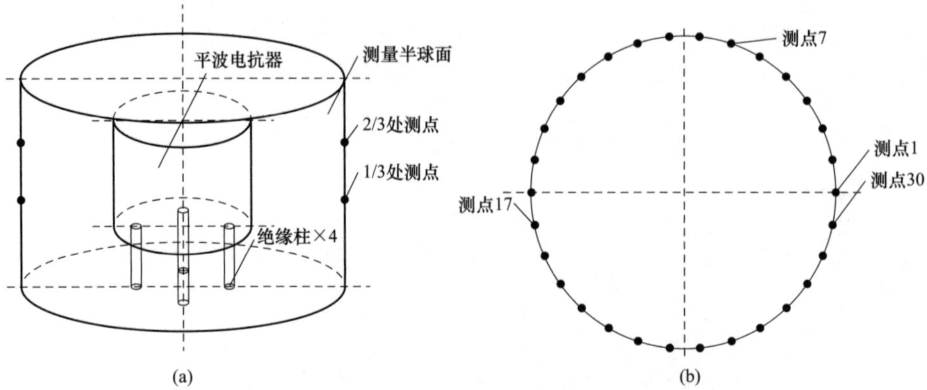

图 3-51　平波电抗器噪声测点布置图

（a）平波电抗器噪声测点侧视图；（b）平波电抗器噪声测点俯视图

平波电抗器噪声出厂测试时，分别在 50Hz、150Hz 和 300Hz 这三个频率处施加单一频率的负载，各频率处的电流加载状况见表 3-16。

表 3-16　　平波电抗器噪声试验电流加载状况

工况序号	1	2	3
试验频率/Hz	50	150	300
试验电流标准值/A	1074.400	353.900	454.200
实际试验电流/A	1073.900	268.210	130.050
加载电压 U/kV	34.065	25.472	27.687

在各测点处进行测量的测量结果在图 3-52 中标出。图 3-52 的纵坐标是声压级，横坐标是测点的序号，这些序号与图 3-51 的序号一一对应。

由图 3-52 可知，平抗在水平平面上沿圆周的分布是不均匀的，这可能是平抗沿周向的刚度分布不均匀或是测试环境的反射影响造成的。这个现象还需进一步研究。

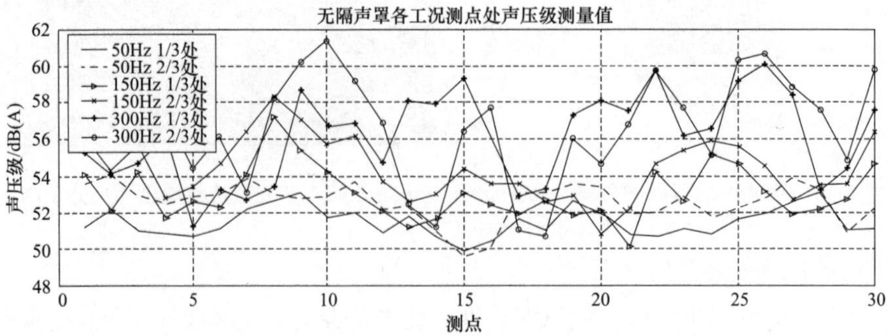

图 3-52　平波电抗器各水平测点的噪声布置图

4. 电抗器隔声罩测试分析

平波电抗器在隔声罩的隔离下，其周围的声场会发生很大的变化，图 3-53 的模拟分析图表明，平波电抗器水平中心平面的噪声变得很小，而在隔声罩上部开口通风处的噪声以及下部的噪声都很大。

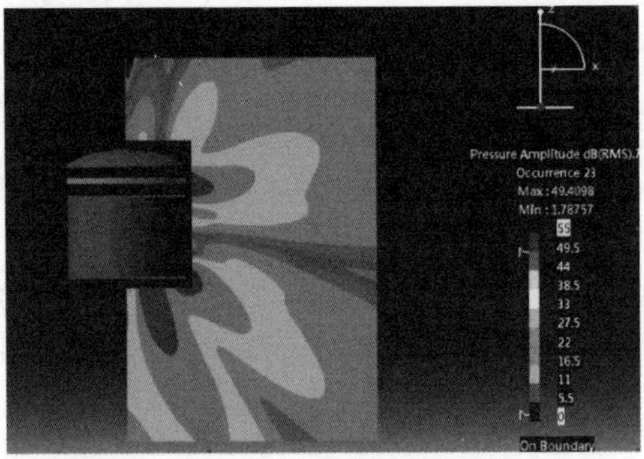

图 3-53 平波电抗器带隔声罩的噪声分布

图 3-54 是出厂噪声测试时带隔声罩和不带有隔声罩的声全息图。由图 3-54（a）可以看到在有隔声罩的情况下，最大的噪声辐射部位并没有出现在平波电抗器本体上，而是出现在平波电抗器下方的地面附近。这说明在有隔声罩的情况下，电抗器本体附件的噪声被屏蔽了，只留下电抗器下方继续向外辐射噪声，这些噪声遇到地面又产生了反射，形成了图 3-54（a）中的主要发声部位不在电抗器本体上的现象。而由图 3-54（b）中可以看到在无罩情况下，靠近平波电抗器本体是主要的发声部位。图中的发声位置处于稍偏下的地方，这是由于测试时平

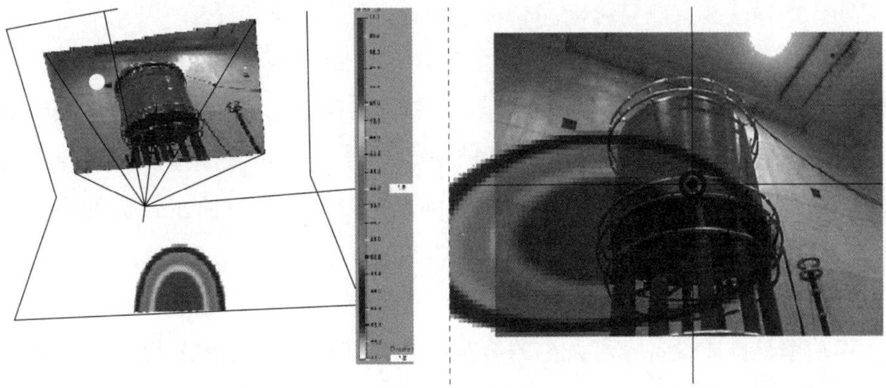

(a) (b)

图 3-54 300Hz 工作电流平波电抗器的噪声辐射特性

（a）有隔声罩；（b）无隔声罩

抗离地很高，有 14m 以上，使得声像仪在地面上的仰角很大，出现了发声位置偏下的假现象。

3.5 变压器可听噪声现场测试

大型变压器类设备的出厂噪声与现场噪声有很大的差别，准确测量输变电设备在现场运行时噪声值是对变电站噪声进行控制的重要前提。但是由于大型变压器的结构复杂、工作电流大、电压高、现场环境情况复杂，准确测量其噪声值一直是个难题。

20 世纪 80 年代末，随着声强测量技术的发展，采用声强测量方法对大型变压器类的设备现场噪声进行测量成为可能，国内外的学者对此进行了大量的研究。

基于声强测量技术的研究成果及声强测量标准（ISO 9614）的颁布实施，1995 年的 IEC 60551 修订版中，把声强测量作为变压器噪声测量的一种新的替代方法，改变了原先只能采用声压测量的状况。在随后制订的变压器噪声测量标准 IEC 60076-10：2001 中，声强测量法成为和声压法同等重要的变压器噪声测量方法。随后，为了指导变压器噪声测量者实际操作，又制订了 IEC 60076-10-1：2005 进一步明确变压器噪声测量过程。

值得注意的是，在变压器噪声测量标准的不断修订过程中，都是针对变压器噪声出厂时实验室条件下的测量，并没有涉及变压器噪声的现场测量。

在 3.4.2 中采用声强和声压两种测量方法所进行的变压器出厂噪声测量分析表明，声强法具有测量精度高、抗干扰能力强等优点。

目前国内变压器行业对变压器的噪声测量都是依据 GB/T 1094.10—2003《电力变压器　第 10 部分　声级测定》（等同采用 IEC 60076—10：2001）的规定，对变压器产品出厂时进行空载和负载工况下的噪声级测量，而对变压器在变电站中现场实际工作状态下的噪声值的定量测量并没有给出合适的标准及方法。因此，有必要对变压器现场噪声声功率的定量测量方法加以研究。

3.5.1 变压器噪声测试方法

声功率是描述设备噪声大小的客观指标，与设备运行状态相关，与测量点位置无关，而设备的声压级（也称声级）大小是与测点位置有关的。在目前采用的 GB/T 1094.10 中给出了实验室条件下的变压器噪声测量方法，并讨论了可能影响测量方法准确度的各种因素，GB/T 1094.101 可对变压器制造厂及用户提供进行噪声测定的实际指导，它对正确理解 GB/T 1094.10 有很大的帮助。

1. 基于 GB/T 1094.10 的变压器噪声声功率测量的确定[12]

依据标准，可以通过测量设备声压或声强来得到设备的声功率。GB/T 1094.10 提供了声压和声强方法来获得变压器噪声声功率级，其中通过声强测量获得变压器的噪声声功率方法是在 2003 年版的 GB/T 1094.10 中新增加的变压器声功率测量方法。由测量得到平均声压级 $\overline{L}_{PA}$ 或者平均声强级 $\overline{L}_{IA}$ 与噪声声功率级 L_{WA} 之间关系为

$$L_{\mathrm{WA}} = \overline{L}_{p\mathrm{A}} + 10\ \lg\left(\frac{S}{S_0}\right) \tag{3-34}$$

$$L_{\mathrm{WA}} = \overline{L}_{\mathrm{IA}} + 10\ \lg\left(\frac{S}{S_0}\right) \tag{3-35}$$

式中 S——总的测量面面积；

S_0——基准参考面面积，为 1.0m。

按 GB/T 1094.10 规定，平均声压级 $\overline{L}_{pA}$ 是在变压器周围规定轮廓线上规定的测量高度（一般是 1/3 和 2/3 变压器高度）上，在间隔不大于 1m 的测量点用声级计测量出的声压数值进行能量平均后再经过背景噪声和环境修正获得；平均声强级 $\overline{L}_{IA}$ 是声强测量包络面进行离散点声强测量得到各点 A 计权声强值的平均值，可以通过离散点声强测量获得。

为了评价变压器总的噪声声功率级，在 GB/T 1094.10—2003 中规定用在空载电流和额定电压情况下测定空载电压声功率级 $L_{WA,\mathrm{UN}}$，以及在额定电流和短路电压情况下测定负荷电流声功率级 $L_{WA,\mathrm{IN}}$，然后把二者按照能量相加得到变压器在额定电压、额定电流和额定频率下的总声功率级 $L_{\mathrm{WA,SN}}$：

$$L_{\mathrm{WA,SN}} = 10\ \lg(10^{0.1L_{\mathrm{WA,UN}}} + 10^{0.1L_{\mathrm{WA,IN}}}) \tag{3-36}$$

式中 $L_{\mathrm{WA,SN}}$——正弦额定电压、正弦波额定电流以及额定频率下的 A 计权声功率级（负载声级）；

$L_{\mathrm{WA,UN}}$——正弦波额定电压、额定频率以及空载电流下 A 计权声功率级（空载声级）；

$L_{\mathrm{WA,IN}}$——变压器在额定电流下的 A 计权声功率级。

从式（3-34）和式（3-35）可以看出，虽然 GB/T 1094.10：2003 标准名称是“声级测定”，但在标准，最终给出了由测得声级计算出声功率级的计算方法和公式。由于 1094.10 中对噪声测量轮廓面距变压器本体确定为 0.3m 和 2.0m，所以其计算关系中面积系数基本为常量，声功率级与声压级仅相差一个常数，

在行业中也常常直接用给定轮廓面上的声压级数值来进行变压器噪声比较。

2. 声压级测量

由在给定载荷（电压、电流）时于各噪声测点上测得的 A 计权声压级 L_{pAi} 按能量平均方式计算出未修正的平均 A 计权声压级$\overline{L_{pA0}}$

$$\overline{L_{pA0}} = 10\ \lg\left(\frac{1}{N}\sum_{i=0}^{N}10^{0.1L_{pAi}}\right) \tag{3-37}$$

再由下式计算出修正的平均 A 计权声压级$\overline{L_{pA}}$

$$\overline{L_{pA}} = 10\ \lg(10^{0.1\overline{L_{pA0}}} - 10^{0.1\overline{L_{bgA}}}) - K \tag{3-38}$$

式中 $\overline{L_{bgA}}$——两个计算出的背景噪声平均 A 计权声压级中的较小者；

K——环境修正值，最大允许值为 7dB。

3. 声强法测量

由于声强是矢量，它在声场中某指定平面法线方向上的分量（法向声强）就表示单位面积上、单位时间内流过垂直该平面的平均声能量。声源向外辐射的噪声声功率 W 可以由声强 I 沿着包络声源的包络面积分得到

$$W = \oint_S \vec{I_n}\mathrm{d}S \tag{3-39}$$

式中 S——包络噪声源的包络面；

$\vec{I_n}$——沿着声强沿着包络面法线方向上的分量。只要在包络被测声源的包络面把法向声强与包络面面积进行积分，就可以获得被测设备的噪声声功率，见图 3-55（a）示；而对于包络面外的声源而言，其包络面上法向声强与包络面的面积积分为 0，见图 3-55（b）。显然，通过声强方法测量噪声源声功率可以消除被测声源以外的其他噪声源干扰。

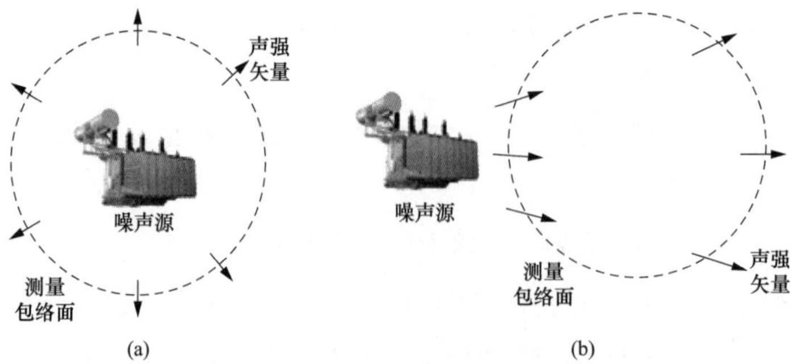

图 3-55　声强测量包络面

（a）声源在包络面内；（b）声源在包络面外

3.5.2　离散点法声强测试

实际测量中，可以把总包络面 S 划分为 N 个子面单元 S_i，用每个子面单元上的某点声强值作为子面单元上的平均声强值，则总声功率 W 可以表示为

$$W = \sum_{i=1}^{N} (\vec{I}_{ni} S_i) \tag{3-40}$$

这种声强测量方式是离散点法[10]，方法理论易理解，且理论上子面单元划分越细致，最终总的测量结果越接近设备噪声的真实值。但是当包络面面积较大时，需划分的子面单元会很多，需要进行声强测量的点数多，而且在测量中每个子面单元上测点的空间定位比较麻烦，测量工作量大。GB/T 1094—10 中采用的声强测量方法是离散点法。

3.5.3　扫描法声强测试

假设所测声场为稳态声场，在测量时扫描速度恒定为 v_0，第 i 个子面单元 S_i 内扫描路径的长度为 L_i，第 i 个子面单元内的扫描时间为 T_i，则时均法向声强为

$$I_{ni} = \frac{1}{T_i}\int_0^{T_i} I_{ni}(\mathrm{r})\mathrm{d}t = \frac{1}{T_i}\int_0^{T_i} I_{ni}(\mathrm{r})\,\frac{\mathrm{d}t}{\mathrm{d}l}\mathrm{d}l = \frac{1}{v_0 T_i}\int_0^{L_i} I_{ni}(\mathrm{r})\mathrm{d}t = \frac{1}{L_i}\int_0^{L_i} I_{ni}(\boldsymbol{r})\mathrm{d}l \tag{3-41}$$

式中　v_0——扫描速度；

L_i——第 i 个子面单元上扫描路径的总长度；

T_i——第 i 个子面单元内的扫描时间。

式（3-41）表明在测量面上，法向声强的时间平均可以由空间平均来计算，即沿着一定的路径 L_i 进行匀速扫描就可得到法向声强，从而可计算出声源的声功率[9]

$$W_c = \sum_{i=1}^{n} I_{ni} S_i = \sum_{i=1}^{n} \left\{ S_i \frac{1}{L_i} \int_{L_i} I_n(r)\mathrm{d}l \right\} \tag{3-42}$$

式（3-42）给出了通过扫描方法得到声源声功率的计算式。由于声强测量是在子面单元上连续扫描，所以效率较离散点法声强提高很多，这就是声强扫描法测量方法。为了保证测量结果的精度，标准[11]详细规定了相关测量参数的设定。

3.5.4　特高压变压器噪声声功率现场测试

现以某 1000kV 特高压变电站中的 1 号变压器 A 相和 2 号变压器 C 相为研究对象，分别采用 3 种测试方法（离散点法声强测量、扫描发声强测量和声压法）对它们可听噪声的声功率进行测量分析。其中对于 2 号 C 相变压器，采用离散声强法和扫描声强法分别进行声功率的测量，对于 1 号 A 相变压器，采用扫描声

强法进行声功率的测量。测试中，站内负荷电流为 200A（满负荷为 1649A）。

1. 测量轮廓线选择

考虑到被测变压器结构和周围布置，选取的声强测试包络面的轮廓线为矩形，轮廓线长 17.8m、宽 16m，主变压器本体高 5.2m，轮廓线与本体平均距离 3.2m，轮廓线尺寸见图 3-56，测量包络面高度为 8.4m。为了便于操作，包络面为矩形面。

考虑到安全和操作性，沿袭 GB 1094.10 中的处理方法，变压器顶面上的噪声不测量，只是在计算总声功率时用 4 个侧面上的噪声平均值代替。

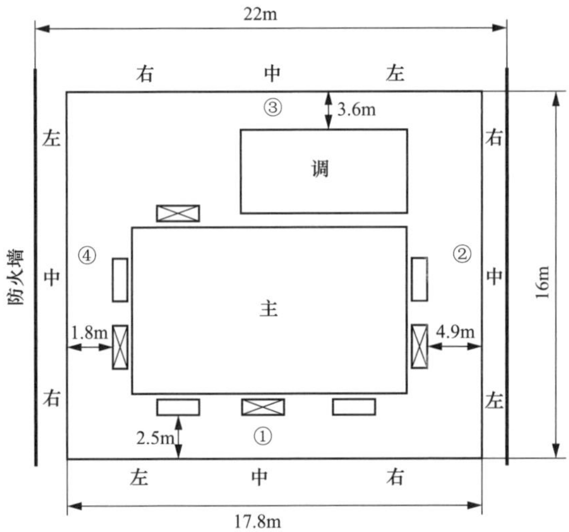

图 3-56　特高压变压器噪声测量轮廓面示意图

2. 测量面划分及噪声测点布置

由于被变压器尺寸大，为了减少测试过程中探头大范围移动导致的误差，将 4 个侧面分别划分成 3 个等面积的测量子面单元：左、中、右，记为 1_S1～S3、2_S1～S3、3_S1～S3、4_S1～S3，12 个测量子面单元按逆时针方向排布。

在各子面单元上分别进行声压法、离散点法声强、扫描法声强测量的过程中，尽量使离散测点和扫描轨迹都完全均匀地覆盖在测量表面上，见图 3-57。扫描测量时，扫描路径可以选择水平蛇形或者竖直蛇形的轨迹，本文选水平蛇形轨迹进行测量，见图 3-58。

3. 测量其他问题

（1）减少传声器相位误差和探头定位误差对测量结果的影响。

声强测量方向为包络面的法向方向，为尽可能消除传声器失配误差对声强测量精度的影响，使用声强探头传声器别指向和背对主变压器本体，在同一条轨迹或离散点位置上做两次声强测量（交换传声器法），以消除由于传声器本身相位差导致的误差。同时，为降低操作定位误差可能产生的测量误差，取两次测量的平均声强级作为该测量面的声强结果。

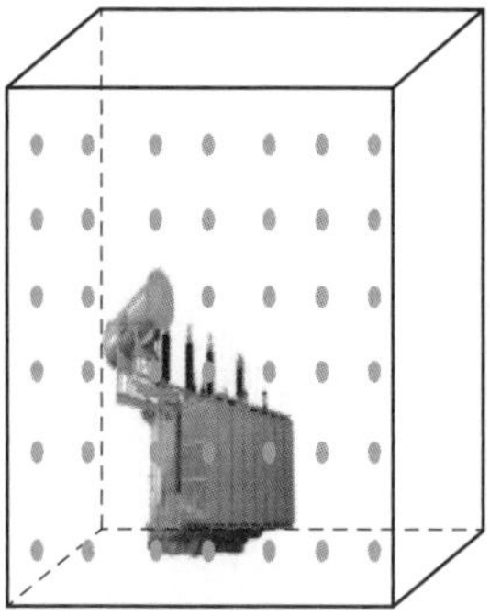

图 3-57　离散点法测点示意图

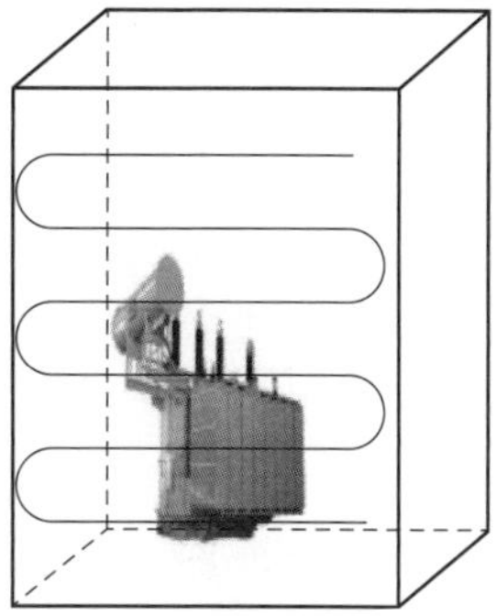

图 3-58　扫描法测量扫描路径示意图

（2）测量参数的合理选择。

测试过程中要声强探头方向与包络面法线方向一致，探头沿着扫描路径上进行扫描测量时尽量保持匀速移动，扫描速度控制在 1.0m/s 以下。

考虑到变压器噪声的主要频带在 2000Hz 以内的中低频，故声强探头的 2 个传声器（1/2″，约 1.27cm）间隔设置为 30mm，这样可保证声强测量在有效频带范围 50Hz～2.5kHz 内。同时考虑到变压器冷却系统的风扇气流影响，安装防风罩以防止低频气流扰动影响，见图 3-59。

(a)　　(b)

图 3-59　噪声测量现场

（a）噪声测试现场 1；（b）噪声测试现场 2

按照上述布置和要求，完成单台变压器 4 个侧面（12 个子面单元）上的离散点法声强用时约为 1.5h，而采用扫描声强法用时约为 25min。

（3）平均声强级计算。

各测量面的 A 计权平均声强级 $\overline{L}_{IAi}$ 根据面积做能量加权，得总平均声强级 $\overline{L}_{IA}$。

$$\overline{L}_{IA} = 10\ \lg\left[\frac{1}{\sum_{i=1}^{12} S_i}\sum_{i=1}^{12}(10^{\overline{L}_{IAi}}S_i)\right] \tag{3-43}$$

由平均 A 计权声强级 $\overline{L}_I$ 按式（3-35）计算设备辐射噪声的 A 计权声功率级 L_{WA}。

（4）平均声压级计算。

各测量面的 A 计权平均声压级 $\overline{L}_{pAi}$ 根据面积做能量加权，计算得总平均声压级 $\overline{L}_{PA}$。

$$\overline{L}_{pA} = 10\ \lg\left[\frac{1}{\sum_{i=1}^{12} S_i}\sum_{i=1}^{12}(10^{\overline{L}_{pAi}}S_i)\right] \tag{3-44}$$

由平均 A 计权声压级 $\overline{L}_{pA}$ 按式（3-34）计算设备辐射噪声的 A 计权声功率级 L_{WA}。

3.5.5 测试结果及讨论

1. 噪声测试数据

经过测量和数据初步整理，分别得到该 1000kV 特高压变电站 1 号变压器 A 相和 2 号变压器 C 相的噪声测试数据。表 3-17 给出了 2 号变压器 C 相上各子面单元上离散点法声强和扫描法声强测量结果。表 3-17 中每个子面单元上都进行了 2 次离散点声强测量（调换声强探头指向）和 2 次扫描声强测量（调换声强探头指向，保持相同扫描路径）。可以看到，2 次测量得到的数值基本相等，数值由正变负，这是由于调换声强探头指向导致 2 次测量坐标轴定义不同所致。最后用 2 次测量结果的平均平均值作为最终的声强级测结果，列于表 3-17 的最右侧。

表 3-17　2 号变压器 C 相基于声强法（DI，SI）的平均声强级 SIL 计算结果

测试面	离散声强级 SIL		扫描声强级 SIL		离散声强级	扫描声强级
	正向/dB(A)	反向/dB(A)	正向/dB(A)	反向/dB(A)	平均/dB(A)	平均/dB(A)
S1.1 面	67.65	−66.70	67.44	−67.37	67.18	67.41
S1.2 面	69.54	−70.05	70.30	−70.27	69.80	70.29
S1.3 面	65.12	−65.67	65.62	−65.81	65.40	65.72

续表

测试面	离散声强级 SIL		扫描声强级 SIL		离散声强级	扫描声强级
	正向/dB(A)	反向/dB(A)	正向/dB(A)	反向/dB(A)	平均/dB(A)	平均/dB(A)
S2.1 面	65.18	−65.00	66.15	−66.31	65.09	66.23
S2.2 面	63.75	−64.18	64.02	−63.76	63.97	63.89
S2.3 面	53.93	−53.67	46.49	−46.37	53.80	46.43
S3.1 面	61.02	−60.99	60.33	−60.01	61.01	60.17
S3.2 面	59.85	−59.66	59.21	−59.22	59.76	59.22
S3.3 面	67.03	−66.92	66.58	−66.66	66.98	66.62
S4.1 面	58.56	−58.62	60.33	−63.23	58.59	61.78
S4.2 面	67.75	−68.32	65.63	−61.73	68.04	63.68
S4.3 面	61.65	−61.26	64.11	−64.62	61.46	64.37

2. 结果及讨论

由于现场环境条件的制约，变压器的顶面无法测量，故此顶面上测点的噪声值假设为 4 个侧面的总声压级和总声强级代替。根据以上测试方法，得到了采用离散声强法、扫描声强法、声压法 3 种测试方法进行的现场环境下测试结果，见表 3-18。

表 3-18　　变压器噪声声功率级测试结果

被测对象	声功率级/dB(A)		
	离散声强法	扫描声强法	声压法
1 号变压器 A 相	—	95.51	100.36
2 号变压器 C 相	94.59	94.58	99.02

由表 3-18 可知：

（1）在变电站现场环境下，用声压法获得的声功率测试结果明显高于声强法测试结果，差值约 5dB。产生这个差别的主要原因可能是测量现场存在防火墙壁对声场的反射和相邻变压器噪声辐射对测量点处噪声的干扰所致；声强法测量声功率算法中可消除此类干扰，而声压法测量声功率则无法消除此类干扰。

（2）离散声强法与扫描声强法的声功率测试结果一致，表明在实际工程中，采用这两种声强测量方法都可以得到相同的测试结果。从测试时间上，扫描法声强测量明显优于离散法声强测量，单台变压器声功率测量，扫描声强法用时约为 20min，离散声强法用时约为 1h。

由以上现场采用三种方法测试的结果可知：

（1）对特高压变压器噪声声功率进行现场测试，可以获得变压器实际运行状态下辐射噪声数值，该数值相对于变压器出厂噪声试验数值，能真实反映变压器的现场噪声贡献，对于变电站后期噪声治理和评价设备噪声质量具有重要工程意义。

（2）比较同一台变压器的三种不同方法的噪声测量结果，发现基于声强测量的两种方法结果基本一致，而基于声压法得到的结果较声强法的大。

结合理论分析，产生这种偏差的原因是由于在现场噪声测量过程中，站内其他设备的噪声干扰以及变压器边上存在防火墙而产生的声反射等因素，都会导致声压测量数据出现偏差，同时限于条件，现场无法对测量背景噪声进行修正。

而声强法测量中，只要保证包络面面内没有强的吸声体和额外噪声源，包络面外的噪声与反射对最终的声功率结果影响不大。

（3）两种声强测量方法的结果一致，这是由于两种方法的测量原理一致，不同的是两者耗费的时间，其中扫描法的测量时间要少于离散点法。所以，通过现场的声强扫描测量可以获得特高压变压器在现场运行时的声功率。

第4章

变电站/换流站噪声环境预测

随着这些年我国高压输电系统建设的快速发展，随之而来的人们对变电站、换流站环境噪声的关注程度也相应地增加。如果在项目建设的设计阶段就能够知道噪声对周围环境的影响程度，这将有利于项目的优化设计，并在满足环保标准的条件下，对各噪声源的选择提出合适的要求，可以控制项目的建设成本，并降低后期的环保投资。为此对各种噪声污染源进行准确预测评价，是各项建设工程中控制噪声的必要前提。而噪声预测作为治理噪声污染的先决条件，它对于从根本上降低噪声污染有重要的指导意义。

一个变电站/换流站建设工程项目完成后的可听噪声是否满足环境噪声的限值，可以在变电站、换流站建成后运行阶段通过实地测量获得，但也可以在项目建设前通过使用一定的数据计算来得到噪声值，并对项目建成后受影响的范围和程度进行评价。然而，实地测量声级法要求项目必须已经建设完成，而一旦换流站建成并且环境噪声超标，就会造成需要花费高额的代价去进行后期的降噪处理及相关改造。因此，在变电站、换流站建设项目的设计阶段通过计算来评估噪声及其影响程度，对于有效控制换流站噪声以及减少降噪工程造价都具有非常重要的意义[1][2]。

4.1 噪声预测常用算法

点声源的户外辐射传播特性研究是研究户外声传播的核心基础，因为其他声源类型如面声源、线声源、体声源等最终都需简化为点声源进行计算。基于点声源的户外声场预测，依据其理论基础可分为基于声场波动性的预测方法、几何声学预测模型，以及试验和半经验方法。目前用于计算户外噪声的主要是基于试验和半经验方法的工程算法，这主要是考虑其他理论算法相对复杂和费时，对一些复杂的因素如地貌环境、气象环境等理论计算烦琐且一般受约束于具体条件，而工程算法基于统计学的一些经验公式，计算效率高，因此工程算法目前得到了广泛应用。现有用于控制噪声达到法规限制的标准如 RLS-90、

Schall03 和 ISO 9613-2 都是基于互不相干声源的能量叠加算法，对于相干声源的干涉影响不予考虑，ISO 9613—2 规定的工程算法在许多国家得到应用，它具有相对精确和计算透明度高的优点。目前，我国所用的标准 GB/T 17247.2—1998 实际就是它的等效应用[3][4]。

在声环境影响预测中，一般采用声源的倍频带声功率级、A 声功率级或靠近声源某一位置的倍频带声压级、A 声级来预测计算距声源较远处的预测点的声级。在环境影响评价中可根据预测点和声源之间的距离，将实际声源简化为点、线、面声源计算。

4.2 常用噪声预测软件

目前，国际上用得比较多的环境噪声软件（特指空气声传播噪声模拟）包括德国的 SoundPLAN、Cadna/A、IMMI、LIMA，法国的 Mithra，英国的 Noisemap 等，从原理上看，都仅仅考虑空气声传播。国内用得较多的是 SoundPLAN 及 Canda/A，其中尤以 SoundPLAN 软件在电力设备噪声预测中应用最广[5][6][7]。

在国家“十一五”科技支撑计划项目的资助下开发的直流换流站环境噪声计算软件 ProjectSound 是目前国内唯一拥有自主知识产权的噪声预测软件，它主要用于直流换流站噪声的预测计算，并对直流换流站的噪声预测计算进行了专门优化。

4.2.1 国内外主要预测软件比较

SoundPLAN、Cadna/A、LimaTM（B&K7810）等软件都是可进行外部噪声计算、建筑物透声计算、环境声传播计算、互动的噪声控制优化设计以及空气污染预测的集成软件。高压直流换流站环境噪声计算软件 ProjectSound 则主要应用于工业噪声的预测计算，尤其对高压直流换流站内的噪声源模型进行了专门的优化[8]。

（1）从应用角度来看，SoundPLAN 更加适合工业噪声分析，比如厂界噪声等，并在跨国大型工厂实践用得最多，比如一些电厂、石油化工等单位，而 Cadna/A 更多用于城市大范围的噪声地图。

（2）从软件算法策略来看，SoundPLAN 软件的计算中采用的是角度扫描法（AS），Cadna/A，Lima 采用的是声线法（RT）。这两种算法都有自己的优势，但是总的区别不大[9]。

（3）从计算精度看，采用 SoundPLAN、Cadna/A 和 ProjectSound 软件分别对某同一换流站在治理前和采取 BOX-IN 加屏障治理措施后的噪声进行模拟计算，计算得到噪声分布云图和敏感点处的噪声预测结果对比，见图 4-1 和图 4-2。

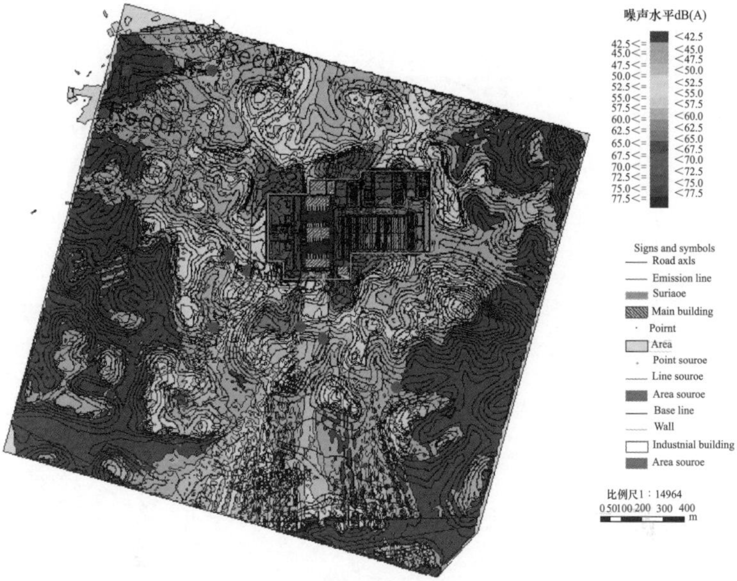

(a)

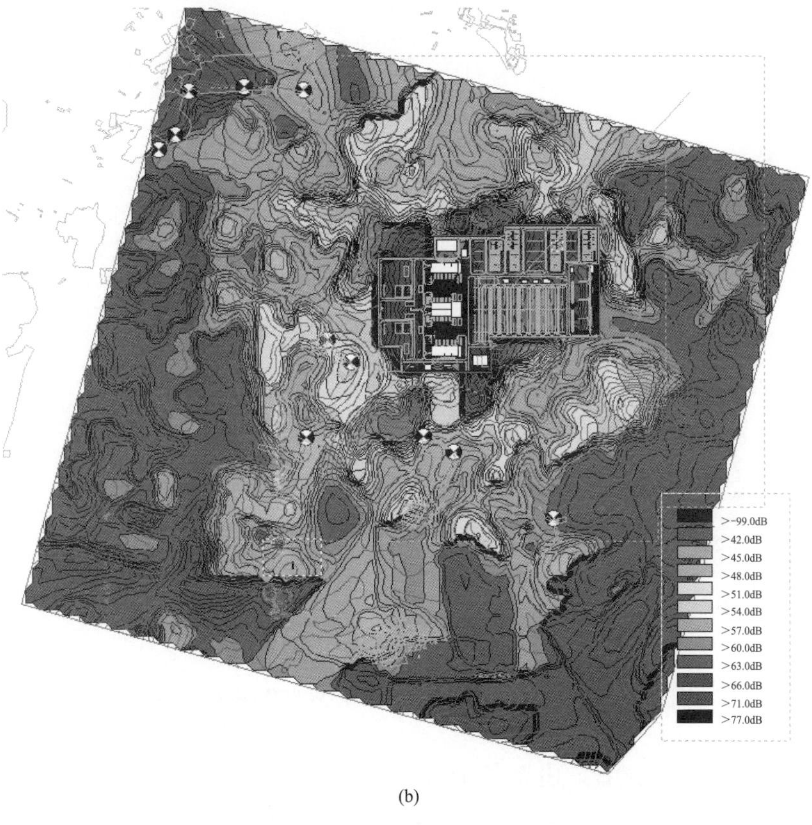

(b)

图 4-1 不同软件计算某换流站噪声网格图（一）

（a）SoundPLAN 计算结果；（b）Cadna/A 计算结果

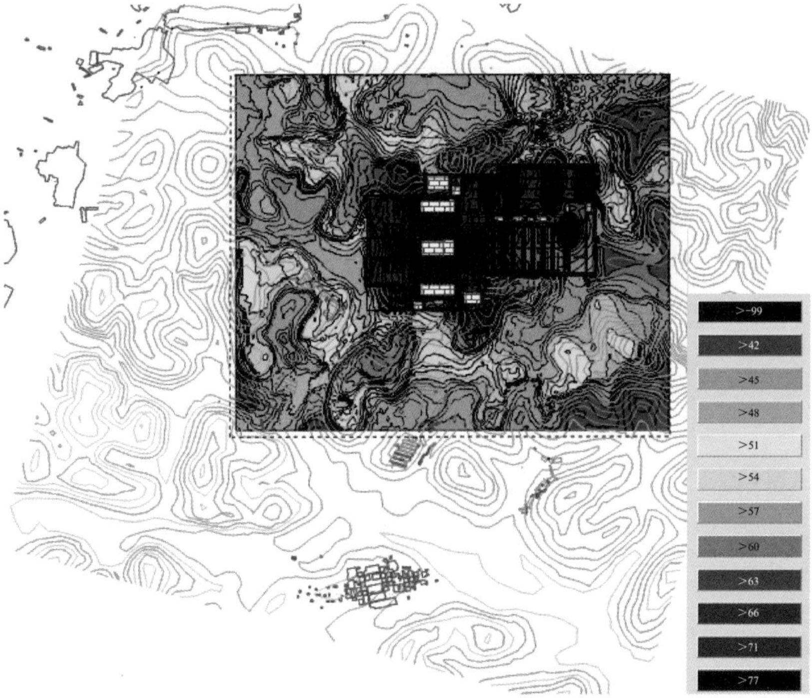

(c)

图 4-1　不同软件计算某换流站噪声网格图（二）

（c）ProjectSound 计算结果

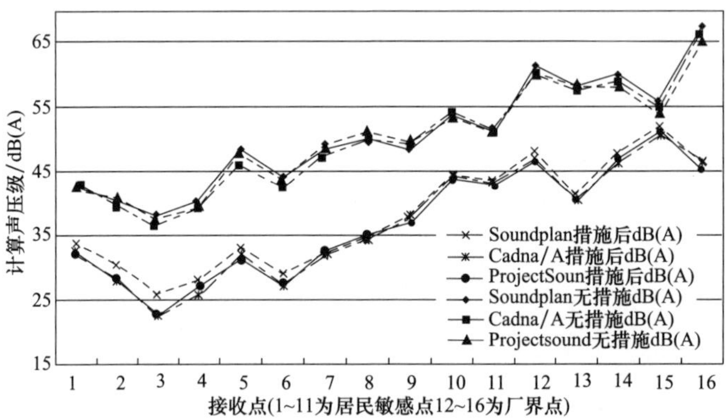

图 4-2　某换流站治理前后敏感及厂界点预测结果对比

从计算结果的对比看，由于各个软件基于相同的换流站敏感点各软件预测结果除个别点相差 3dB 左右外，其余点都在 2dB 以内，且噪声网格图基本吻合。可见各软件的计算结果基本是一致的。

4.2.2 软件的各自特点

4.2.2.1 SoundPLAN 软件

SoundPLAN 软件分为库管理、几何数据建模、计算模块、结果表格和电子表格、工业专家模块、隔声墙优化设计模块、图像管理模块 8 个模块，每个模块可独立运行。

(1) 界面十分美观，设计很人性化，图像和表格与建模在各自单独的模块中完成，并为图形输出提供了不同的多个模板样式，可以在 1 张图纸上输出多个图形，并可自由排版，使得图形输出十分方便，可生成 3D 图像并可动态显示。

(2) 可以计算室内声场分布及室内声源向室外辐射噪声。

(3) 程序可以完成表格项目的编辑，不需要借助第三方软件，使得报表的生成和输出十分方便。

(4) Undo 功能完善，在建模过程中十分方便。

(5) 在背景地图上建模具有位置捕捉功能，这对于建模的精度的提高很有帮助。

(6) 支持多种文件格式：ArcView-Impor、ArcView-Export、DXF-Import、DXF-Export、LIMA BNA-interface、ASCII-interface、CARD/1 and Stratis Interface。

(7) 拥有很好的图元编辑功能，可以方便地框选多个图元，复制、移动、删除图元，各种图元之间可以互相转换，可以任意旋转图元，可快速地添加噪声接收点。

(8) 在背景地图上建模时，坐标系定义最为简单、人性化。

(9) 可以计算倍频程和 1/3 倍频程。

4.2.2.2 Cadna/A 软件

Cadna/A 软件用户界面友好，建模、计算、数据库管理、图形表格生成都在一个窗口中完成。

(1) 界面最为简洁，上手十分容易，但也没有提供输出图形和表格的格式模板。

(2) 可生成 3D 图像并可动态显示，更可以模拟单个汽车火车经过时对附近噪声影响的动态噪声等压图，功能十分强大。

(3) 具有 Undo 功能，但不够完善。

(4) 在背景地图上建模不具有位置捕捉功能，这给建模的精度提高带来不便，但对矢量图元具有捕捉功能。

（5）支持多种文件格式：ArcView-Import、ArcView-Export、DXF-Import、DXF-Export、AtlasGIS、Sicad-Import、EDBS-Import、GML-Import、ASCII-Grid-Import、ASCII-Grid-Export、GYpSINOISE-Import、GYpSINOISE-Export、Stratis-Import、QSI（DIN 45687）、rtf-Export、text-Export、Lmmis-Luft（dbf)-Export、T-Mobil-Import、ASCII-Poly-Import、MapInfo-Import、NTF-Import、SoundPlan-Import。

（6）拥有很好的图元编辑功能，选择多个图元的操作不太方便，可以复制、移动、删除图元，各种图元之间可以互相转换，可任意拖拽和放大缩小图元尺寸，可以任意旋转图元，可添加噪声接收点。

（7）在背景地图上建模时，坐标系定义不太方便，不够人性化。

（8）一个项目的所有数据全部保存在一个文件中，简化了项目管理。

（9）可以计算倍频程。

4.2.2.3 LimaTM 软件

LimaTM 软件用户界面友好，包括噪声预测模块、噪声预测分析专家模块和噪声声功率确定模块。声源频谱数据库通过独立的窗口管理。

（1）建模、计算、图形表格生成都在一个窗口中完成，因此界面简洁，上手十分容易，界面较为美观，图形和表格输出没有提供格式模板，排版不太方便。

（2）可生成 3D 图像但不能动态显示。

（3）在模型图元中没有面声源，没有 Undo 功能。

（4）在背景地图上建模不具有位置捕捉功能，这给建模的精度提高带来不便。对矢量图元具有捕捉功能，但使用不太方便。

（5）支持多种文件格式输入：SHP、DXF、TXT、MIF、TAB、BMP、Traffic Flow Systems、ArcGIS、ArcView、AtlasGIS、GeoMedia、SICAD、MOSS 等。

（6）可以方便地框选多个图元，可以复制、移动、删除图元，可任意旋转图元，但各种图元之间不能互相转换，不放大缩小图元，可添加噪声接收点。

（7）在背景地图上建模时坐标系定义不太方便，不够人性化。

（8）噪声声功率确定模块 7816 可以根据 ISO8297、ISO3744、ISO3746 标准测得声压级数据计算出声源的声功率级。

（9）可以读入 B&K 手持式声级计 type2250 和 type2260 的测量数据。

（10）可以计算倍频程和 1/3 倍频程。

4.2.2.4　我国自主开发的高压直流换流站环境噪声计算软件 ProjectSound

高压直流换流站环境噪声计算软件 ProjectSound 是依据国家最新《环境影响评价技术导则一声学环境》编制的具有自主知识产权的噪声预测计算软件。软件主要用于输电系统可听噪声的预测，主要包括建模、计算评估、图形编辑显示和文档管理等功能。

该软件增加了直流换流站主要设备的噪声图库图元，且具备常用输变电设备噪声辐射频谱数据库，相比较其他软件更容易建立模型，提高建模效率。图 4-3 为软件的主界面。

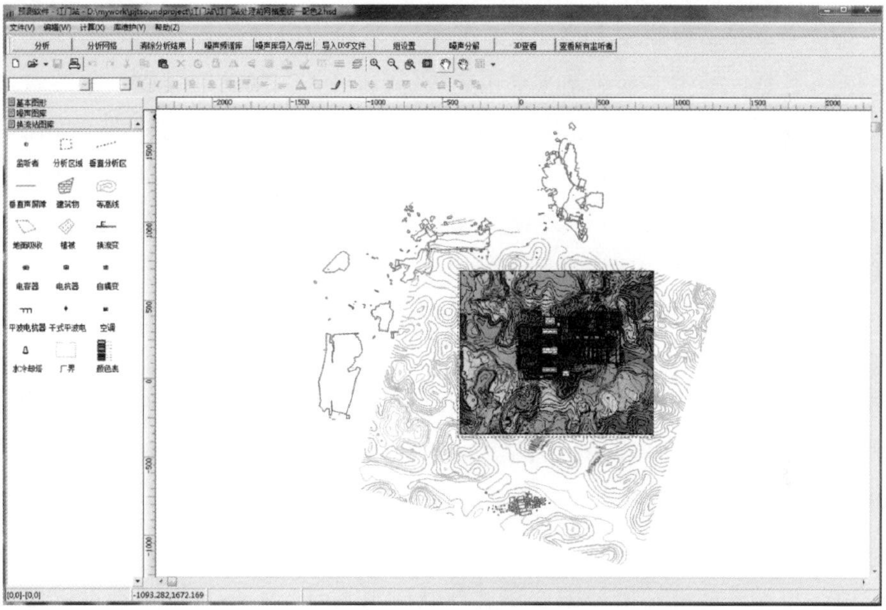

图 4-3　软件主界面

ProjectSound 软件的流程设计合理，功能齐全，用户界面友好，操作方便，易于掌握使用。从声源定义、参数设定、模拟计算到结果表述构成了一个完整的系统。它的主要特点包括以下几个方面：

（1）软件的算法考虑地面吸收、空气吸收、温度影响和风速以及地形的影响。

（2）支持 AutoCAD 的 dwg 以及 dxf 文件格式的图形导入功能。

（3）可通过换流站图库快速建立换流站噪声预测几何模型。

（4）专业化的声源数据库，包括了换流站常用设备的频谱数据库。

（5）软件备有常用输变电设备噪声辐射频谱数据库，在数据库的建立和维护上实现了与 SoundPLAN6.3 版本的相关数据库无缝对接。

(6) 齐全的图形显示打印功能，能够很好地支持网格噪声分布图、竖直截面噪声图及 3D 图形显示。

(7) 噪声分解功能。可以根据厂界所允许的最大噪声值分析计算各种设备的声功率推荐参考值，从而为建站初期选择各设备提供理论科学依据。

4.3 变电站/换流站噪声模型及预测原理

4.3.1 变电站/换流站模型建立

建立变电站、换流站模型时，应选择主要的发声设备及其相应结构作为模型的输入数据。通常，换流站主要由交/直流滤波器、换流变压器、平波电抗器和冷却设备（由于换流阀安装在阀厅内，其噪声对外部的影响较小，故在计算中忽略）等组成，换流站建筑物包括配电室和阀厅等。用于声级预测计算的模型应包含换流站内主要发声源和建筑物，同时应考虑换流站的布置和声音传播路径。

在变电站、换流站模型中，变电站、换流站布局确定了站内所有设备的位置和朝向，同时建筑物和站区范围以及站区附近居民区敏感点也包括在模型中。此外，在变电站、换流站模型中地表也应按照实际地表类型模拟，如沥青路面、混凝土路面、沙砾或草地等，因为不同的地表会对声音的反射和传播产生不同的影响。

4.3.1.1 噪声源模型

在变电站、换流站模型中，在远场噪声预测时，大多数设备都可以使用等效的单极子声源（点声源）表示实际声源。单极子是一种信号源模型，它的所有声粒子做同相运动。对于交流滤波场的电容器塔架，可以等效处理为竖直线声源[10]。在换流站内噪声分布预测中，可以把换流变压器等效处理为面声源，把换流变 BOXIN 等效为工业建筑物声源[11]。

模型中的每个噪声源都给定下列特性参数：

(1) 声源的几何参数（位置及外形尺寸，单位：m）；

(2) 声源的声功率级（单位：dB）；

(3) 声源的倍频程频谱或 1/3 倍频程频谱；

(4) 声音辐射空间指向性模式（不同方向上的指向性修正）。

4.3.1.2 传输路径模型

接收点的噪声来源于以下几种传播方式：声波直接传播、大地反射声波、障碍物反射声波、声波绕过障碍物传播等。对每个能把声音发送到接收点的声源，分别计算经不同路径传输至接收点的各频段下的声压级，并将结果相加得到接收点的总声压级，见图 4-4。图 4-4 中，虽然绕射声对本图例中接收点的声级没有影响，但对障碍物的另一侧声级却有影响，另外地形等高线对声音传播的衰减作用与障碍物很相似。噪声计算时地理信息的准确性对变电站和换流站周边的噪声误差影响极大，尤其要保证噪声传播方向地形的准确度。

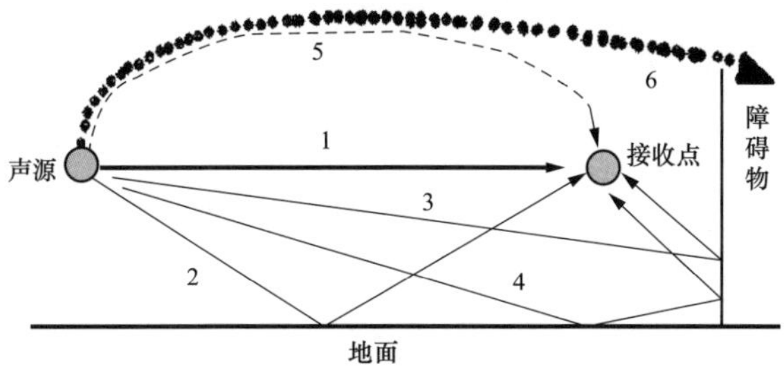

图 4-4　从声源至接收点传播路径的示例

1—直达声传播路径；2—地面反射声传播路径；3—障碍物反射声传播路径；4—地面反射＋障碍物反射声传播路径；5—大气温度、湿度、风速、风向等影响的传播路径，路径复杂，难以计算；6—绕射声传播路径

4.3.2　预测计算原理

通常，在预测计算中分别计算每个噪声源传至接收点声音的声压级可使计算更灵活，结果更准确。但是，实际中为了减少计算量，经常将多个声源进行合并处理。

当一组点声源具有以下特征时，可用一个位于声源组中心的等效点声源来描述（见图 4-5）：

（1）组中各点声源具有相同的声功率级、频率特性、方向和距地面高度（高度差小于等于 1m）。

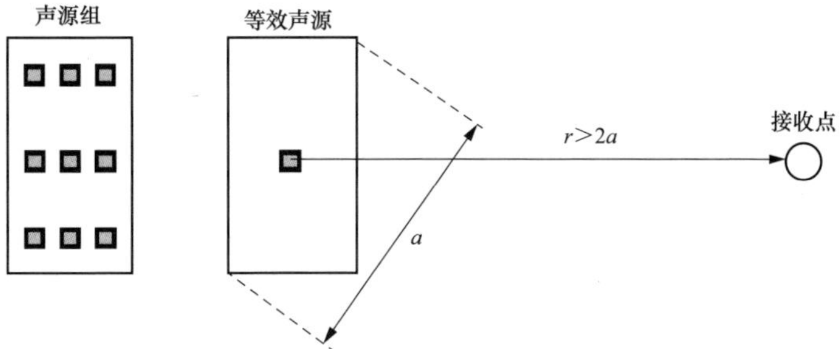

图 4-5　等效点声源示例

（2）组中各点声源传声至同一接收点的传播条件相同。

（3）等效点声源到接收点的距离 r 超过组内各声源之间最大距离 a 的 2 倍。

实际在建立声学模型时，会把声源简化成点、线和面声源。通常面声源和线声源实际也可看成是具有上述特征的一组点声源。如果等效点声源至接收点的距离小于图 4-5 中所示的 $2a$，或者组内各点声源的传播条件不同（如有屏蔽），则这组点声源必须被分成多组点声源进行计算。

对于每个点声源，应在每个倍频带中心频率处（通常在 63Hz～8kHz 范围内）计算接收点处的平均声压级。计算过程可按下述三个步骤进行（不同计算程序的顺序可能不同）：

（1）对于每个频带的中心频率 f，计算每个声源的频带声功率级 L_{wfi}，计算时要考虑该点的声源在不同方向 i 的指向性。

$$L_{\mathrm{wfi}} = L_{\mathrm{wf}} + D_c \tag{4-1}$$

式中 D_c——指向性校正，dB(A)。它描述了实际声源向不同方向辐射时相对于无方向性的点声源的声音在辐射方向偏离的程度。指向性校正等于点声源的指向性指数 D_{I} 加上计及到小于 4π 球面度（sr）立体角内的声传播指数 D_{Ω}；对于辐射到自由空间的全向点声源，$D_c=0\mathrm{dB}$。

L_{wf}——声源的无指向倍频带声功率级。

（2）对每个声源（n），考虑从声源到接收点的各路径，计算位于接收点的倍频带中心频率 f 处的声压级：

$$L_{\mathrm{pTOT}}(N) = \sum_{n=1}^{N} L_{\mathrm{wfi},n} - A_{\mathrm{fi},n} \tag{4-2}$$

式中 $A_{\mathrm{fi},n}$——第 n 个声源在向接收点传播过程中与频率相关的声音衰减；

N——点声源总数。

声音衰减项 $A_{\mathrm{fi},n}$ 由下式给出：

$$A_{\mathrm{fi},n} = A_{\mathrm{div}} + A_{\mathrm{atm}} + A_{\mathrm{screen}} + A_{\mathrm{reflect}} + A_{\mathrm{ground}} + A_{\mathrm{veg}} \tag{4-3}$$

式中 A_{div}——几何离散造成的声音衰减；

A_{atm}——大气吸收造成的声音衰减；

A_{scream}——障碍物屏蔽造成的声音衰减；

A_{reflect}——障碍物反射和吸收造成的声音衰减；

A_{ground}——地面条件造成的声音衰减；

A_{veg}——通过植被传播造成的声音衰减。

（3）最后，各频带声压级的总和 L_{pTOT} 通过式（4-4）计算：

$$L_{\mathrm{pTOT}} = 10\lg\sum_{f=1}^{8} 10^{0.1L_{\mathrm{pTOT}(N)}} \tag{4-4}$$

此处，f 表示从 63Hz 到 8kHz 中的 8 个标称倍频带中心频率的序号。

4.3.3　声波传播的衰减特性

4.3.3.1　传播介质

通常，声波的传播介质是空气。声波在空气中传播时，部分声能将转化为热能而损耗，损耗的大小与声波频率、空气的温度及相对湿度都有一定的关系。声波的传播距离越长，损失越多。

声波在长距离传播时，并不是沿直线传播，而是沿半径大约 5500m 的向下弯曲的弧线传播。如果传播路径上有障碍物，弧线将连接障碍物的最高点。计算声波的传播路径衰减时仅考虑弧线通过的路径上的衰减区域。

通过衰减区域的噪声损失与所定义衰减区域的类型有关，如植被区域、工业建筑区域、建筑群区域。在进行预测计算时，需明确声波传播经过的衰减区域。

4.3.3.2　障碍物

任何在声传播途径上的障碍物都可以定义为声屏障，声屏障对声音传播的作用有以下特点：

(1) 声波遇到声屏障，将产生反射、透射和衍射三种传播现象。通常情况下，声屏障都有足够的隔声效果，所以主要考虑的是声波在传播过程中遇到声屏障时在声屏障各边缘产生的声衍射。

(2) 屏障的附加衰减与声程差和声源的频率有关。声程差 d 为有了声屏障后声传播路径增加的距离。在进行噪声评价预测时，传播路径分析中应包括声波传播过程中障碍物（建筑物、围墙、树林）、地形高差、地面覆盖物等。

4.3.3.3　主要衰减项

1. 几何发散衰减（A_{div}）

声源在自由场发出的声音在每个方向上是相等的（球形）。这个球体的表面积随着直径增大而增大。由于声源声功率不变，每单位面积上的声能会随着直径的增大而减小，见图 4-6。

设点声源的声功率为 W，在半径为 r 的空间球面上单位面积的声能流密度矢量为 $\vec{I}$（即声强），则

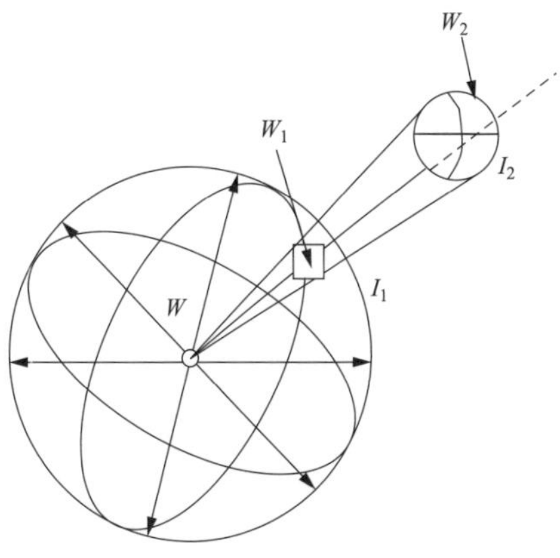

图 4-6　点声源的发散辐射

$$W = \iint_S \vec{I} \cdot \mathrm{d}\vec{S} = I \cdot 4\pi r^2$$

上式两边取对数，再乘 10，则

$$L_{I(r)} = L_W - 20\log r - 10\log(4\pi)$$

对于常温和常压下球面波，一般认为声强级近似等于声压级，则

$$L_{A(r)} = L_W - 20\log r - 11$$

即

$$A_{\mathrm{div}} = 20\log r - 11 \tag{4-5a}$$

对半无界空间，相当于地面为刚性界面或界面反射率为 1，此时通过上半球的声能流密度增加 1 倍，则

$$A_{\mathrm{div}} = 20\log r - 8 \tag{4-5b}$$

在已知距声源某处的倍频带声压级或 A 声级时：

$$A_{\mathrm{div}} = 20\lg\left(\frac{r}{r_0}\right) \tag{4-6}$$

式中　r_0——某点距声源的距离，m。

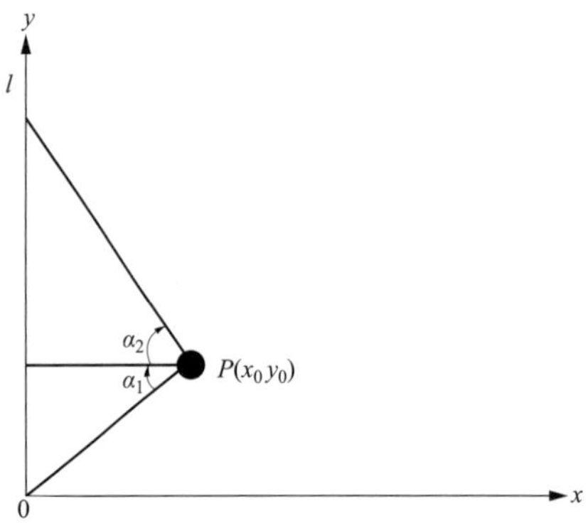

图 4-7　线声源的发散辐射

对于线声源，由于组成线声源的各点声源之间的相互干涉作用不予考虑（见图 4-7），设有一个线声源，其长为 l，单位长度辐射声功率为 W。

取任意段元 dy，其辐射声功率 $W\mathrm{d}y$，则点 $P(x_0, y_0)$位置的声强为

$$I(x_0, y_0) = \int_0^l W\mathrm{d}y/\{4[x_0^2 + (y - y_0)^2]\}$$

$$= \frac{W}{4\pi x_0}(\alpha_1 + \alpha_2) = \frac{W}{4\pi x_0}\alpha$$

设线声源单位长度声辐射功率级为 L_w，则 $W = W_0 \times 10^{0.1 \times L_W}$，$W_0$ 为参考声功率。

当接收点位于线声源中垂线上时，$\alpha = 2\arctan(l/2x_0)$，代入上式得

$$I(x_0, y_0) = \frac{W_0 10^{0.1 \times L_W}}{2\pi x_0}\arctan(l/2x_0)$$

点 $P(x_0, y_0)$ 位置的声压级（常温、常压下近似于声强级）：

$$L_{A(x_0)} = L_W + 10\log\left[\frac{1}{x_0}\arctan(l/2x_0)\right] - 8 \tag{4-7}$$

2. 大气吸收衰减（A_{atm}）

经传播的距离 r(m) 由于大气吸收造成的衰减 A_{atm} 由式（4-8）计算：

$$A_{atm} = ar/1000 \tag{4-8}$$

式中 a——大气吸收衰减系数，dB(A)/km。a 值的确定方法见 ISO 9613-1，表 4-1 给出了其中的部分数值。

大气衰减系数值极大程度上取决于声音频率、环境温度和空气相对湿度，大气压力对其影响不大。计算某一环境中的噪声级时，应使用基于当地典型气候条件得到的平均衰减系数。

表 4-1　　大气衰减系数示例

大气温度/℃	相对湿度/%	额定倍频程中心频率/Hz							
		63	125	250	500	1000	2000	4000	8000
		大气衰减系数/(dB(A)·km^{-1})							
−20	70	0.17	0.51	1.73	5.29	11.5	16.6	20.2	27.8
−10	70	0.15	0.33	0.83	2.65	9.19	27.8	58.5	86.2
0	70	0.15	0.39	0.76	1.61	4.64	16.1	55.5	153
10	70	0.12	0.41	1.04	1.93	3.66	9.66	32.8	117
20	70	0.09	0.34	1.13	2.80	4.98	9.02	22.9	76.6
30	70	0.07	0.26	0.96	3.14	7.41	12.7	23.1	59.3
15	20	0.27	0.65	1.22	2.70	8.17	28.2	88.8	202
15	50	0.14	0.48	1.22	2.24	4.16	10.8	36.2	129
15	80	0.09	0.34	1.07	2.40	4.15	8.31	23.7	82.8

3. 屏蔽衰减

屏蔽衰减是指在声传播路径上由于障碍物的阻挡或设置的声屏障引起的衰减。计算由于障碍物屏蔽产生的声音衰减的关键是识别声源与接收点之间的所有障碍（包括设置的声屏障）。把每个障碍模拟为一个薄屏蔽层是一种简单的模拟方法，当障碍物具有以下特性时，被视为有效屏蔽：`

（1）障碍物单位面积的质量应超过 10kg/m^2；

（2）障碍物没有缝隙和开口；

（3）垂直于声源与接收点连线的尺寸应大于空气中声波的波长 λc，图 4-8 中，需 $S_l + S_r > \lambda c$。

对于有限长薄屏障衰减的计算，需先从三个绕射途径分别计算声程差 δ_1、δ_2 和 δ_3，即是在图 4-9 中的 $\delta = SO + OR - SR$，再计算菲涅耳数 N_1，N_2，N_3，菲涅耳数按如下公式计算：

$$N = \delta/\lambda \tag{4-9}$$

然后按下式计算 A_{bar}：

$$A_{bar}=-10\lg\left(\frac{1}{3+20N_1}+\frac{1}{3+20N_2}+\frac{1}{3+20N_3}\right) \tag{4-10}$$

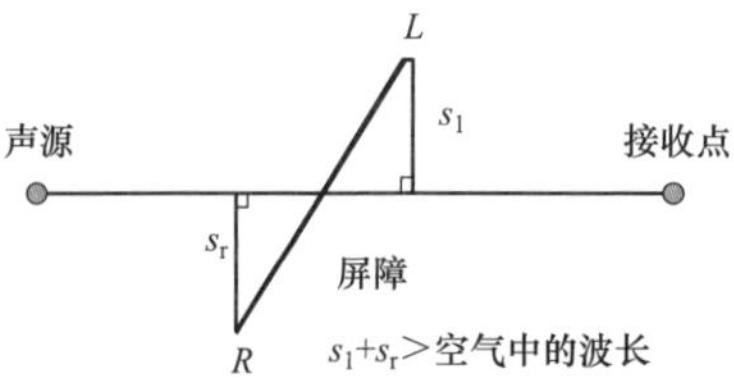

图 4-8　用于屏障计算的几何参数定义

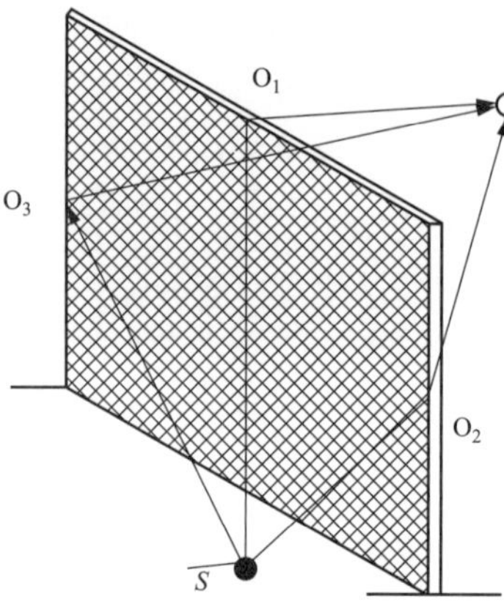

图 4-9　声源与受声点间的屏障

对于图 4-10 所示的双绕射情况，可由式（4-11）计算得到 N_i：

$$N_i=\frac{2(d_{ss}+e+d_{sr}-d)}{\lambda} \tag{4-11}$$

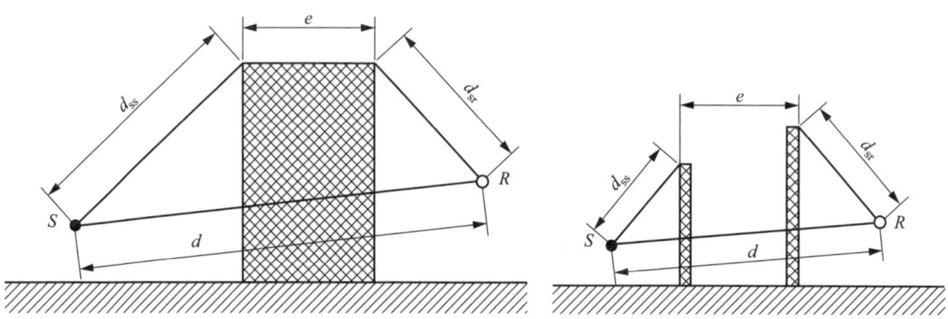

图 4-10　双绕射屏障

4. 地面效应衰减

（1）一般计算方法。

通常，把从声源到接收点的地面条件按区域划分为三部分，即声源区域、中间区域和接收点区域（见图 4-11），噪声预测时分别计算这三个区域内的由地面条件产生的声音衰减，并通过这三个值的相加获得总衰减值。

地面衰减不随中间区域尺寸的增大而增大，主要与声源区域和接收区域的性质有关。各区域内由地面条件产生的声音衰减与声源和接收点的高度、地表类型、声源和接收点间的距离及传输路径上是否有障碍物屏蔽等条件有关。该值可为正也可为负，两者分别表示对声音产生的衰减或放大作用。

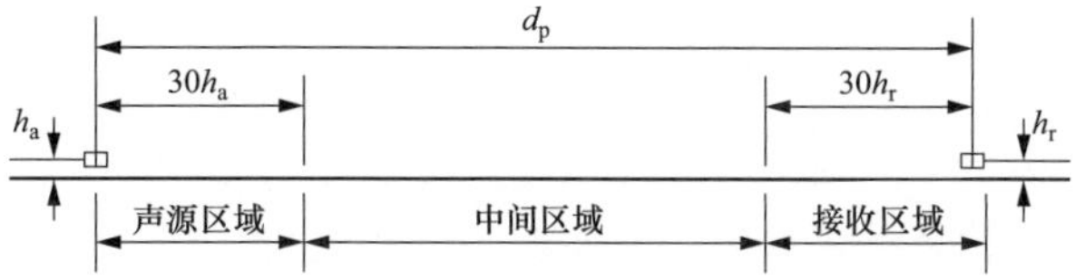

图 4-11　确定地面衰减的三个不同区域

地面有两种类型：硬地，如沥青、公路、混凝土、水和有许多散射障碍物的地面，在声学上认为是“硬”的；软地，即所有可生长植被的表面，以及很少有散射障碍物的表面，如草地、有或没有植被的耕地、森林、沼泽和花园等（声学上均认为是多孔的表面），在声学上认为是“软”的。

地面衰减 A_{gr} 主要是由从声源到接收点之间直达声和地面反射声的干涉引起的，向下弯曲传播的路线（顺风）保证衰减主要由接近于声源和接近接收点的地面决定。这种计算地面效应的方法仅仅在地面近似平坦且水平或恒定倾斜时方可应用。

每一种地面区域的声学性质由地面因子 G 计算。

为计算规定倍频带的地面衰减，首先用公式分别计算由该区域地面因子 G_s 决定的声源区域的分衰减量 A_s、由地面因子 G_r 决定的接收区域的分衰减量 A_r、以及由地面因子 G_m 决定的中间区域的分衰减 A_m。该倍频带的总地面衰减由式（4-12）得到

$$A_{gr}=A_s+A_r+A_m \tag{4-12}$$

该计算中声源高度、预测点高度、投影到地面上的声源与预测点间的距离、声源区域的地面因子、中间区域的地面因子以及接收区域的地面因子都可由模型中提取。

（2）计算 A_{gr} 的另一种方法。

声波越过疏松的地面传播时，或大部分为疏松地面的混合地面，在接收点仅计算 A 声级前提下，地面效应衰减可用式（4-13）计算

$$A_{gr}=4.8-(2h_m/r)[17+(300/r)] \tag{4-13}$$

式中　r——声源到接受点的距离，m；

h_m——传播路径的平均离地高度，m。$h_m=F/r$，可按图 4-12 所示进行计算。

若 A_{gr} 计算出负值，A_{gr} 可用 0 代替。其他情况可参照 GB/T 17247.2—1998 进行计算。

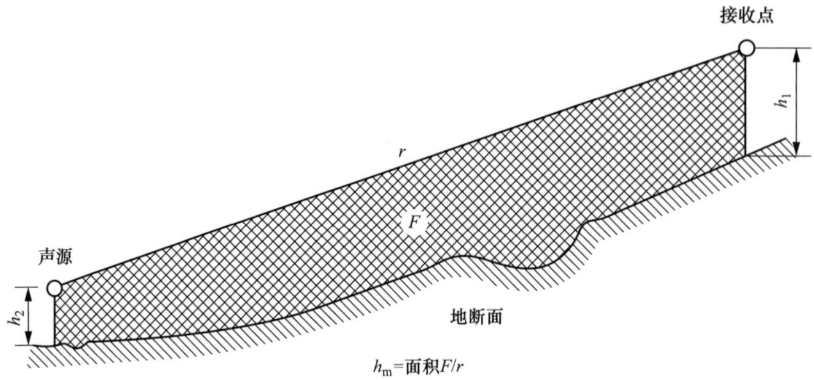

图 4-12　估计平均高度 h_m 的方法

5. 反射体引起的修正

通常，在计算模型中，声音在障碍物上的反射按镜面反射模拟考虑，见图 4-13。当点声源预测点处在反射体同侧附近，且满足反射体表面平整光滑、坚硬以及反射体尺寸远远大于所有声波波长 λ 的条件时，接收点的声压级可以认为是由两个独立路径的分量组成，到达预测点的声级是直达声和反射声叠加的结果，从而使预测点声级增高（增高量用 ΔL_r 表示）。

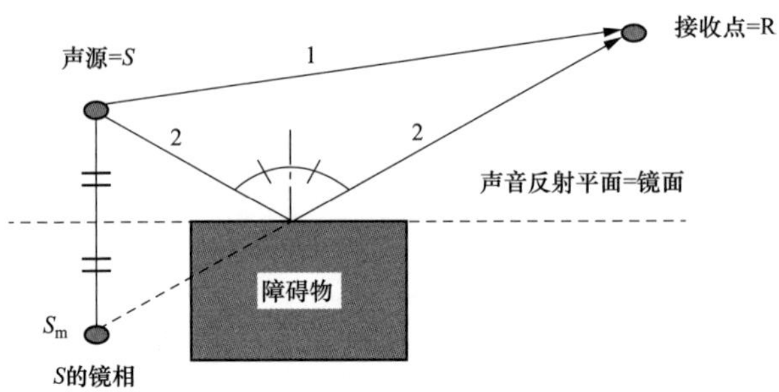

图 4-13　声音镜面反射

当入射角 $\theta<85°$，$r_r-r_d\gg\lambda$，反射引起的增加量 ΔL_r 与 r_r/r_d 有关，可按表 4-2 计算。

表 4-2　反射体修正值

r_r/r_d	ΔL_r/dB
≈1	3
≈1.4	2
≈2	1
≈2.5	0

6. 其他类型衰减

(1) 植被衰减。

传输路径上有密集的树木或灌木丛，而视线不能穿透，即传输路径被遮挡。这些植被也有可能是由几组构成，每组的传输路径长度 d_v 为 50m。

此外，如果声音传输需穿过几组连续的树木或灌木组，并且每组树木或灌木都挡住了路径，则这些树木或灌木组最多可被分为 4 组。植被高度应超过传输曲线高度 1m 以上（见图 4-14）。

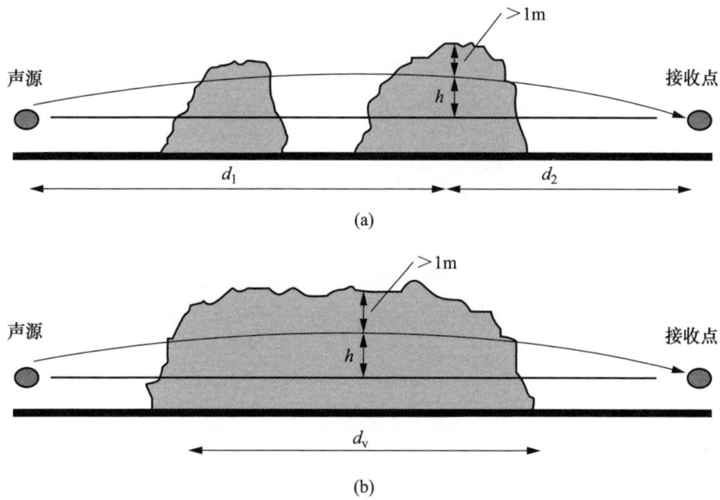

图 4-14 植被衰减示意图

式（4-15）式中各参数定义示例，其中图 4-14（a）$n_v=2$，图 4-14（b）$n_v=d_v/50$。以连接声源和接收点的水平线为基准定义的 h 值按下式计算

$$h=(d_1d_2)/16d \tag{4-14}$$

式中 h——传输路径与连接声源和接收点的水平线之间的垂直距离，m；

d_1——声源到“屏蔽”的水平距离，m；

d_2——接收点到“屏蔽”的水平距离，m；

d——d_1+d_2，m。

植被产生的声音衰减 A_{veg} 由式（4-15）计算：

$$A_{veg}=-n_v\alpha_v \tag{4-15}$$

式中 n_v——植被组数；

a_v——每组的衰减系数，见表 4-3。

若 $n_v>4$，则将 n_v 设为 4。

表 4-3　　相应 1/1 倍频程的衰减系数示例

1/1 倍频程 f_m/Hz	63	125	250	500	1000	2000	4000	8000
每组衰减系数 a_v/[dB(A)/组]	0	0	1	1	1	1	2	3

如果传输路径被挡，无论是冬天还是夏天，均要使用衰减系数计算声音衰减。通常不列出冬季值，如果需要的话，可把上表中的数值乘以 0.5 后用于冬季计算。

50m 的浓密树林大约可降低噪声 1dB(A)。

(2) 工业场所区域衰减。

在工业场所，由于设备（或其他物体）对声波的散射可能产生传播衰减，记为 A_{site}。如果在 A_{bar} 中，或在声源辐射特性中没有考虑，则当在此考虑。设备项包括各种管道、阀门、箱体及结构单元等。

因为 A_{site} 的值与场所的类型没有关系，表 4-4 是参考值，推荐通过测量来确定其值。衰减随通过设备的弯曲路线的长度 d_s 而线性增加，加 10dB 为其极大值。

表 4-4　　倍频带噪声通过工厂设备传播的衰减系数

倍频带中心频率/Hz	63	125	250	500	1000	2000	4000	8000
A_{site}/dBm^{-1}	0	0.015	0.025	0.025	0.020	0.02	0.015	0.015

(3) 房屋群衰减。

当声源或接收点，或两者均位于房屋群中时，由于房屋的屏蔽作用将产生声衰减。但这种作用可以在很大程度上为在房屋之间的传播及从临近的别的房屋的反射所补偿。由屏蔽和反射两种作用所引起的 A_{hous}，在特殊情况下，至少在原则上可以用在前面提到的关于 A_{bar} 和反射两者的处理方法来计算。因为 A_{hous} 的值依赖于具体情况，所以计算结果可以在实践中验证。另外还有一个更有用的方法就是在现场或用模型测量其影响。

对于不超过 10dB 的近似 A 声级值也可按下式估算。它由两部分组成：

$$A_{hous} = A_{hous,1} + A_{hous,2} \tag{4-16}$$

式（4-16）中的 $A_{hous,1}$ 可用下式计算

$$A_{hous,1} = 0.1Bd_b \tag{4-17}$$

式中　B——沿声传播路线上的建筑物的密度，等于以总的地面面积（包括房屋所占面积）去除房屋的总的平面面积所得的商；

d_b——通过房屋群区的声路线长度。

如果靠近公路，或其他相似的过道有成排整齐排列的建筑物时，则可将一

附加项 $A_{hous,2}$ 包括在内（倘使这一项小于在同一位置上与建筑物的平均高度等高的一个屏障的插入损失）：

$$A_{hous,2} = -10\lg[1-(p/100)] \tag{4-18}$$

式中　p——相对于在建筑物邻近的公路的总长度的建筑物正面的长度的百分数，其值小于或等于90%。

4.4 变电站/换流站噪声软件预测

4.4.1　变电站/换流站噪声软件预测的准备阶段

4.4.1.1　变电站/换流站声源模型

在计算模型中，声源可分为以下三种：

（1）点声源：对于理想的点声源，在自由空间中，它向周围媒介（均匀、各向同性）辐射球面声波。

（2）线声源：相当于沿着某一多段线连续分布的点声源序列。严格意义上的线声源不多。

（3）面声源：相当于一平面内连续分布的点声源阵列。

4.4.1.2　变电站、换流站设备声源的参数

1. 声源参数的要求

变电站、换流站内的每个噪声源都需要以下参数：

（1）单个或多个Point(x,y,z)坐标值（即声源几何形状位置坐标和海拔高度）。

（2）本体高度参数。

（3）声学特性参数。

（4）总声功率级。

（5）倍频程或1/3倍频程频谱。

（6）指向性谱。

2. 设备声功率级的确定

由噪声预测软件的计算方法可以准确地计算噪声源信息，尤其是声功率级，决定了噪声计算结果的正确性，可通过以下几种方法获得需要的噪声源参数：

（1）噪声源声功率级的数学计算法。

（2）试验室测量法。

（3）模型试验和测量法。

（4）现场实际测量法。

在无法实际测量噪声时，对变电站、换流站的噪声预估算，各个噪声设备采用的声功率值可按表 4-5 和表 4-6 中的参考值选定[16]。

表 4-5　　±800kV 主要设备的声功率级

设备	声功率级/dB(A)
5000MW 换流变压器 Y/Y	118
5000MW 换流变压器 Y/delta	120
换流变冷却风扇	90
平波电抗器	92
交流滤波器 11/24 电容器塔架	88
交流滤波器 11/24 电抗器	85
交流滤波器 13/36 电容器塔架	88
交流滤波器 13/36 电抗器	87
并联电容器组 SC 电容器、电抗器	85
HP3 电容器	88
HP3 电抗器 L1	85
直流滤波器电容器塔架	80
直流滤波器电抗器	80
站用变压器	93
高抗	93
阀冷却塔	90
户外空调机组	85

表 4-6　　±500kV 主要设备的声功率级

设备	声功率级/dB(A)
换流变压器 Y/Y	113
换流变压器 Y/delta	115
换流变冷却风扇	90
平波电抗器	92
交流滤波器 11/24 电容器 C1，C2	88
交流滤波器 11/24 电抗器 L1，L2	85
交流滤波器 13/36 电容器 C1、C2	88
交流滤波器 13/36 电抗器 L1、L2	87
并联电容器组 SC 电容器 C1、电抗器 L1	85
HP3 电容器 C1、C2	88
HP3 电抗器 L1	85
直流滤波器电容器 C1、C2、C3	80
直流滤波器电抗器 L1、L2、L3	80
站用变压器	93
高抗	93

续表

设备	声功率级/dB(A)
阀冷却塔	90
户外空调机组	85

4.4.1.3　声屏障参数

在变电站、换流站噪声预测计算中，影响声波传播的声屏障主要有站内外的建筑物、厂界围墙以及其他屏障类物体。

对于每一个声屏障，需要下列参数：

(1) 屏障类建筑的水平几何参数。

(2) 屏障类建筑的高度。

(3) 吸收系数或反射损失。

4.4.1.4　环境参数

环境参数，包括背景噪声、地形条件和气象条件。在能听到或测量到某个噪声的地点，当这个噪声源消失时仍能听到的声音称为背景噪声。若背景噪声接近规定的最大值，进行噪声预测计算时应考虑背景噪声。变电站、换流站周围的地形不同对声音传播的影响也是不同的，计算时不仅要考虑地形还要考虑地表，如森林、岩石、草地等，某些情况下地表对声音传播的影响也是很显著的。

声音在空气中的远距离传播受气象条件如风、温度、雨、雾和雪的影响，尤其是风和温度对声音的长距离传播有很大影响。

通过对实际地形环境的考察，相关环境参数定义参考值如下：

(1) 由于不确定性，风级因素不予考虑。

(2) 温度：常温为20℃，有条件时应采用实测。

(3) 距离地面高度：计算时常设为1.5m。

(4) 相对湿度：设为南方平均60%，北方平均20%，有条件时应采用实测。

(5) 地面吸收类型：按实际地面软硬情况设定地面吸收系数，硬地面有水泥地、柏油路、水面等，软地面有松土地、草坪、植被覆盖地域、山体等。

(6) 气压值：标准气压101.325kPa，有条件时应采用实测。

4.4.2　噪声软件预测的一般模式

首先要对站址周围环境现状进行调查，内容包括拟建变电站、换流站预测范围内的地形、地貌；预测范围内声环境功能区划、敏感目标和人口分布，噪声源种类、数量及相应的噪声级等。并根据变电站、换流站的环评要求，确定噪声控制的限值。

然后，精确建立变电站、换流站声学模型。在变电站、换流站模型中，变电站和换流站布局确定了站内所有设备的位置和朝向，同时建筑物和站区范围以及站区附近居民区敏感点也包括在模型中。此外，在变电站、换流站模型中地表也应按照实际地表类型模拟。

对于室内声源的噪声预测，则首先通过建立室内声学模型，计算生成等效室外声源后，再计算其对室外的噪声影响。

对拟建变电站、换流站内的主要噪声源、建筑物等可按照表 4-7 建议的方式建立相应的计算模型[17]。

表 4-7　　变电站、换流站常见噪声设备及建筑物的模型

设备名称	声源类型
换流变压器	垂直面声源
室内声源	工业建筑物声源
连接变压器	垂直面声源
电抗器	点声源
电容器塔架	竖直线声源
自耦变	点声源＋建筑体
站用变压器	点声源＋建筑体
油式平波电抗器	垂直面声源
干式平波电抗器	点声源
空调	点声源
水冷却塔	点声源
房屋	建筑
墙体、屏障	声屏障

4.4.3　噪声软件预测应用案例

4.4.3.1　【案例 1】某±800kV 直流输电工程

基于前文的预测准备工作基础上，本书选择某±800kV 直流输电工程换流站进行噪声预测。

1. 换流站区域环境

某±800kV 换流站位于某市西南面约 32km。站址由数座山丘及丘间谷地组成，中间山丘地势较高，四周谷地地势较低。在站址西侧发育一冲沟，沟宽约 10m，深约 4m。站址周围民房较多，主要分布在站址东南侧，站址东北侧分布有少量民房。站址实景见图 4-15。

该换流站经站址整平后的实际地形效果图见图 4-16，由该图可知该换流站的地形特点：

（1）站址南侧交流滤波器场为填方区，站内比站外高 12～25m。

图 4-15 站址实景图

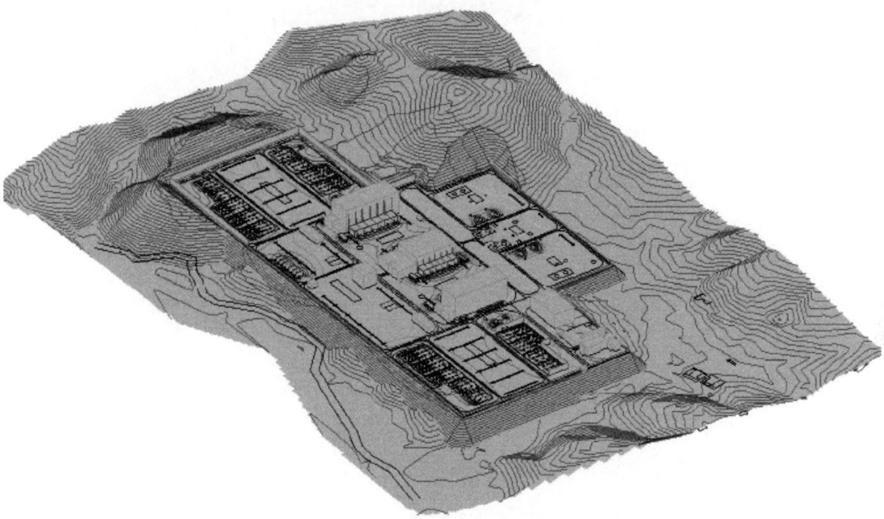

图 4-16 站址整平后地形图

（2）站址北侧交流滤波器场位于挖方区，但该处地形起伏较大，站外比站内高 3～30m，特别是站址东北角处，站外和站内高差相差不大（相差 3～7m）。

2. 某换流站环评要求及噪声控制原则

根据 GB 12348—2008《工业企业厂界环境噪声排放标准》和 GB 3096—2008《声环境质量标准》标准，并结合当地环境保护厅要求，该±800kV 换流站厂界（征地红线外 1m，高度 1.5m）噪声执行 GB 12348—2008《工业企业厂界环境噪声排放标准》的 2 类标准，即昼间小于 60dB(A)，夜间小于 50dB(A)；周围居民区噪声执行 GB 3096—2008《声环境质量标准》的 1 类标准，即昼间小于 55dB(A)，夜间小于 45dB(A)。

3. 换流站总平面布置优化

根据以往±800kV 直流换流站实际工程的噪声治理经验，对该换流站在进行总平面布置时，从噪声控制的角度优化布置了站内主要噪声源，达到降低站内外敏感点噪声水平的目的。从以下几个方面考虑了总平面布置的优化：

（1）24 台换流变分成 4 组，每 2 组面对面，全部布置在阀厅之间，将阀厅作为天然声屏障，有效地阻止换流变噪声向站前区及站外敏感点的传播，同时也阻止了换流变压器和交流滤波器场噪声声级的相互叠加。

（2）两组交流滤波器场分开布置，分别布置在站址北侧和南侧，阻止了交流滤波器场噪声声级的相互叠加。

某换流站总平面布置及周围敏感点分布图见图 4-17。

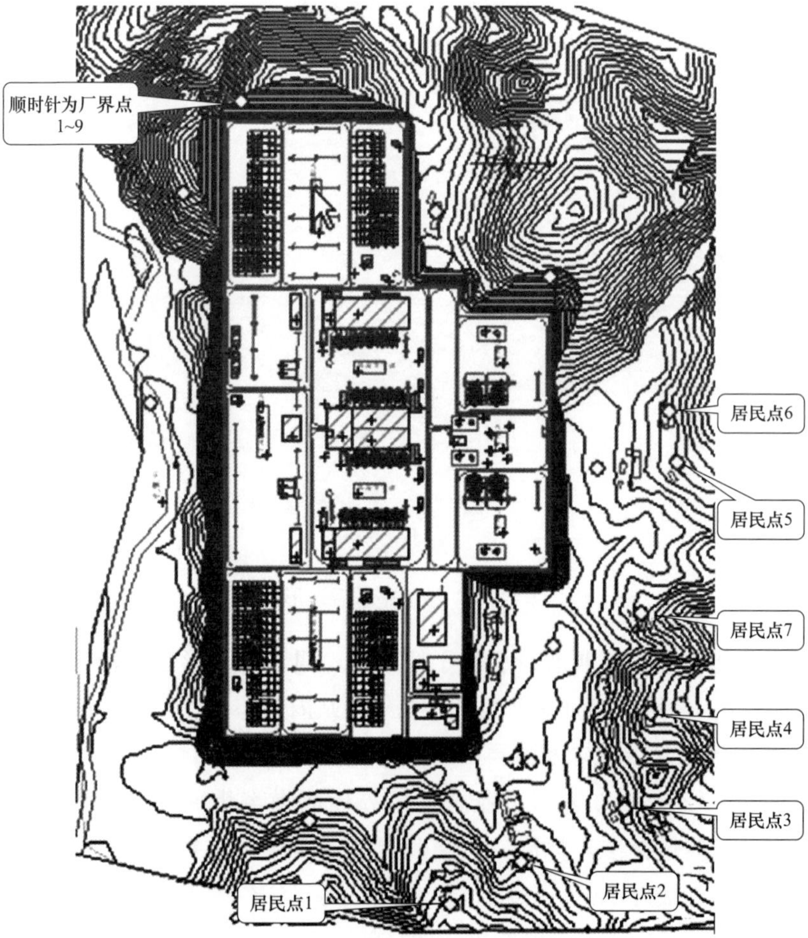

(a)

图 4-17　某换流站总平面布置及周围民房分布图（一）

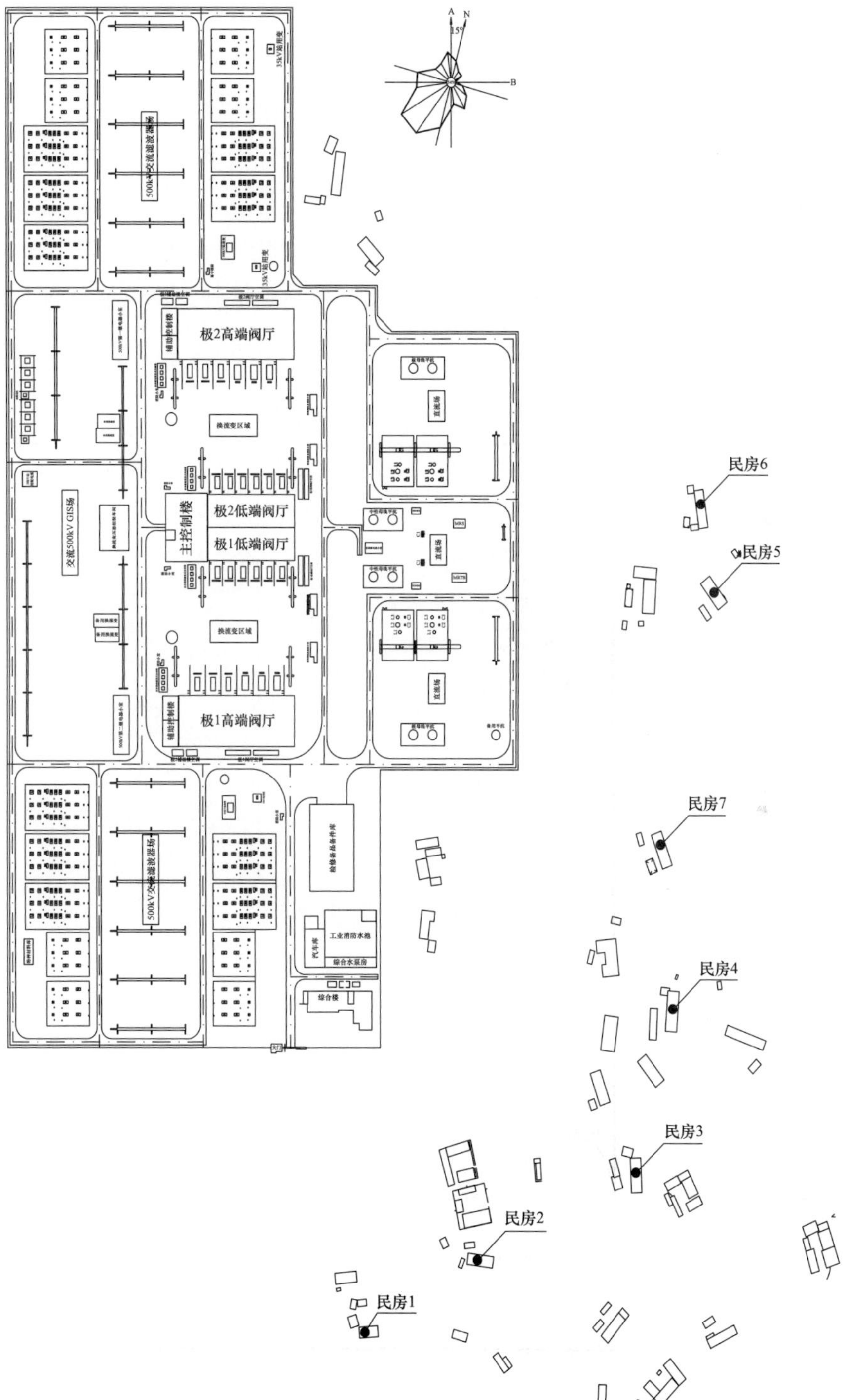

(b)

图 4-17　某换流站总平面布置及周围民房分布图（二）

4. 噪声预测输入条件

噪声预测模型输入条件设定如下：

（1）声学模型模拟了站内竖向布置和站外实际地形。

（2）根据该换流站总平面布置图，布置主要设备噪声源、建筑物和围墙，各建筑物高度见表 4-8。

（3）计算温度为 20℃，湿度 60%，气压 101.325kPa。

（4）噪声计算区域离地高度为 1.5m，换流站站内按硬地面（水泥地、柏油路），站外按软地面考虑。

表 4-8　某换流站区主要建、构筑物参数

序号	建、构筑物名称	高度/m
1	极 1、2 高端阀厅	29.15
2	极 1、2 低端阀厅	19.64
3	极 1、2 高端阀厅辅助控制楼	11.7
4	极 1、2 低端阀厅主控制楼	11.7
5	警传室及大门	3.6
6	综合楼	11.7
7	综合水泵房	7.6
8	汽车库	7.7
9	检修备品备件库	18.6
10	换流变组装车间	18.1
11	500kV 第一、二继电器小室	6.1
12	380kV 共用配电室	5.3
13	直流继电器小室	4.5
14	特种材料库	7.1
15	雨淋阀间及消防小室	4.1
16	消防小室	2.1

5. 没有采取降噪措施时的噪声预测结果

为了了解该换流站设备声源源对环境的污染程度，首先对换流站设备噪声在没有采取任何措施的情况下进行了厂界外 500m 区域预测计算。计算结果见表 4-9 和图 4-18。

表 4-9 是没有采取任何降噪措施时各居民居住区敏感点处的噪声值，图 4-18 是换流站及其周围区域的噪声分布预测图。

表 4-9　　　无降噪措施时预测点处噪声计算值（离地 1.5m 高）　　单位：dB(A)

民房	1	2	3	4	5	6	7	—	—
噪声	48.5	53	57.8	59.7	63.5	63.5	60.8	—	—
厂界	1	2	3	4	5	6	7	8	9
噪声	60.5	64.0	55.0	48.3	54.8	55.2	58.3	66.9	62.2

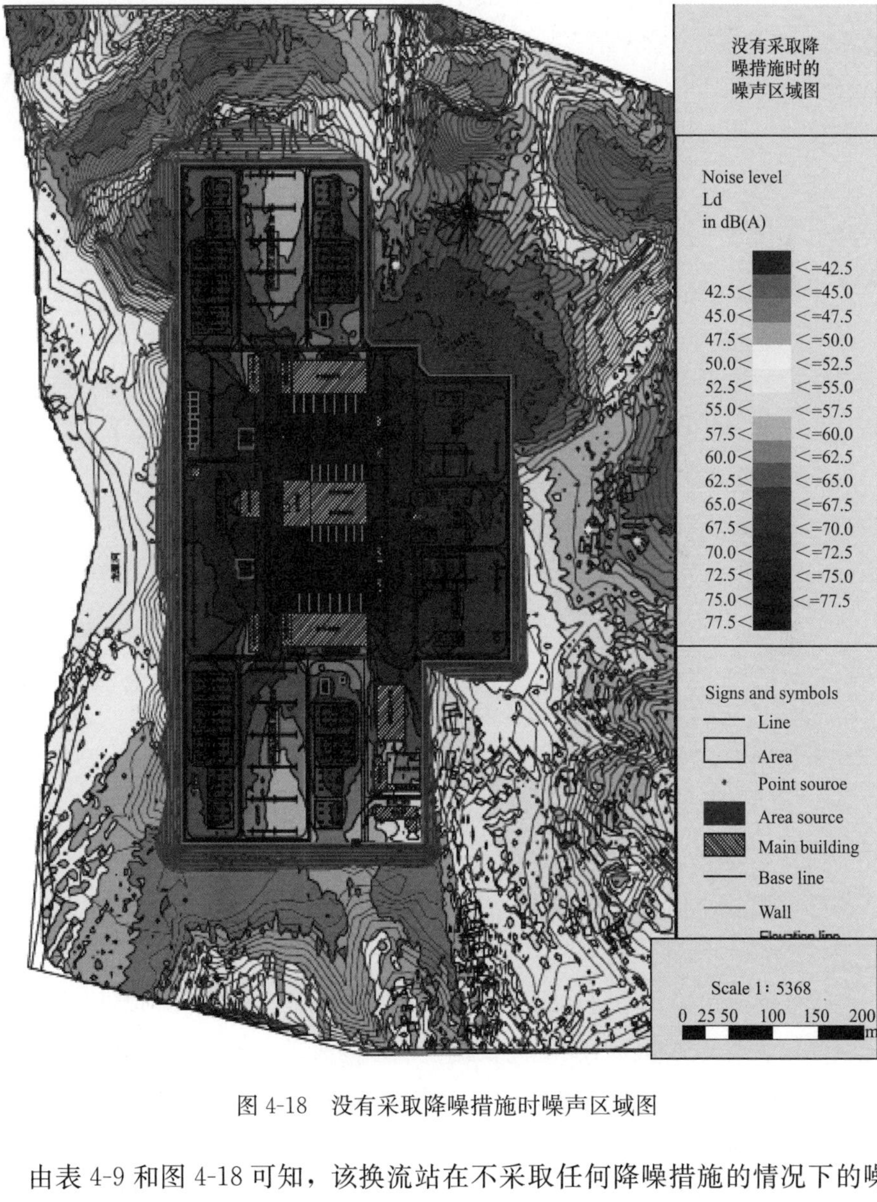

图 4-18　没有采取降噪措施时噪声区域图

由表 4-9 和图 4-18 可知，该换流站在不采取任何降噪措施的情况下的噪声状况：

(1) 除了站址南侧围墙站界处噪声满足《工业企业厂界环境噪声排放标准》2类夜间50dB(A)的限值标准，其余站界噪声超标，站界最大噪声为67.5～70dB(A)，分布在站址东北角直流场附近。

(2) 分布在站址东南侧和东侧的民房处噪声超过了《声环境质量标准》1类夜间标准限值，最大噪声为62.5～65dB(A)，分布在站址东侧。

(3) 交流滤波器场附近的噪声基本在70～72.5dB(A)，而最严重的换流变压器附近区域的噪声超过了90dB(A)，对在换流站内巡视人员有比较大的影响。

(4) 综合楼附近最大噪声达到62.5dB(A)，对综合楼内运行人员有一定的影响。从图4-16的该换流站整平地形图可知，站址南侧交流滤波器组位于填方区，站址场平后，站内比站外高12～25m，其周围站界和民房位于声影区内，有效降低了该处噪声。并由计算结果可知，站址南侧两组交流滤波器组在不采取降噪措施时，其站界处噪声是满足环评要求的。

造成站址北侧交流滤波器组周围站界噪声超标的原因是：该处位于挖方区，但该处地形起伏较大，站外比站内高3～30m，特别是站址东北角处，站外和站内高差相差不大（相差3～7m），而交流滤波器组里设备高度较高，噪声没有经过阻挡就直接向站界和周围民房传播，导致该处噪声超标。

由以往换流站降噪经验和以上分析可知，导致站内、站界和周围民房噪声较大的最主要噪声源为换流变压器，其次为交流滤波器场电抗器和电容器、站用变压器。因此必须对最主要的噪声源采取降噪措施，让站界和周围敏感点噪声达标，并尽最大可能地降低噪声对站内运行人员的影响。

6. 换流变压器采取声屏障时的噪声预测结果

该换流站在不采取任何降噪措施的情况下，站界和周围民房噪声已经超标。由以上分析结果可知，造成站界和周围民房噪声偏大的最主要噪声源为换流变压器，要想让站界和周围敏感点噪声达标，必须首先对换流变压器采取适当降噪措施，使之对站界和周围环境的噪声影响减小，才可能使站界噪声达标。

为了使噪声达标，先通过采取在换流变压器前设置声屏障的降噪措施。通过和电气专业人员沟通，可在距离换流变压器防火墙端部4m处设置10m高声屏障，声屏障从地面算起至9.5m采用带隔声和吸声功能声屏障，9.5～10m为直径0.5m的圆柱形吸声球体。为方便运行人员巡视和换流变压器通风散热，在声屏障一侧设置2.5m（宽）×2.5m（高）隔声门，另一侧设置通风风道，并在每台换流变压器前方声屏障板上安装一台轴流风机。换流变压器前设置 10m 高声屏障时的预测点处噪声计算值（离地 1.5m 高）见表 4-10，噪声区域图见图 4-19。

表 4-10 **预测点处噪声计算值** 单位：dB(A)

民房测点序号	1	2	3	4	5	6	7	—	—
无措施时声级	48.5	53	57.8	59.7	63.5	63.5	60.8	—	—
换流变压器设声屏障时声级	45.9	46.9	49.3	53.5	62	61.9	55.4	—	—
厂界测点序号	1	2	3	4	5	6	7	8	9
无措施时声级	60.5	64.0	55.0	48.3	54.8	55.2	58.3	66.9	62.2
换流变压器设声屏障时声级	54.6	57.7	53.6	46.6	47.9	50.2	56.3	62.0	56.6

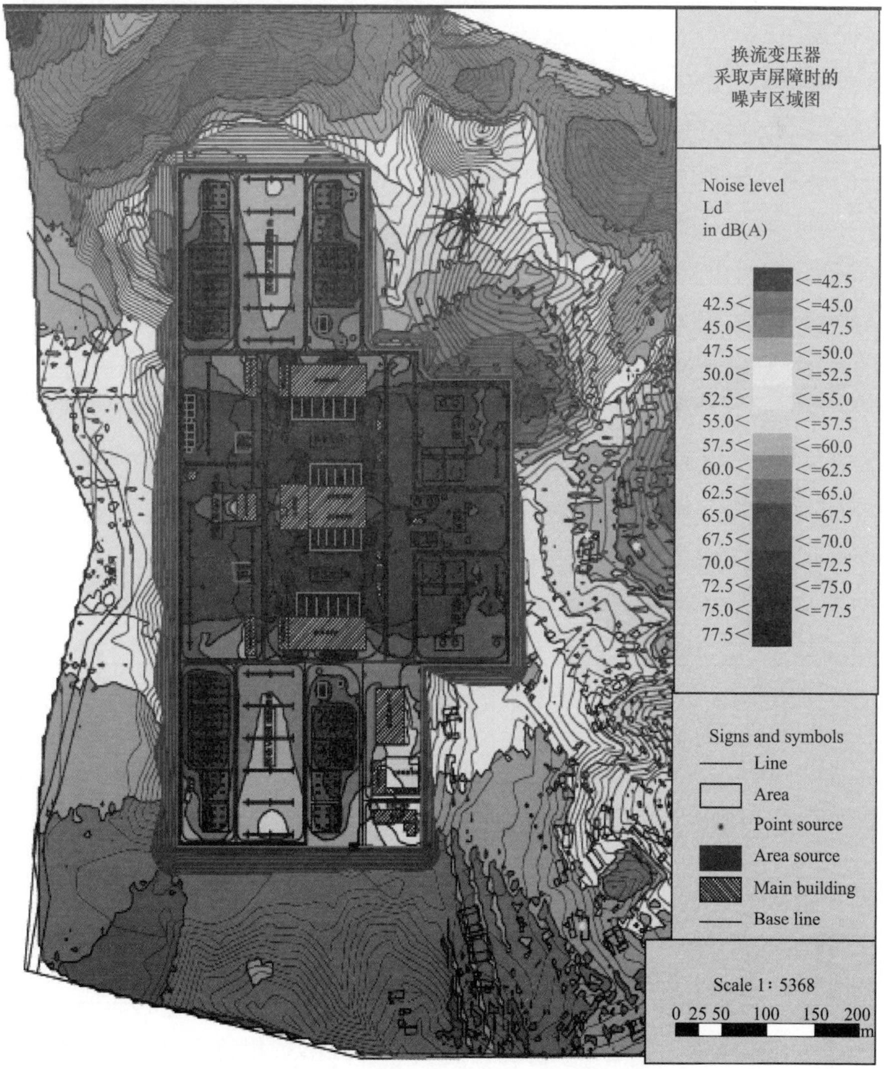

图 4-19 换流变压器前设置 10m 高声屏障时的噪声区域图

由表 4-10 和图 4-19 可知，换流变压器前设置 10m 高声屏障后的效果如下：

（1）除站界南侧噪声达标外，其余噪声超标。站界最大噪声为 65～67.5dB(A)，分布在站址东北角直流场附近，和没有采取降噪措施时相比，减小了 2dB(A) 左右。

（2）站址南侧居民噪声为 45～47.5dB(A)，和没有采取降噪措施时相比，减小了 3～6dB(A)；站址东侧民房噪声为 60～62.5dB(A)，和没有采取降噪措施时相比，减小 2dB(A)；可见换流变压器采取声屏障后，周围敏感点噪声超标，且民房处噪声降噪量只有 2～6dB(A)，降噪效果不明显。

（3）换流变压器前声屏障外附近噪声为 70～72.5dB(A)，和没有采取降噪措施时相比，减小 17dB(A) 左右。直流场附近噪声为 65～67.5dB(A)，和没有采取降噪措施时相比，减小 5dB(A) 左右。

由以上分析可知，换流变压器前设置 10m 高声屏障后：对减小换流变压器附近的噪声效果很明显，降噪效果为 17dB(A) 左右；对减小站址南侧民房噪声效果一般，降噪效果为 6dB(A) 左右；对减小站址东侧民房噪声效果不明显，降噪效果只有 2dB(A) 左右；站界和周围敏感点噪声超标。

7. 换流变压器和围墙采取声屏障时的噪声预测结果

为了使站址东侧民房噪声达标，在换流变压器前设置 10m 高声屏障前提下，同时选择在站址东侧围墙上设置声屏障。通过 SoundPLAN 大量计算可知，当把站址东侧围墙全部加高到 12m 高，再在上设置 4m 高声屏障后，站界和周围民房噪声仍不达标。换流变和围墙上设置声屏障时预测点处（离地 1.5m）噪声计算值见表 4-11，噪声区域图见图 4-20。

表 4-11　　预测点处噪声计算值　　单位：dB(A)

民房点	1	2	3	4	5	6	7	—	—
无措施	48.5	53	57.8	59.7	63.5	63.5	60.8	—	—
换流变压器设声屏障	45.9	46.9	49.3	53.5	62	61.9	55.4	—	—
换流变压器和围墙设置声屏障	45.8	45.3	46	48.6	54.7	54.5	50.1	—	—
厂界点	1	2	3	4	5	6	7	8	9
无措施	60.5	64.0	55.0	48.3	54.8	55.2	58.3	66.9	62.2
换流变压器设声屏障	54.6	57.7	53.6	46.6	47.9	50.2	56.3	62.0	56.6
换流变压器和围墙设置声屏障	54.7	57.7	53.6	46.6	45.5	48.2	52.5	61.9	51.5

从图 4-20 可知，采取以上降噪措施后，对减小东侧围墙附近民房噪声效果明显，但距离越远，降噪效果越不明显。周围民房噪声最大达到 57dB(A) 左

右，超过了《声环境质量标准》1类夜间45dB(A)标准限值。

综合以上分析，对换流站采取声屏障，把东侧围墙加高到12m，再在上设置4m高声屏障后，仍不能使站界和周围民房噪声达标。此方案一方面费用较高，且由于加高了直流场附近围墙，会导致直流场出线困难，必须相应加高直流出线构架高度；另一方面，此种方案对减小站内和周围民房噪声效果不明显。因此不推荐换流变压器采取声屏障的降噪方案。

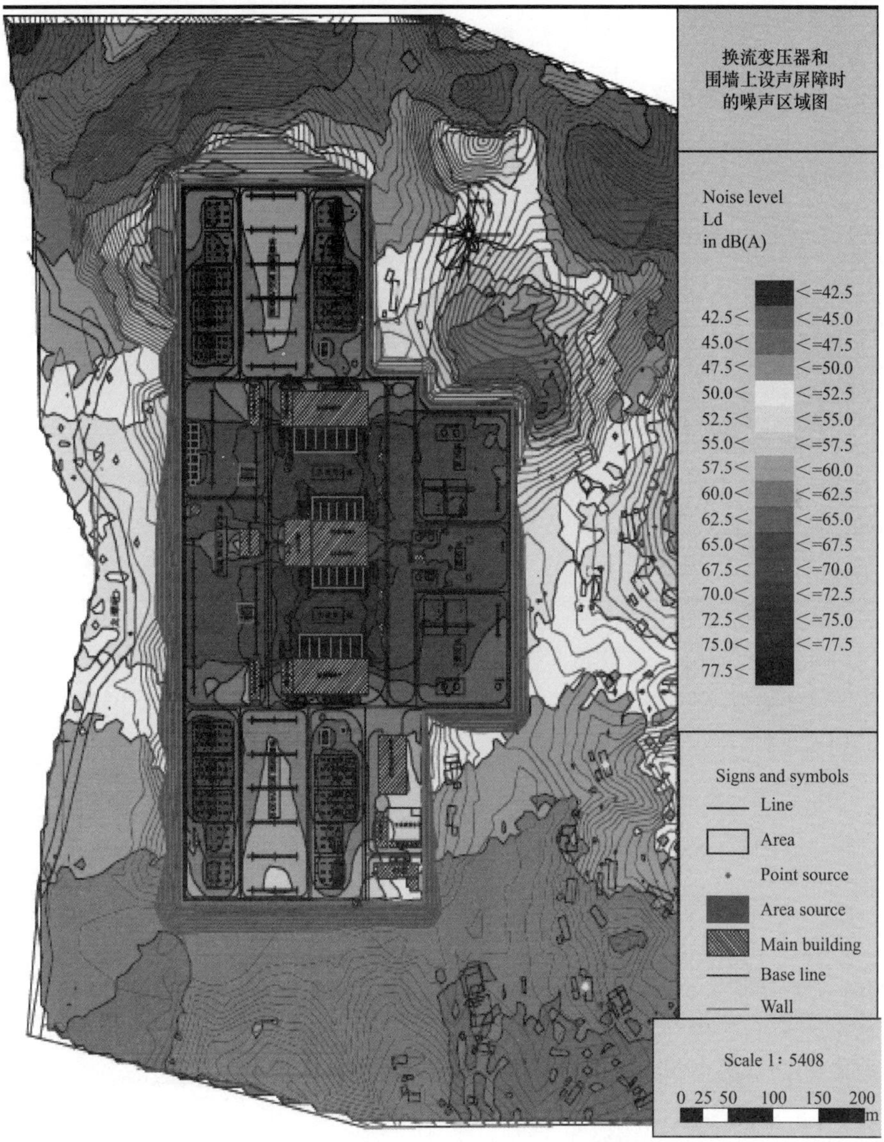

图4-20　换流变压器和围墙上设声屏障时的噪声区域图

8. 换流变压器采取 BOX-IN 时的噪声预测结果

换流变压器前和围墙上设置声屏障，并不能使站界和周围民房噪声达标，且对于减小周围民房噪声效果不佳。由于该换流站周围居民区噪声执行 GB 3096—2008《声环境质量标准》的 1 类标准，且周围民房离厂界较近，因此考虑对换流变压器采用移动式和带有通风散热消声器的隔音室把换流变压器本体封闭起来，把冷却风扇放在隔音室外面，即采用移动式 BOX-IN 的换流变压器。换流变压器采取 BOX-IN 时民房和厂界处噪声计算值（离地 1.5m 高）见表 4-12，噪声区域图见图 4-21。

表 4-12　　预测点处噪声计算值　　单位：dB(A)

民房点	1	2	3	4	5	6	7	—	—
无措施	48.5	53	57.8	59.7	63.5	63.5	60.8	—	—
换流变压器设声屏障	45.9	46.9	49.3	53.5	62	61.9	55.4	—	—
换流变压器、围墙设声屏障	45.8	45.3	46	48.6	54.7	54.5	50.1	—	—
换流变压器 BOX-IN	42.8	40.8	41.3	44	45.7	45.6	44.4	—	—
厂界点	1	2	3	4	5	6	7	8	9
无措施	60.5	64.0	55.0	48.3	54.8	55.2	58.3	66.9	62.2
换流变压器设声屏障	54.6	57.7	53.6	46.6	47.9	50.2	56.3	62.0	56.6
换流变压器、围墙设声屏障	54.7	57.7	53.6	46.6	45.5	48.2	52.5	61.9	51.5
换流变压器 BOX-IN	53.1	50.4	44.1	42.8	40.2	42.9	43.5	49.6	54.9

由图 4-21 可知，当换流变压器采取 BOX-IN 后的降噪效果如下：

(1) 换流变压器采取 BOX-IN 相比于采取声屏障，有效地减小了周围民房和站界噪声，民房 5、6 处噪声减小了 16dB(A) 左右。

(2) 站址北侧交流滤波组周围站界噪声为 50～55dB(A)，超过了《工业企业厂界环境噪声排放标准》2 类夜间 50dB(A) 的限值标准，其余站界噪声达标。

(3) 站址东北角交流滤波波器组民房处噪声为 55dB(A)，超过了《声环境质量标准》1 类夜间 45B (A) 标准限值。但在站址"三通一平"阶段，这几户居民离边坡非常近，在建站过程中这几户民房是肯定要拆掉的。

(4) 居民点 5、6 的噪声预测值分别为 45.7dB(A) 和 45.6dB(A)，略微超过了《声环境质量标准》1 类夜间 45B (A) 标准限值。其余站址周围民房噪声为 42.5～45dB(A)，噪声满足 1 类标准。

(5) 由于站址南侧交流滤波器组离综合楼很近，导致综合楼附近噪声达到

57dB(A)，对综合楼内运行人员有一定的影响。

综合以上分析和计算结果，还必须采取进一步降噪措施以确保站界噪声达标，并尽量减小周围民房和综合楼处的噪声，使站内人员和周围居民有一个合适的工作和生活环境。

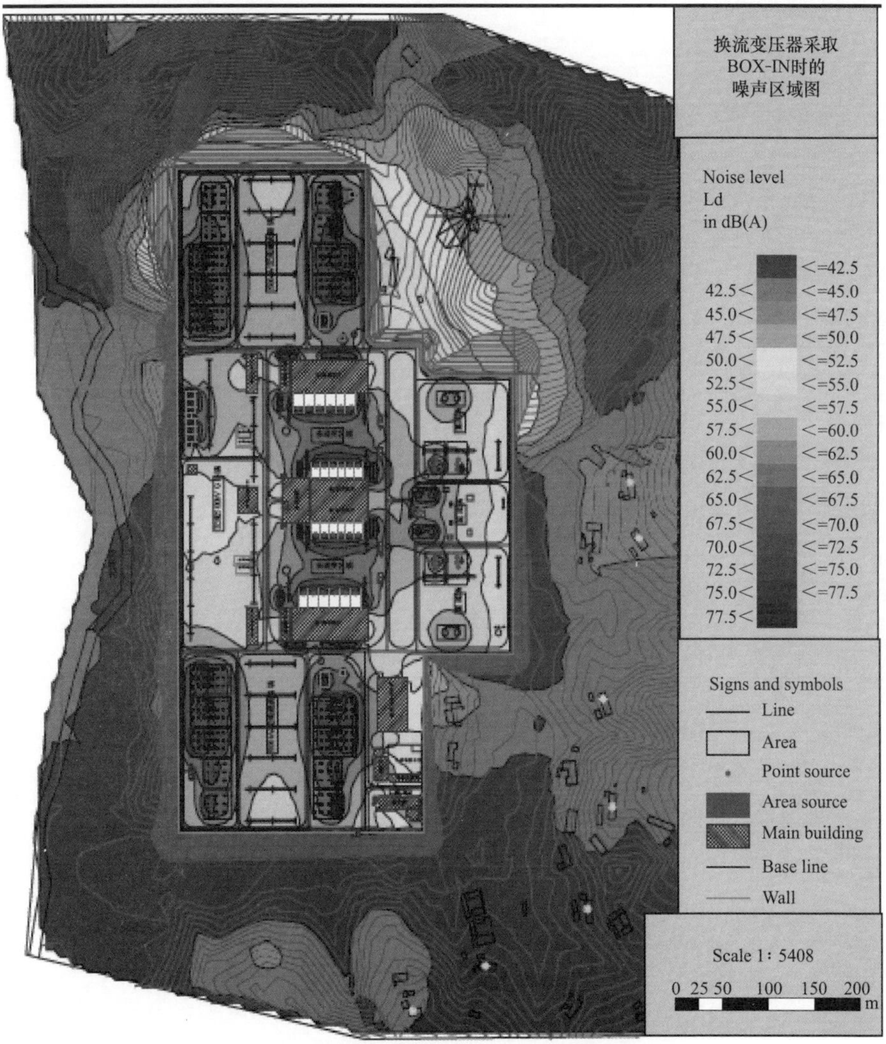

图 4-21 换流变压器采取 BOX-IN 时的噪声区域图

9. 换流变压器采取 BOX-IN 和设置声屏障时的噪声预测结果

对于站址北侧交流滤波器组的东侧围墙，采取把其加高到 6m，再在其上加 3m 高的声屏障，声屏障顶部为 0.5m 高面向站内声源的挑檐，以降低交流滤波器组噪声对站界和站址东北角民房的影响。

对于站址南侧靠近站前区处的交流滤波器组，为了降低其噪声对站前区的影响，选择在其围栏处设置 9m 高声屏障的降噪方案，为方便运行人员巡视，声屏障每隔一定距离设置隔声门，其中声屏障从 1～3m 采用透明声屏障。

采取以上降噪措施后各预测点处（离地 1.5m 高）噪声计算值见表 4-13，噪声区域图见图 4-22。

表 4-13　　预测点处噪声计算值　　单位：dB(A)

民房点	1	2	3	4	5	6	7	—	—
无措施	48.5	53	57.8	59.7	63.5	63.5	60.8	—	—
换流变压器设声屏障	45.9	46.9	49.3	53.5	62	61.9	55.4	—	—
换流变压器、围墙设声屏障	45.8	45.3	46	48.6	54.7	54.5	50.1	—	—
换流变压器 BOX-IN	42.8	40.8	41.3	44	45.7	45.6	44.4	—	—
BOX-IN 和设置声屏障	41.3	39.6	40.7	43.3	45.4	45.4	43.3	—	—
厂界点	1	2	3	4	5	6	7	8	9
无措施	60.5	64.0	55.0	48.3	54.8	55.2	58.3	66.9	62.2
换流变压器设声屏障	54.6	57.7	53.6	46.6	47.9	50.2	56.3	62.0	56.6
换流变压器、围墙设声屏障	54.7	57.7	53.6	46.6	45.5	48.2	52.5	61.9	51.5
换流变压器 BOX-IN	53.1	50.4	44.1	42.8	40.2	42.9	43.5	49.6	54.9
BOX-IN 和设置声屏障	53.1	50.4	44.1	42.1	39.9	42.5	39.2	49.5	49.8

从表 4-13 和图 4-22 可知，采取以上降噪措施后：

（1）除了站址北侧交流滤波器组附近和东北角直流场附近局部站界噪声超标外，其余站界噪声均满足《工业企业厂界环境噪声排放标准》2 类夜间标准 50dB(A) 标准。但此处局部厂界均位于偏僻的山坡之上附近又无敏感点的存在，据以往经验此部分厂界达标与否不影响环保验收的通过，故不需采取相应的措施。

（2）除民房 5、6 处噪声略微超标外［超了 0.5dB(A)］，其余民房噪声为 42.5～45dB(A)，满足《声环境质量标准》1 类夜间 45dB(A) 标准限值。

为了使站址周围民房噪声达标，有两种降噪措施可选：

（1）把直流场附近围墙加高到 6m，再在其上加 3m 高声屏障，声屏障顶部为 0.5m 高面向站内声源的挑檐。

（2）拆除此处 3 户居民。本报告对第一种降噪方案进行了预测，其民房处噪声计算值见表 4-14，噪声区域图见图 4-23。

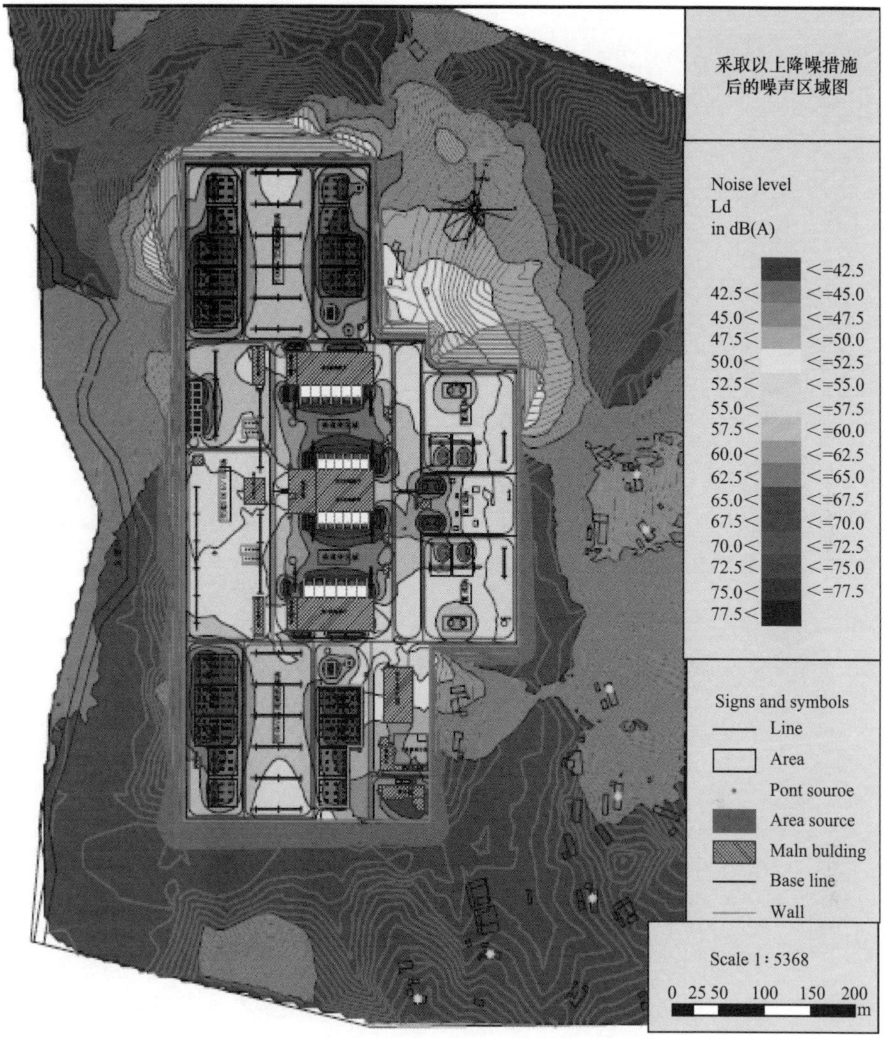

图 4-22　换流变压器采取 BOX-IN 和交流滤波器组设置声屏障时的噪声区域图

表 4-14　　**民房处噪声计算值**　　单位：dB(A)

民房点	1	2	3	4	5	6	7
无措施	48.5	53	57.8	59.7	63.5	63.5	60.8
换流变压器设声屏障	45.9	46.9	49.3	53.5	62	61.9	55.4
换流变压器和围墙设声屏障	45.8	45.3	46	48.6	54.7	54.5	50.1
换流变压器 BOX-IN	42.8	40.8	41.3	44	45.7	45.6	44.4
换流变压器 BOX-IN 和交流滤波器组设声屏障	41.3	39.6	40.7	43.3	45.2	45.2	43.3
换流变压器 BOX-IN、交流滤波器和直流场设声屏障	41.3	39.6	40.8	43.3	44.4	44.3	43

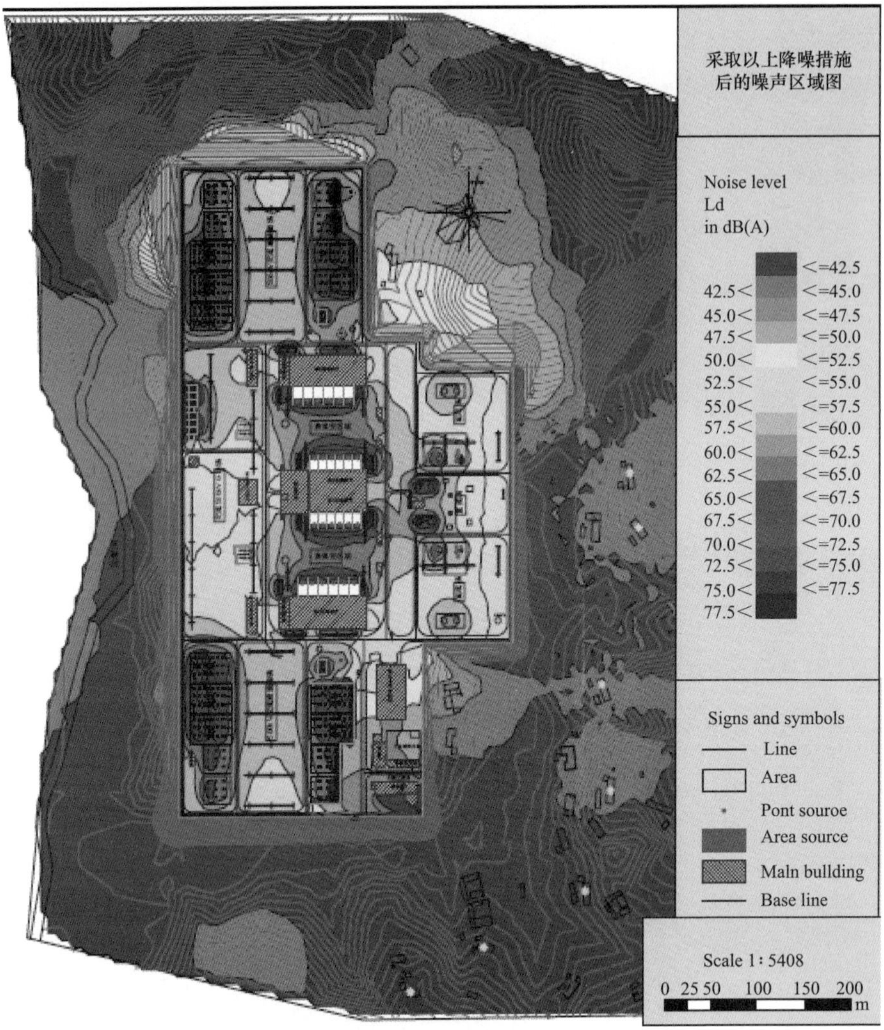

图 4-23　采取以上降噪措施后的噪声区域图

10. 技术经济比较

从以上计算可知，本工程通过采取如下降噪方案（以下简称降噪方案 A）可使周围民房噪声达标：

（1）24 台换流变压器采取移动式 BOX-IN。

（2）对于站址北侧交流滤波器组东侧附近围墙，采取把其附近的围墙做到 6m，再在其上加 3m 高声屏障。

（3）为减小交流滤波器组噪声对站前区的影响，对于站址南侧靠近站前区处的交流滤波器组，在其围栏处设置 9m 高声屏障的降噪方案，其中声屏障从 1～3m 采用透明声屏障。

（4）拆除站址附近 11 户民房。

还可以通过采取一种被动的降噪方案（以下简称方案 B）使周围民房噪声达标：

（1）拆掉该换流站围墙外 350m 范围之内的民房，因为换流站居民主要分布在围墙外 300m 之内，那么换流站最近的居民离围墙大约在 1km 之外。

（2）对于换流站主要噪声源换流变压器，建议采取在其前方设置 10m 高声屏障，其中 1～3m 采用透明声屏障；为减小换流变噪声的反射，在换流变两侧防火墙和阀厅背面防火墙上贴吸声体，并在每台换流变压器前声屏障板上设置 1 台轴流风机。

（3）为减小交流滤波器组噪声对站前区的影响，对于站址南侧靠近站前区处的交流滤波器组，在其围栏处设置 9m 高声屏障的降噪方案，其中声屏障从 1～3m 采用透明声屏障。

两种降噪方案费用见表 4-15 和表 4-16，方案 A 和方案 B 技术经济比较表见表 4-17。

表 4-15　　　　方案 A 降噪费用表

降噪方案	工程量	单价/万元	费用/万元
一、换流变压器			
换流变压器 移动式 BOX-IN	28	55	1540
二、靠近综合楼交流滤波器组声屏障（长度 215m）			
声屏障钢筋混凝土基础	220m^3	0.072	15.84
声屏障地脚螺栓数量	270 个 M30（Q345-B）地脚螺栓，长度 1.45m，重量 2.2t	0.95	2.09
声屏障面积（带隔声和吸声功能声屏障）	1400m^2	0.075	105
透明声屏障面积	430m^2	0.09	38.7
直径为 0.5m 圆柱形吸声球体长度	215m	0.13	27.95
声屏障钢结构	120t	0.95	114
钢制防火隔声门	20m^2	0.35	7
合计		310.58 万元	
三、围墙上声屏障（长度 170m）			
声屏障面积（带隔声和吸声功能声屏障）	560	0.075	42
声屏障钢结构	20	0.95	19
围墙基础钢筋混凝土	130	0.072	9.36

续表

降噪方案	工程量	单价/万元	费用/万元
围墙框架梁、柱钢筋混凝土	190	0.105	19.95
围墙面积（240mm厚，双面刷涂料）	1200	110	13.2
地脚螺栓	373个M24地脚栓，长度0.7m，重量1t	0.95	0.95
合计		104.46万元	
四、拆除站址附近居民			
居民	11户，面积为1200m^2	0.08	96
总合计		2051.04万元	

表 4-16　　方案B降噪费用表

降噪方案	工程量	单价/万元	费用/万元
一、换流变压器（长度为310m）			
声屏障钢筋混凝土基础	500m^3	0.072	36
声屏障地脚螺栓数量	620个M36(Q345-B)地脚螺栓，长度1.45m，重量7.3t	0.95	6.94
声屏障面积（带隔声和吸声功能声屏障）	2325m^2	0.075	174.38
直径为0.5m圆柱形吸声球体长度	310m	0.13	40.3
透明声屏障面积	630m^2	0.09	56.7
声屏障钢结构	200t	0.95	190
轴流风机	24台	0.4	9.6
防火墙上吸声体	3000m^2	0.075	225
钢制防火隔声门	20m^2	0.35	7
合计		745万元	
二、靠近综合楼交流滤波器组声屏障（长度215m）			
声屏障钢筋混凝土基础	220m^3	0.072	15.84
声屏障地脚螺栓数量	270个M30(Q345-B)地脚螺栓，长度1.45m，重量2.2t	0.95	2.09
声屏障面积（带隔声和吸声功能声屏障）	1400m^2	0.075	105
透明声屏障面积	430m^2	0.09	38.7
直径为0.5m圆柱形吸声球体长度	215m	0.13	27.95

续表

降噪方案	工程量	单价/万元	费用/万元
声屏障钢结构	120t	0.95	114
钢制防火隔声门	$20m^2$	0.35	7
合计		310.58 万元	
三、拆除站址附近居民			
居民	面积为 $11000m^2$	0.08	880
总合计		1935.58/万元	

表 4-17　　方案 A 和方案 B 技术经济比较表

	方案 A	方案 B
降噪费用	2051.04 万元	1935.58 万元
周围民房噪声	周围敏感点噪声满足《声环境质量标准》1 类夜间 45dB(A) 标准限值	周围民房噪声最高达到 62dB(A)，必须拆除该换流站围墙外 350m 范围之内的所有民房
厂界噪声	站址北侧交流滤波器组附近和东北角直流场附近局部站界噪声（为 50～52.5dB(A)）超标外，其余站界噪声均满足《工业企业厂界环境噪声排放标准》2 类夜间标准 50dB(A) 标准	除站界南侧噪声满足《工业企业厂界环境噪声排放标准》2 类夜间标准 50dB(A) 标准。其余站界噪声超标，站界最大噪声为 65～67.5dB(A)，分布在站址东北角直流场附近
站内噪声	可有效减小站内噪声。 换流变压器广场噪声为：62.5～65dB(A)； 交流滤波器组配电装置噪声：57.5～60dB(A)； 直流场和交流 500kVGIS 配电装置噪声：50～52.5dB(A)	减小站内噪声不明显； 换流变压器广场噪声为：70～72.5dB(A)； 交流滤波器组配电装置噪声：60～62.5dB(A)； 直流场和交流 500kVGIS 配电装置噪声：65～67.5dB(A)

从表 4-17 可知：A 方案降噪费用虽然比 B 方案降噪费用贵 115.46 万元，但 A 方案相比于 B 方案可有效减小站内噪声，并使周围敏感点噪声满足《声环境质量标准》1 类夜间 45dB(A) 标准限值；且除了站址北侧交流滤波器组附近和东北角直流场附近局部站界噪声超标外，其余站界噪声均满足《工业企业厂界环境噪声排放标准》2 类夜间标准 50dB(A) 标准。但此处局部厂界均位于偏僻的山坡之上附近又无敏感点的存在，据以往经验此部分厂界达标与否不影响环保验收的通过。

综合以上技术经济比较，推荐采用 A 方案。

11. 结论

对于该换流站，为了有效地控制环境噪声，以使周围民房噪声达标，实施时采取如下降噪措施：

（1）平面布置优化。

1）24 台换流变压器分成 4 组，每 2 组面对面，全部布置在阀厅之间，将阀厅作为天然声屏障，有效地阻止换流变压器噪声向站前区及站外敏感点的传播，同时也阻止了换流变压器和交流滤波器场噪声声级的相互叠加。

2）两组交流滤波器场分开布置，分别布置在站址北侧和南侧，阻止了交流滤波器场噪声声级的相互叠加。

（2）采用低噪声设备。

对该换流站，建议在编制工程设备采购规范书时，应将主要设备（如换流变压器、干式平波电抗器和交流滤波器场电抗、电容器等）的单体设备噪声的声功率级，按表 X-X 作为设备采购、产品验收的强制性指标之一进行重点要求。

（3）控制传播途径。

1）24 台换流变压器采取移动式 BOX-IN。

2）对于站址北侧交流滤波器组东侧附近围墙，采取把其附近的围墙做到 6m，再在其上加 3m 高声屏障。

3）对于站址南侧靠近站前区处的交流滤波器组，选择在其围栏处设置 9m 高声屏障的降噪方案，为方便运行人员巡视，声屏障每隔一定距离设置隔声门，其中声屏障从 1～3m 采用透明声屏障。

4）拆除站址附近 11 户民房。某换流站降噪措施示意图见图 4-24。

（4）保护运行人员的听力。

在采取上述措施后，厂界标准满足规定要求，在站内，特别是在换流变压器隔音室内运行维护或巡视时，其内的噪声比较大［大于 85dB(A)］，如果在内滞留的时间较长，对运行人员影响较大。运行人员巡视时宜采用在耳朵里塞以防声棉、戴防声耳塞、佩戴耳罩等防护措施，同时尽可能地减少运行人员巡视时在噪声较大区域的滞留时间。在综合楼靠近换流变压器的一侧设置针对低频噪声隔声效果较好的隔声窗，以最大程度地减少噪声对换流站运行人员健康的损害。

综上所述，该换流站通过采取以上一系列综合降噪措施后可以大大减小噪声对站内运行人员和周围环境的影响及危害，使周围民房噪声满足环评的要求。

4.4.3.2 【案例 2】某 110kV 室内变电站

1. 区域环境

某 110kV 变电站为户内气体绝缘金属封闭开关设备（GIS）站，站址位于某市区内，紧邻交通路线，西面为山体，东南面为某高新技术公司。站址原始地貌为构造剥蚀低山丘陵，场地位于山体坡脚地段，经人工填土整平、抬高，地势较平坦。

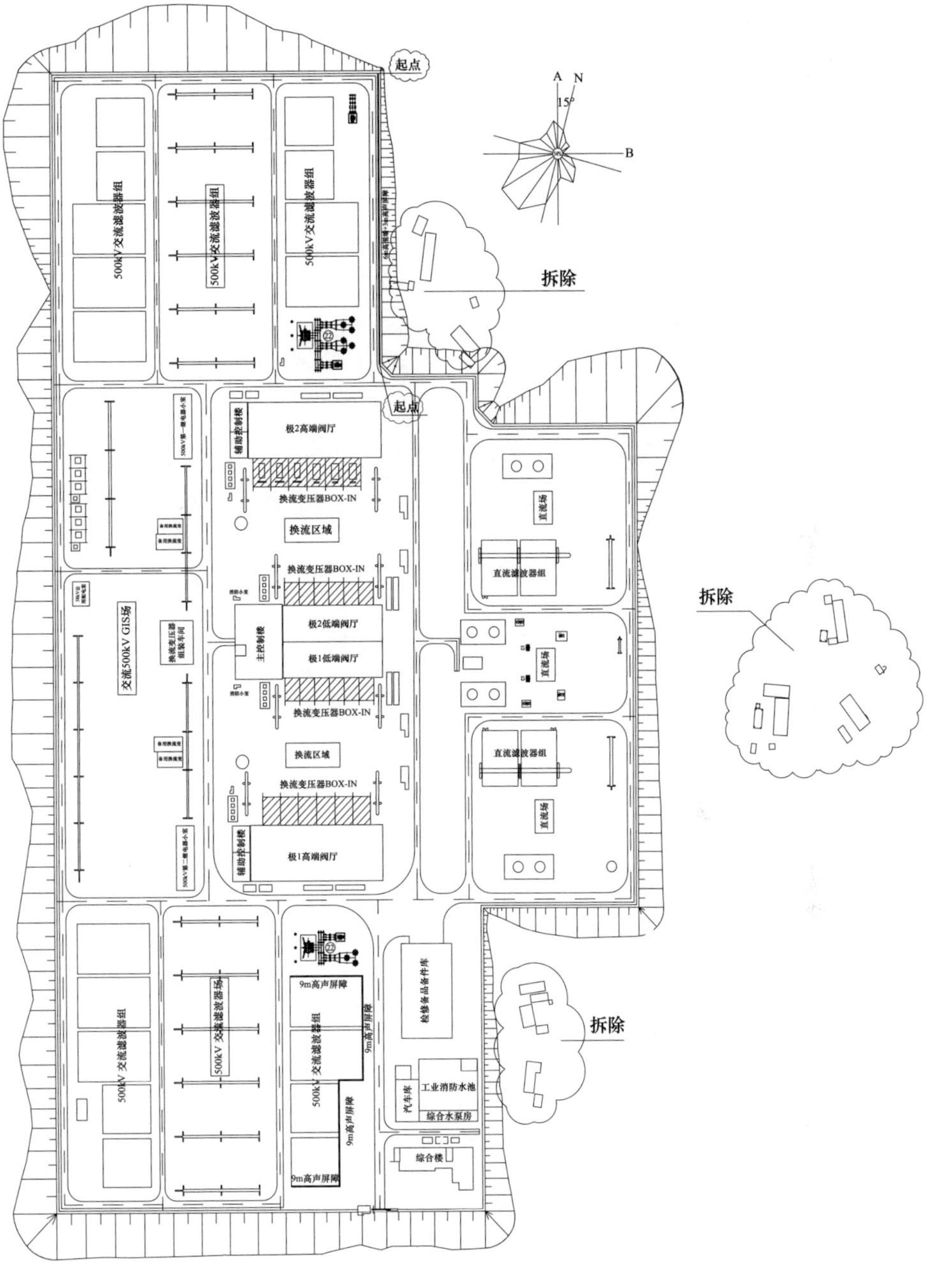

图 4-24　某换流站降噪措施示意图

该变电站配电装置楼设有连廊与其他组团连接，建成后的变电站部分功能区域供普通市民参观，因此该变电站除了具有普通变电站生产功能外，还担负着向公众展示智能、绿色、环保、节能变电站的功能。其建成后效果图见图 4-25。

初步设计资料如下：

其建设规模见表 4-18。

图 4-25　某变电站建成后效果图

表 4-18　　某 110kV 变电站建设规模

序号	项目	建设规模
1	主变压器台数及容量	3×63MVA
2	110kV 出线	3 回
3	10kV 出线	3×15 回
4	10kV 无功补偿	电容器组：3×(2×8016)kVar

电气总平面布置方案与布置见表 4-19 和图 4-26。

表 4-19　　某变电站电气布置方案

序号	项目	内容
1	布置方案	全站设备户内布置在一栋配电装置楼内。配电装置楼主体四层，一层为电缆夹层、警传室、检修工具间、水泵房、水池等；二层为 10kV 高压室、电容器室、绝缘工具间、气瓶间等；三层为 110kV GIS 室、电容器室、主控制室、蓄电池室等；局部四层为会议室等。主变压器紧邻配电装置楼户内布置
2	110kV 配电装置	110kV 配电装置按户内 GIS 布置在配电装置楼 8.8m 层，主变架空进线，1 回电缆出线，2 回架空出线
3	10kV 配电装置	10kV 金属铠装移开式开关柜双列布置在 3.5m 层内，并联电容器组单组户内布置在 3.5m、8.8m 层。小电阻接地成套装置户内布置在 10kV 高压室内

由于该变电站位于城市内，与大多户内变电站一样，建成后投产对周围环

境的影响主要之一是噪声，因此控制变电站噪声水平、消除变电站噪声对周围环境的影响、降低站内噪声水平、改善站内工作人员的工作环境成为本站最重要的环境保护措施之一。

初步提出了两种通风方案：①方案一：主变室的散热方式采用机械通风与自然通风相结合的通风模式，见图 4-27。②方案二：主变室的散热方式采用高效热管换热器对主变室进行冷却，见图 4-28。

初步设计提出的降噪措施主要有：

（1）主变压器底座安装隔振垫。主变压器工作时产生的低频振动会通过底座沿建筑物的结构和地面向外界传递，为了进一步降低变压器运行时由于振动引起的结构噪声，设计时除了将混凝土底座与周围建筑结构连接处断开外，还在主变压器与混凝土底座之间安装隔振垫。

（2）对主变室散热风机噪声进行控制。主变室通风采用机械通风与自然通风相结合的通风模式，选用优质低噪声轴流风机并配备的噪声风机箱和消声器。另外，风机配电箱采用温湿度控制功能，使风机自动启动、运行与停止，有效地解决了变电站风机夜间运行噪声扰民问题，实现绿色环保。

（3）采用隔声墙取代主变压器室的设备运输大门。常规变电站为满足设备运输安装的需要，在每间主变压器室外墙均设置约 7m×8m 的大型钢板门，由于门体缝隙较多而且要考虑开启，难以做严格的密闭处理，因此主变压器室大门成了噪声泄漏的主要途径之一。该站的处理方式是取消主变压器大门，砌墙时预留主变压器进出门洞，待设备安装完毕后采用砖砌墙体封堵，对该部位的噪声彻底隔绝。

（4）减少主变压器室外墙的进风面积。进风窗是降噪的薄弱环节，在不减少总进风量的情况下，利用主变压器室与电缆间之间的隔墙设置进风口（进风口设置防火阀），这样间接进风可使主变压器噪声在电缆间室内衰减，减少外墙的进风面积，减少噪声泄漏。

2. 噪声控制要求

由于该变电站是一个“3C”绿色示范变电站工程，且变电站的北侧是智能电网展示中心和电动汽车换电体验中心，在变电站建设过程中，必须充分考虑营造良好的噪声环境。因此，在对变电站的噪声控制方案设计中，按照厂界外声环境功能区 1 类排放限值标准进行设计。

根据以上考虑，确定在噪声控制方案中该变电站的厂界环境噪声排放控制目标为：昼间 55dB(A)、夜间 45dB(A)。

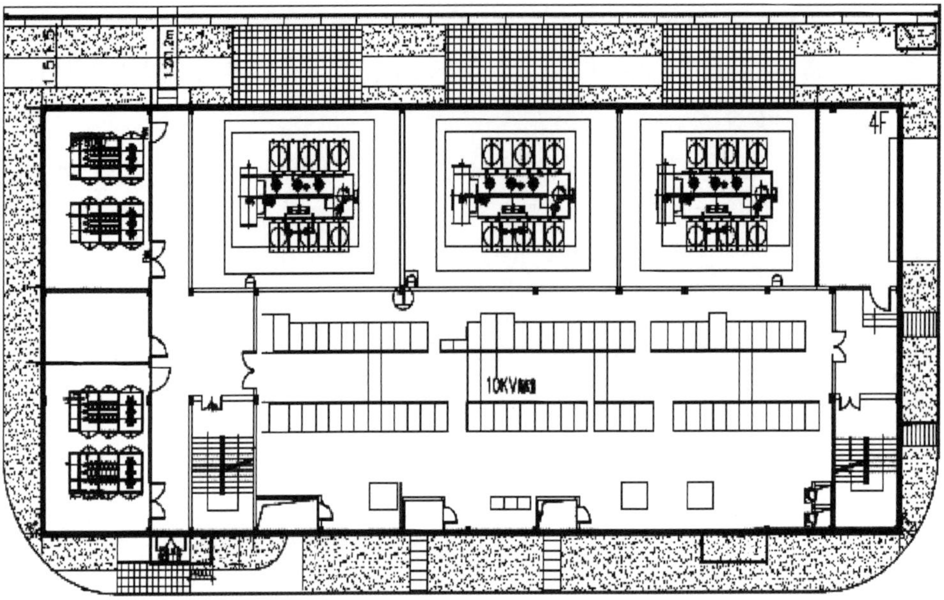

图 4-26　某变电站电气总平面布置

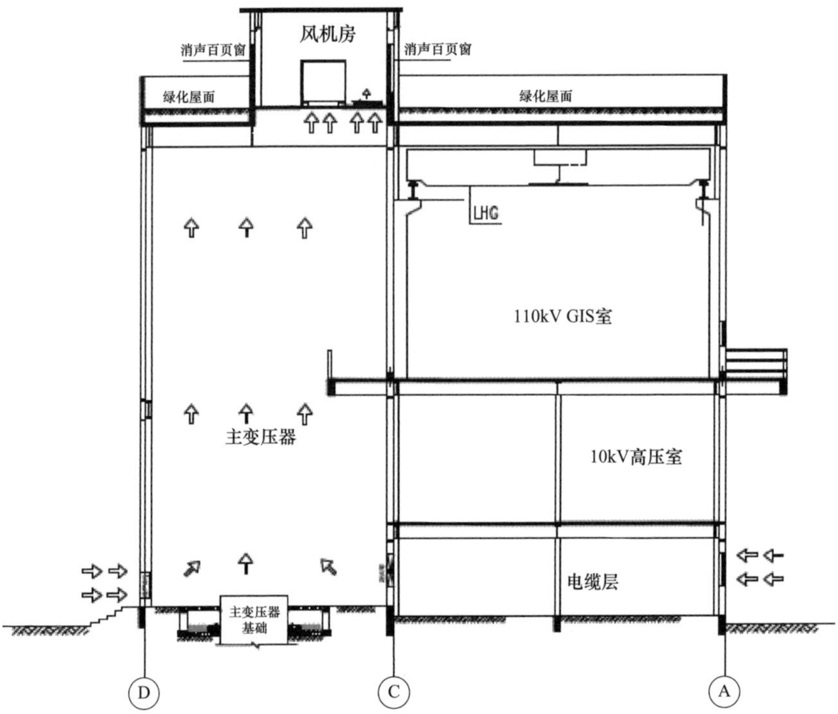

图 4-27　主变压器室通风方案一示意图

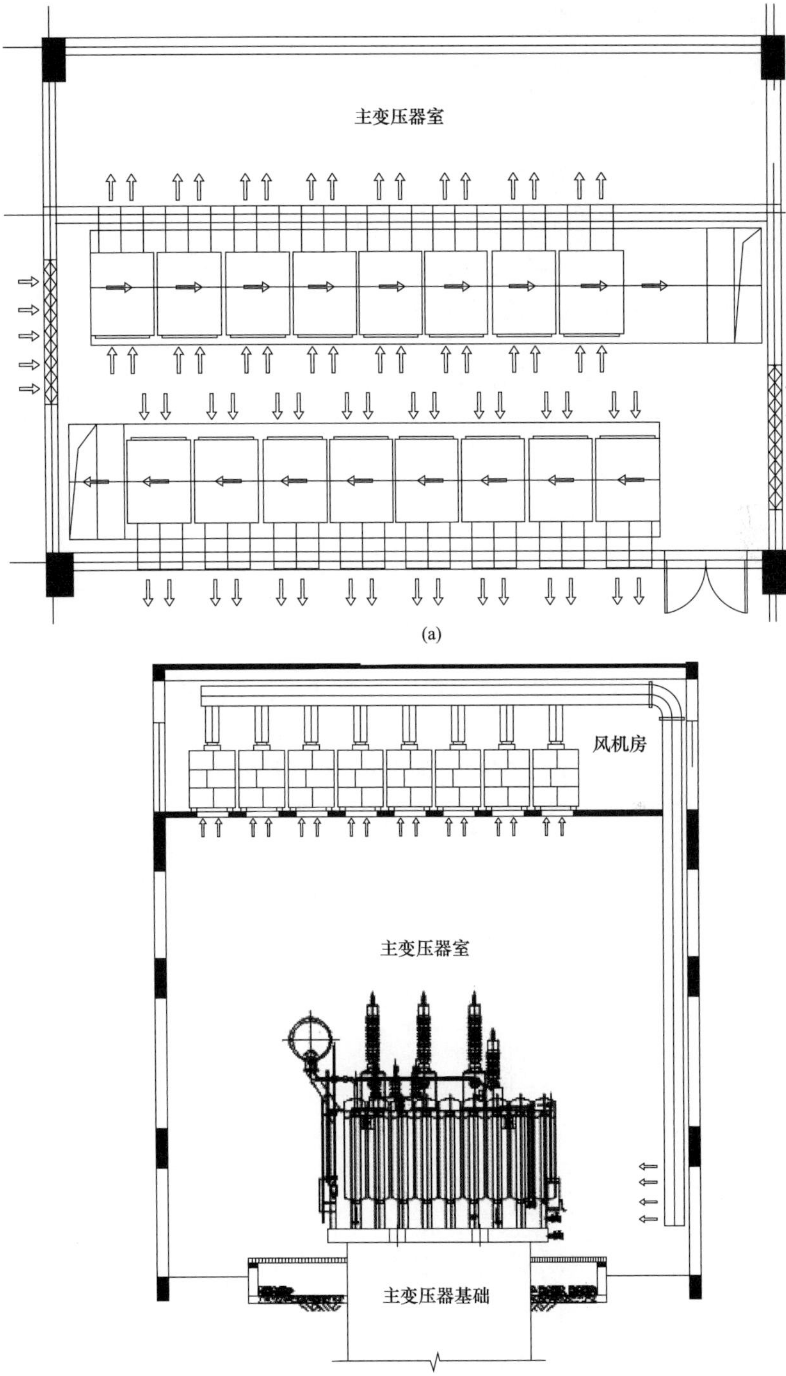

(b)

图 4-28　主变压器室通风方案二示意图

（a）主变压器室通风总体图；（b）主变压器室通风侧面图

3. 某变电站噪声输入条件

噪声预测模型需要输入以下条件：

（1）风级因素不考虑；

（2）温度按常温 20℃计算；

（3）湿度 70％；

（4）标准气压 101.325kPa。

该 110kV 变电站站内建筑物高度见表 4-20。

表 4-20　　110kV 某变电站站区主要建、构筑物参数

序号	建、构筑物名称	设计高度/m
1	主变压器室 1	18.4
2	三层屋顶高度	14.3
3	风机房 1	22.3
4	楼梯间	18.5

该变电站中主要设备在满负载运行时的噪声声功率级建模时取值见表 4-21。

表 4-21　　110kV 某变电站主要声源设备的噪声声功率级

设备	设备描述	数量	声功率级/dB(A)	模型形式
主变压器	额定容量 63MVA	3	96	竖直和水平面面声源
电容器组		6	80	面声源（室外）
主变压器室风机	离心式	6	95	面声源（室外）
10kV 配电室	离心式	3	81	面声源（室外）
电容器室风机	轴流式	6	72	面声源（室外）
GIS 室风机	轴流式	6	72	面声源（室外）
室外空调机		9	66	点声源

4. 针对通风方案一进行的噪声计算

通风方案一是主变压器室通风采用机械通风与自然通风相结合的通风模式，主控室、会议室等设置空调机，蓄电池室设置防爆型空调机。电缆间、10kV 配电室、电容器室、GIS 室、蓄电池室等采用自然通风并辅以机械通风方式。

（1）针对通风方案一采取的具体措施。

1）对于风机房、蓄电池室、10kV 高压室和电容器室风机配备消声器。

2）主变压器室内墙采用吸声处理。

3）采用隔声墙取代主变压器室的设备运输大门。

4）减少主变压器室外墙的进风面积。

5）主变压器室和风机房采用专业隔声门和消声百叶，电缆层和电容器室进风口采用消声百叶。

（2）室内模型的建立。

对于室内声源采用SoundPLAN工业建筑模块进行模拟计算，把室内声源等效为室外声源，再对室外声源采用户外传播中声衰减的计算方法，最终计算出预测点噪声值。

主变压器声传播路径示意图见图4-29，主变压器声传播路径主要为：①主变压器噪声→消声百叶窗→室外。②主变压器噪声→进风口→电缆层→消声百页窗→室外。③主变压器噪声→主变室排风口→风机房→消声百叶窗→室外。

按照以上各个传播路径逐一建模，计算出与主变压器声源对应的等效的室外声源（各个消声百页窗）。具体步骤如下：

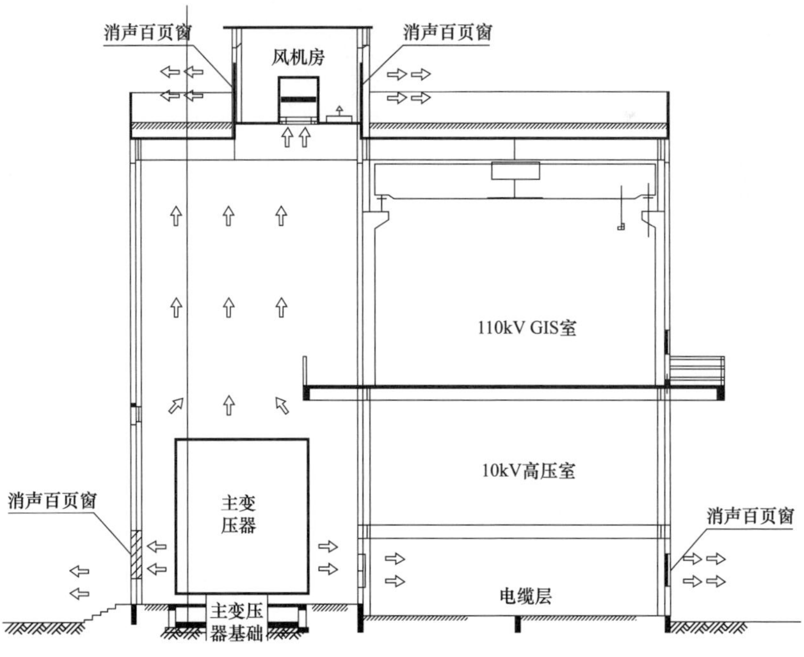

图4-29　主变压器声传播路径示意图

1）主变室模型计算。

图4-30为SoundPLAN中对主变压器室内的声学简化模型图。

在室内简化模型中，首先把主变压器室定义为工业建筑物，主变压器室内部的主变压器定义为两个垂直相交的竖直和水平面面声源，主变压器室室内吸声材料按 YGX 型双层吸声板考虑，吸收频谱见表 4-22，散射密度为 0.45，然后分别把消声百页、门、进风口和屋顶的排风口处定义为对外的面声源，消声百页窗和门的传声损失见表 4-23 和表 4-24，频谱和噪声值通过透过噪声计算模块自动得出。

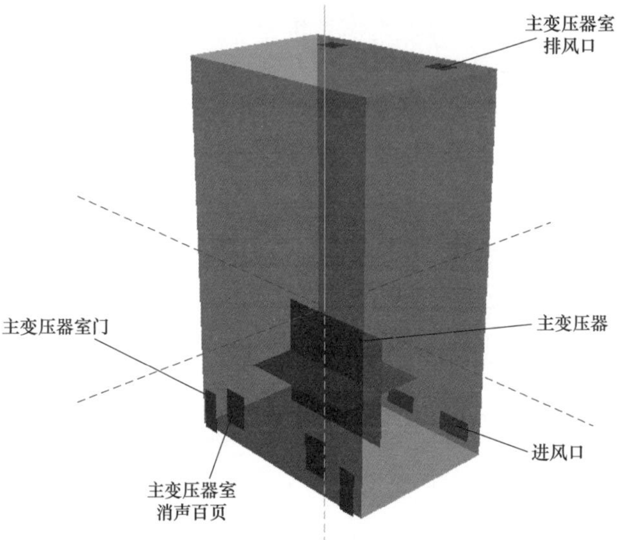

图 4-30　主变压器室声学简化模型图

表 4-22　**YGX 型双层吸声板吸声系数**

设备名称	吸声系数							
	63Hz	125Hz	250Hz	500Hz	1kHz	2kHz	4kHz	8kHz
YGX 型双层吸声板	0.2	0.36	0.44	0.31	0.29	0.39	0.25	0.39

表 4-23　**R 型消声百叶窗传声损失**

设备名称	传声损失/dB							
	63Hz	125Hz	250Hz	500Hz	1kHz	2kHz	4kHz	8kHz
消声百页窗	5	7	11	12	13	14	12	9

表 4-24　**门　隔　声　量**

设备名称	隔声量/dB							
	63Hz	125Hz	250Hz	500Hz	1kHz	2kHz	4kHz	8kHz
隔声门	＞32	＞42	＞44	＞47	＞54	＞50	＞50	＞50

2）风机房模型计算。

图 4-31 为 SoundPLAN 中对风机房室内的声学简化模型图。

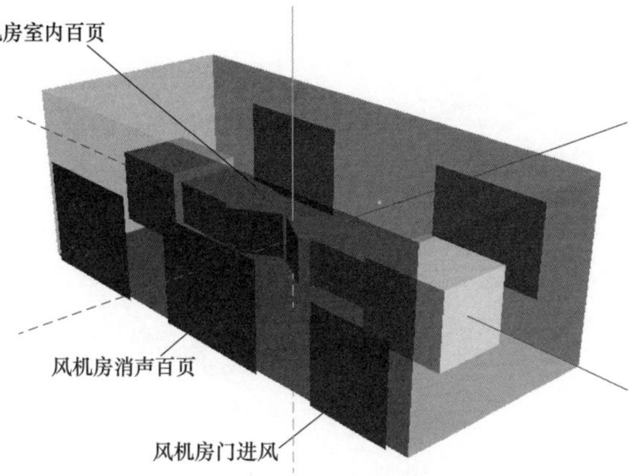

图 4-31　风机房室内声学简化模型图

在室内简化模型中，首先把风机房定义为工业建筑物，风机房的室内噪声为 EF-2 风机噪声与主变压器室排风口噪声（通过主变压器室内模型得出）叠加后，经过一台消声器和一个消声弯头的衰减后到达风机房室内的噪声。根据相关图纸的消声器和消声弯头的尺寸，对消声效果进行计算。故风机房的室内噪声可简化为与出风口尺寸相等的室内面声源。风机房室内吸声材料按光滑混凝土考虑，吸收频谱见表 4-25，散射密度为 0.48，然后分别把消声百页、门处定义为对外的面声源，消声百页和门的传声损失见表 4-23 和表 4-24，等效声源的频谱和噪声值通过计算透过噪声得出。

表 4-25　　光滑混凝土吸声系数

设备名称	吸声系数							
	63Hz	125H	250Hz	500Hz	1kHz	2kHz	4kHz	8kHz
光滑混凝土吸声系数	0.02	0.02	0.02	0.02	0.03	0.04	0.04	0.05

3）电缆层模型计算。

图 4-32 为 SoundPLAN 中电缆层室内的声学简化模型图。

在室内简化模型中，首先把电缆层定义为工业建筑物，电缆层内侧的 9 个进风口，均定义为室内面声源（通过主变压器室内模型得出），电缆层室内吸声材料按光滑混凝土考虑，吸收频谱见表 4-25，散射密度为 0.73，然后分别把外侧的 6 个消声百页窗定义为对外的面声源，消声百叶窗的传声损失见表 4-23，等效声源的频谱和噪声值通过噪声计算模块自动得出。

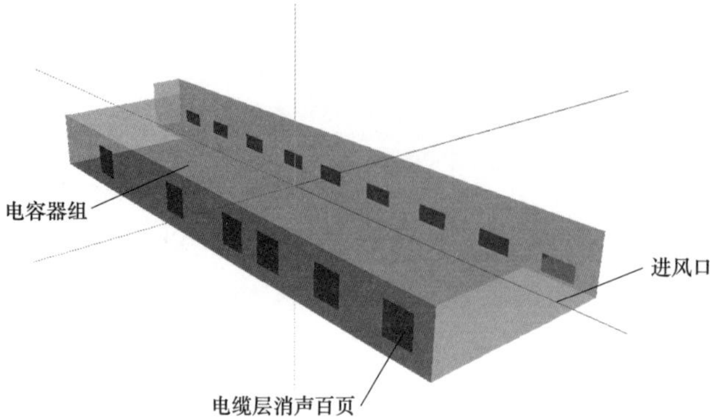

图 4-32　电缆层室内的声学简化模型图

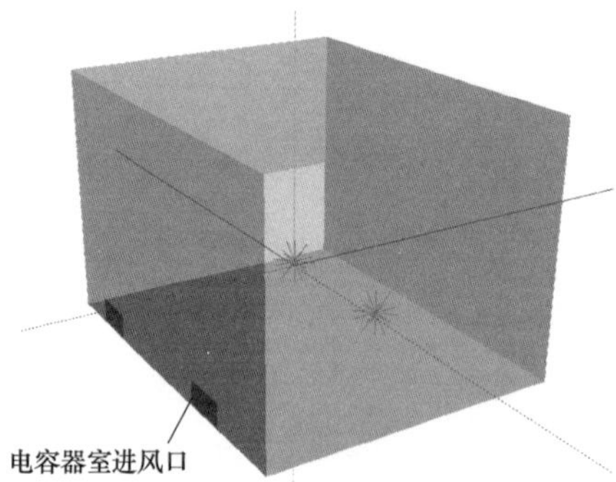

图 4-33　电容器室简化模型图

4）电容器室模型计算。

图 4-33 为 SoundPLAN 中电容器室内的声学简化模型图。

在室内简化模型中，首先把电容器室定义为工业建筑物，电容器室内有两组电容器，由于只考虑电容器室噪声对外的影响，故两组电容器均定义为室内点声源，电容器室内吸声材料按光滑混凝土考虑，吸收频谱见表 4-25，散射密度为 0.47，然后分别把外侧的 2 个消声百页定义为对外的面声源，消声百页的传声损失见表 4-23，频谱和噪声值通过透过噪声计算模块自动得出。

5）SoundPLAN 室内模型计算结果。

同过上述计算方法计算各个室外等效声源，结果见表 4-26。

表 4-26　　SoundPLAN 室内模型计算各等效声源声功率级结果

声源名称	各倍频带噪声值/dB(A)								声功率级/dB(A)
	63Hz	125Hz	250Hz	500Hz	1kHz	2kHz	4kHz	8kHz	
主变压器室消声百页	50.2	47.0	51.7	58.9	52.2	37.4	40.0	39.7	61.1
主变压器室门	19.5	6.9	12.9	19.2	6.7	−3.9	−2.3	−5.2	23.1
主变压器室排风口	82.8	74.7	77.1	77.7	65.5	49.9	47.2	41.1	85.2
进风口	47.9	45.5	53.6	62.7	57.2	42.7	44.2	41.3	64.4

续表

声源名称	各倍频带噪声值/dB(A)								声功率级/dB(A)
	63Hz	125Hz	250Hz	500Hz	1kHz	2kHz	4kHz	8kHz	
风机房消声百页	67.0	65.1	61.6	54.9	38.8	35.0	35.5	38.1	70.0
风机房门	34.7	24.7	23.2	14.5	−8.0	−7.2	−8.8	−10.0	35.4
电缆层消声百页	39.2	34.7	38.8	46.8	37.1	18.8	21.8	17.9	48.6
电容器室消声百页	20.7	39.9	50.6	59.6	39.2	23.0	17.9	9.6	60.2

6）室内风机噪声对室外的影响。

根据站内通风空调相关图纸，各室内风机分别设置于电容器室、10kV 高压室、蓄电池室和 110kV GIS 室内，其噪声通过排风管道（消声器）后直接从排风口向外辐射。由于各风机对室外的噪声影响其计算原理是相同的，所以在此仅对电容器室内风机（EAF-4）对站外的影响的计算书做详细说明。其他室内风机对站外的影响详见计算书《10kV 高压房排风机对室外的影响》《110kV GIS 室排风机对室外的影响》《蓄电池室排风机对室外的影响》。

a. 声源：EAF-4，风机噪声频谱特性可实际测得或参考同类型风机。

b. 经过消声器的风量为：0.76m^3/s(风机风量)。

c. 在 EAF-4 风机对外设置的 1 台规格为 500(W)×400(H)×1200(L) 消声器的动态插入损失见表 4-27。

表 4-27　　消声器的动态插入损失

倍频带中心频率/Hz	63	125	250	500	1000	2000	4000	8000
动态插入损失/dB	−5	−8	−16	−32	−48	−52	−52	−30

在设计流量下，气流再生噪声见表 4-28。

表 4-28　　消声器的气流再生噪声

倍频带中心频率/Hz	63	125	250	500	1000	2000	4000	8000
气流再生噪声/dB	33	27	20	14	8	2	−4	−10

其阻力为 2Pa，综合降噪量为 13dB。

d. 排风口的形式为防雨百页，尺寸 500×400，各倍频带中心频率末端反射为−8、−4、−1、0、0、0、0、0；再生噪声 59dB(A)。电容器室排风口声功率级为 61dB(A)。

e. 各消声器的传声损失和气流再生噪声分别见表 4-29、表 4-30。

表 4-29　　各消声器的传声损失

设备名称	安装位置	规格：宽×高×长/mm	动态插入损失/dB							
			63	125	250	500	1000	2000	4000	8000
消声器	风机房排风管	1000×1000×1200	−4	−6	−11	−18	−31	−32	−14	−8
消声弯头	风机房排风管	1000×1000	−1	−5	−8	−10	−17	−25	−25	−18
消声器	10kV 高压室排风管	1250×500×1200	−5	−8	−14	−24	−41	−52	−27	−12
消声器	电容器室排风管	500×400×1200	−5	−8	−16	−32	−48	−52	−52	−30
消声器	蓄电池室排风管	400×250×1200	−2	−4	−7	−14	−23	−17	−9	−7

表 4-30　　各消声器的气流再生噪声

设备名称	安装位置	设计风量/($m^3 \cdot h^{-1}$)	气流再生噪声声功率级/dB							
			63	125	250	500	1000	2000	4000	8000
消声器	风机房排风管	31400	57	52	49	46	43	38	32	26
消声弯头	风机房排风管	31400	54	54	49	48	46	44	47	74
消声器	10kV 高压室排风管	10582	39	35	32	28	24	18	12	6
消声器	电容器室排风管	2737	33	27	20	14	8	2	−4	−10
消声器	蓄电池室排风管	743	15	7	−1	−10	−17	−24	−30	−36

f. 根据以上计算原理和各消声器的性能参数，其他室内风机排风口噪声声功率级见表 4-31。

表 4-31　　各室内风机排风口噪声声功率级

声源名称	各倍频带噪声值/dB(A)								声功率级/dB(A)
	63Hz	125Hz	250Hz	500Hz	1kHz	2kHz	4kHz	8kHz	
10kV 高压室排风口	42.8	55.9	56.4	53.8	54.0	51.2	60.1	52.9	64.3
110kV GIS 室排风口	37.8	45.9	55.4	61.8	63.0	58.2	52.1	47.9	66.8
电容器室排风口	40.8	48.9	55.4	54.8	51	49.2	56.1	49.9	61.6
蓄电池室排风口	38.8	46.9	53.4	52.8	43.0	47.2	49.1	41.9	58.0

（3）SoundPLAN、Cadana/A 室外模型计算。

1）室外声学模型建立。

采用 SoundPLAN 和 Cadana/A 建立该站室外声学模型，声源模拟分布情况见表 4-32、图 4-34 和图 4-35。

表 4-32　　各区域室外声源分布

声源名称	声源个数	声源类型
主变压器室消声百页	6	面声源
主变压器室门	6	面声源
风机房消声百页	10	面声源

续表

声源名称	声源个数	声源类型
风机房门	3	面声源
电缆层消声百页	6	面声源
10kV 高压室排风口	3	面声源
110kV GIS 室排风口	2	面声源
电容器室消声百页	6	面声源
电容器室排风口	6	面声源
蓄电池室排风口	2	面声源
室外空调机	9	点声源

图 4-34　声源分布立体图（一）

图 4-35　声源分布立体图（二）

该变电站建筑物分布情况见图 4-36。

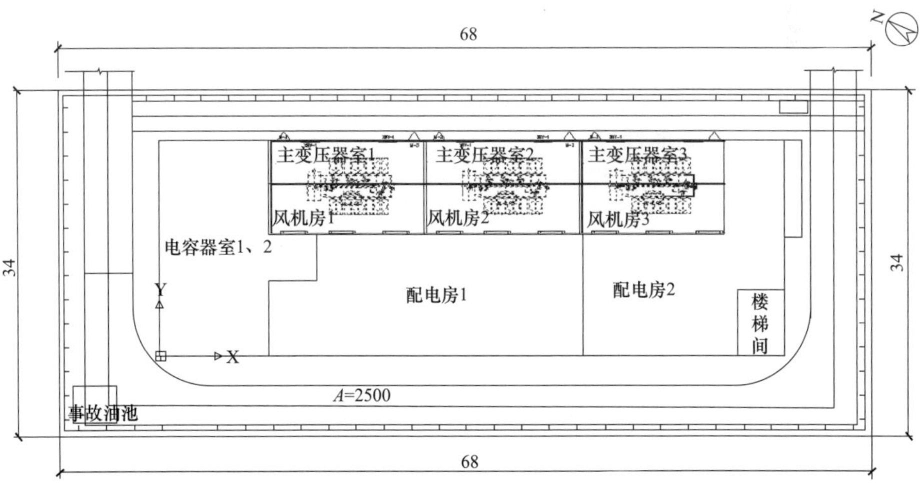

图 4-36　该变电站建筑物分布图

沿着变电站围墙外 1m 选择 20 个监听点，在主要声源对应位置保证具有监听点，并保持各个监听点距离大致相近，具体位置见图 4-37。

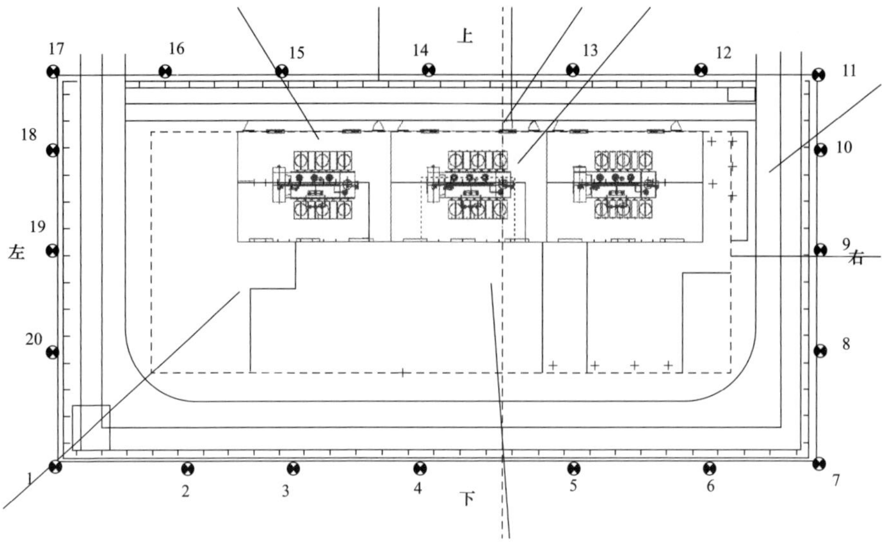

图 4-37　该变电站声学测点分布图

2）模型计算结果。

采用方案一时，预测点处（距厂界 1m，离地 1.5m）噪声计算值见表 4-33，噪声区域图见图 4-38～图 4-44。

表 4-33　　方案一测点噪声预测值（离地 1.5m 高）　　单位：dB(A)

测点序号	具体位置描述	方案一	
		Cadana	SoundPLAN
1	厂界左下角	37.4	37.3
2	距离左围墙 11.3m	36.7	36.7
3	距离左围墙 20.5m	39.2	39.8
4	距离左围墙 32.3m	41.9	42.2
5	距离右围墙 21m	41.2	40.8
6	距离右围墙 9m	38.8	36.8
7	厂界右下角	37.3	36.2
8	距离下围墙 9.2m	37.9	36.7
9	距离上围墙 14.8m	41.9	41.1
10	距离上围墙 5.8m	44.1	44.3
11	厂界右上角	42.0	42.4
12	距离右围墙 9.8m	40.7	39.0
13	距离右围墙 21.3m	42.2	42.1
14	距离右围墙 34m	42.2	42.2
15	距离左围墙 20m	41.2	41.1
16	距离左围墙 9m	39.2	38.2
17	厂界左上角	39.9	39.8
18	距离上围墙 6m	41.4	41.2

续表

测点序号	具体位置描述	方案一	
		Cadana	SoundPLAN
19	距离上围墙 15m	41.7	41.6
20	距离下围墙 9.2m	39.6	39.3

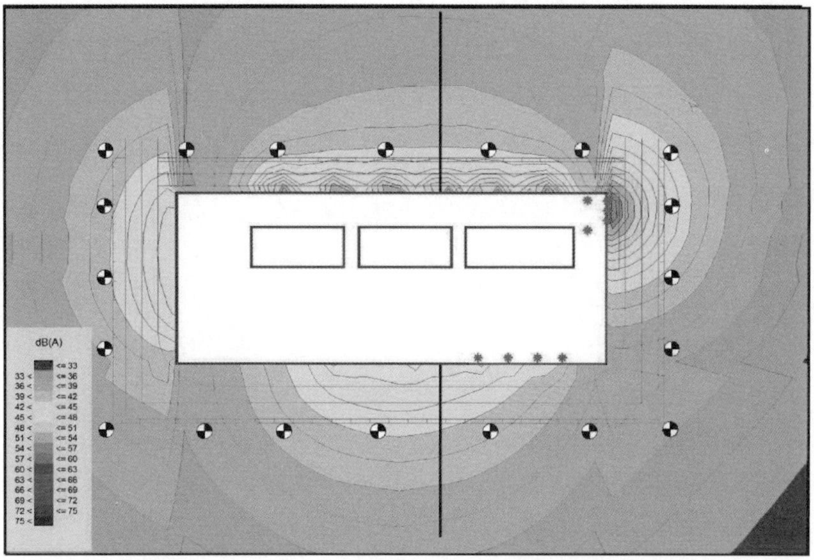

图 4-38　距地面 1.5m 高处的噪声分布网格图（SoundPLAN）

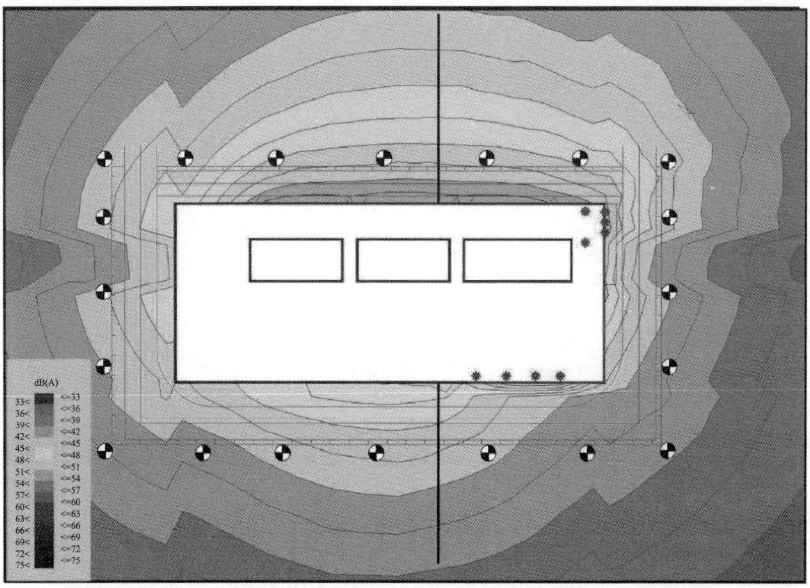

图 4-39　距地面 20m 高处的噪声分布网格图（SoundPLAN）

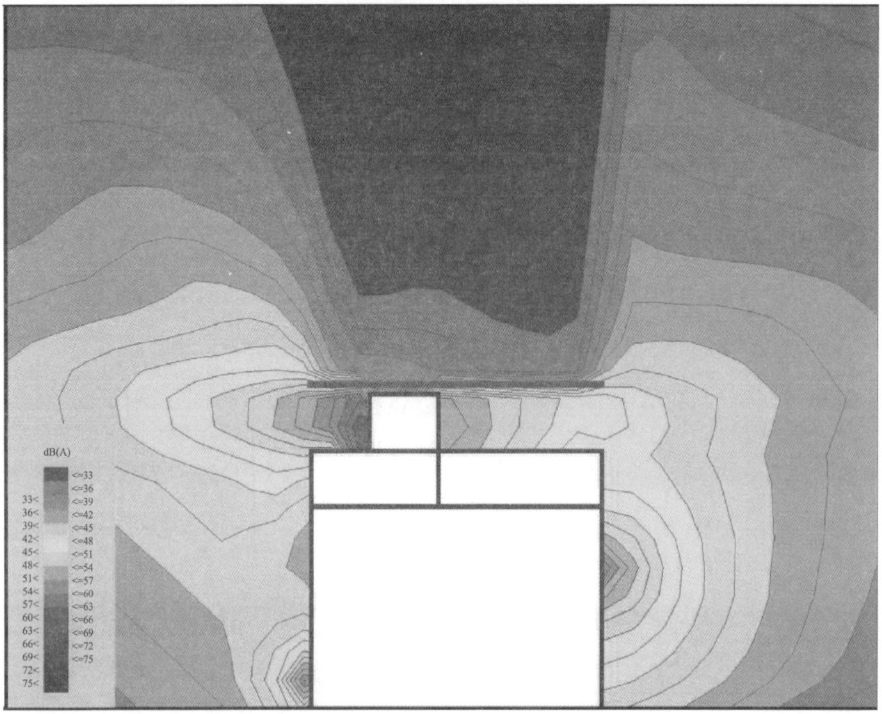

图 4-40　该站竖直截面噪声分布网格图（SoundPLAN）

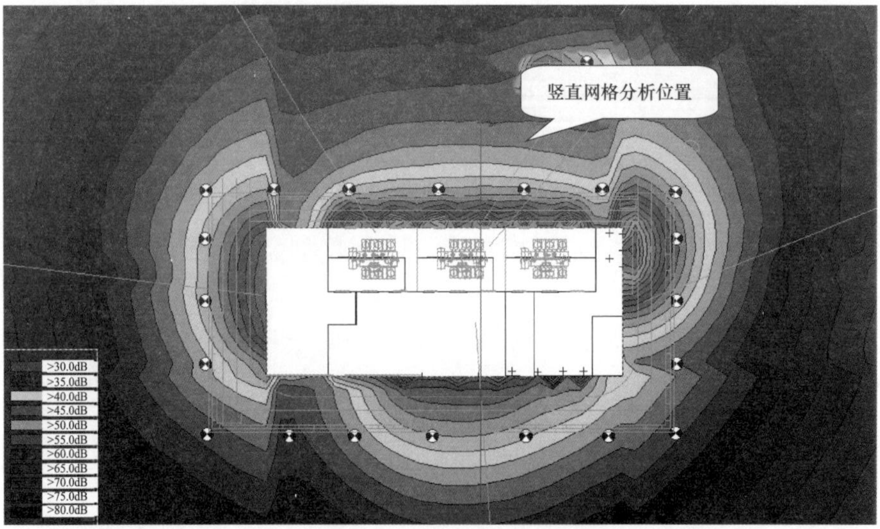

图 4-41　该站距地面 1.5m 高处的噪声分布网格图（Cadana/A）

由图 4-38～图 4-44 和表 4-33 可知，变电站在方案一下的噪声状况为：

a. 变电站围墙外 1m，距离地面高 1.5m 处噪声贡献值都低于 45dB(A)，其中右侧（测点 10）厂界噪声水平最高，在 37.9～44.1dB(A)，主变压器室一侧厂界噪声水平在 39～42.2dB(A)，满足《工业企业厂界环境噪声排放标准》1 类夜间 45dB(A) 的限值标准。

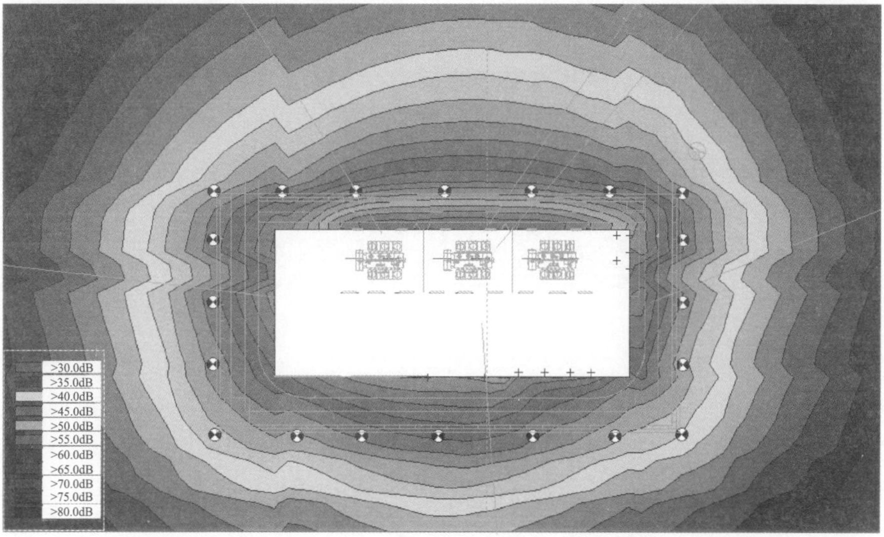

图 4-42　该站距地面 20m 高处的噪声分布网格图（Cadana/A）

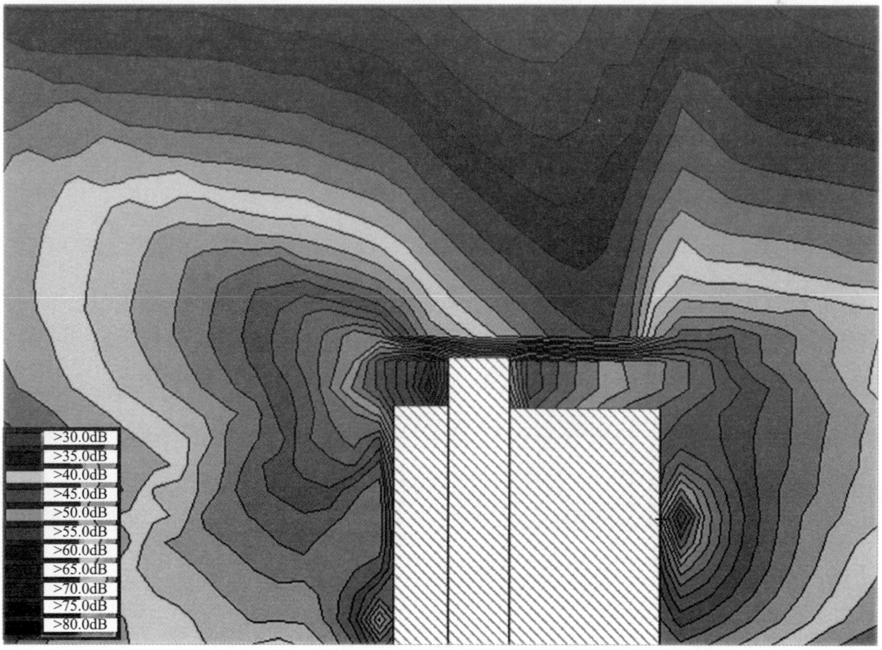

图 4-43　竖直截面噪声分布网格图（Cadana/A）

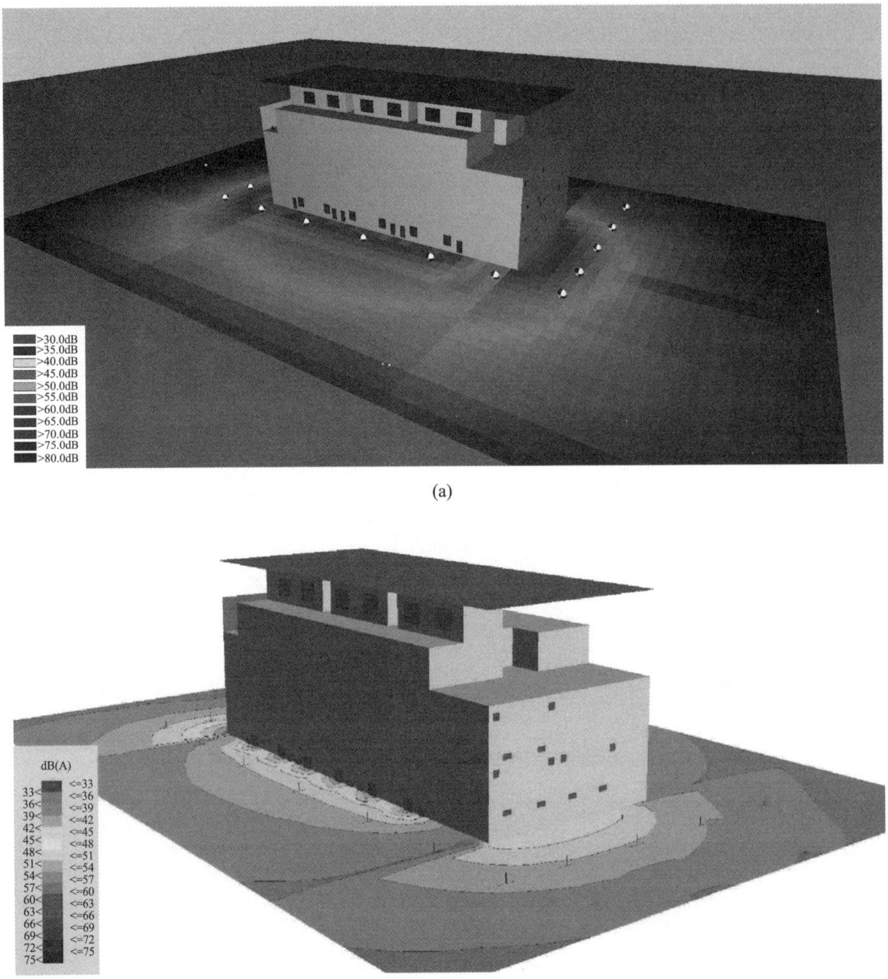

(a)

(b)

图 4-44　方案一下噪声分布 3D 图

（a）Cadana/A 计算的噪声分布图；（b）SoundPLAN 计算的噪声分布图

b. 从竖直噪声网格图和 20m 高噪声网格图计算结果看：高空的噪声水平比地表附近会高一些，对外辐射噪声最大的噪声源为主变压器室风机房的百页漏声，其对地面的噪声影响不大，但对高空近距离处有一定的影响。

c. 从 20m 高噪声网格图计算结果看，20m 高处的噪声水平明显大于距地面 1.5m 高处的噪声水平，主变压器室一侧厂界方向的噪声水平较其他方向大，噪声值在 50dB(A) 以内，但距离厂界 8m 以后就衰减为 45dB 以下，其他方向则基本都在 45dB(A) 以下。

5. 针对通风方案二进行的噪声计算

通风方案二是考虑到该站具有 3C 绿色展示功能，提出一个全新的主变压器室通风方案作为备选，即采用高效热管换热器代替自然进风机械排风的降温方式。主要功能如下：①在主变压器室上空机房设置高效热管换热器作为冷却设备，利用热管换热器，采用室内外气体分离技术，达到换热降温目的。②由于换热器风机风量较小，噪声水平相对较低，所以风机房外噪声水平比一般轴流风机房低，改善站内运行的噪声环境。③主变压器室完全封闭，主变压器室内空气处于内部循环状态，而不需要设置进风口和排风口，主变压器噪声能更好地控制在主变压器室内而不会向外传播。

（1）通风方案二下采取的降噪措施。

1）对于蓄电池室、10kV 高压室和电容器室风机配备消声器。

2）主变压器室内墙采用吸声处理。在内墙 9m 高范围以下墙面铺装 YGX 型双层吸声板，对主变压器室室内的噪声进行衰减。

3）采用隔声墙取代主变压器室的设备运输大门。

4）主变压器室和风机房采用专业隔声门，电缆层和电容器室进风口采用消声百叶。

（2）室内模型的建立。对于主变压器、电容器组等室内声源采用 SoundPLAN 工业建筑模块进行模拟计算，把室内声源等效为室外声源，与方案一的计算相同。

换热器风机对室外的等效噪声值计算结果见表 4-34，详见计算书《方案二热管风机噪声估算》。

表 4-34　　换热器风机口噪声声功率级

声源名称	各倍频带噪声值/dB(A)								声功率级/dB(A)
	63Hz	125Hz	250Hz	500Hz	1kHz	2kHz	4kHz	8kHz	
换热器风机口	46.8	63.9	61.4	60.8	65	61.2	56.1	48.9	70.0

（3）SoundPLAN 室外模型计算。

1）室外声学模型建立。

采用 SoundPLAN 预测软件和 Cadana/A 噪声预测软件建立室外声学模型，声源模拟分布情况见表 4-35。

表 4-35　　各区域室外声源分布

声源名称	声源个数	声源类型
主变压器室门	6	面声源
热管换热器风机	48	点声源

续表

声源名称	声源个数	声源类型
风机房门	3	面声源
10kV 高压室排风口	3	面声源
110kV GIS 室排风口	2	面声源
电容器室消声百叶	6	面声源
电容器室排风口	6	面声源
蓄电池室排风口	2	面声源
室外空调机	9	点声源

声源分布图见图 4-45。

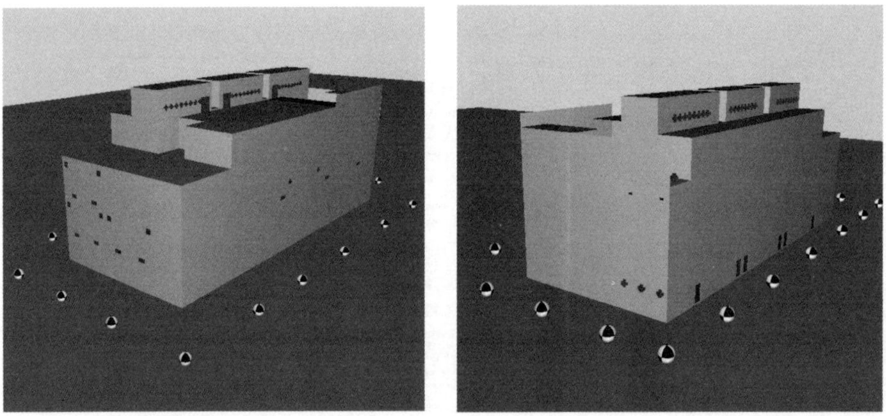

(a) (b)

图 4-45　声源分布立体图

(a) 声源分布立体图（一）；(b) 声源分布立体图（二）

2）模型计算结果。

采用方案二时，使用 SoundPLAN 噪声预测软件在预测点处（离地 1.5m）计算的噪声值见表 4-36，距地面 1.5m 高处的噪声分布网格图噪声区域图见图 4-46，距地面 20m 高处的噪声分布网格图见图 4-47。图 4-48 是竖直截面噪声分布网格图，图 4-49 是噪声分布 3D 图。

表 4-36　　方案二测点噪声预测值（离地 1.5m 高）　　单位：dB(A)

测点序号	具体位置描述	SoundPLAN
1	厂界左下角	37.2
2	距离左围墙 11.3m	36.6
3	距离左围墙 20.5m	39.8

续表

测点序号	具体位置描述	SoundPLAN
4	距离左围墙 32.3m	42.3
5	距离右围墙 21m	40.9
6	距离右围墙 9m	37
7	厂界右下角	36.3
8	距离下围墙 9.2m	36.9
9	距离上围墙 14.8m	41.2
10	距离上围墙 5.8m	44.3
11	厂界右上角	42.1
12	距离右围墙 9.8m	33.8
13	距离右围墙 21.3m	34.2
14	距离右围墙 34m	34.3
15	距离左围墙 20m	33.5
16	距离左围墙 9m	32.9
17	厂界左上角	39.5
18	距离上围墙 6m	41.1
19	距离上围墙 15m	41.6
20	距离下围墙 9.2m	39.3

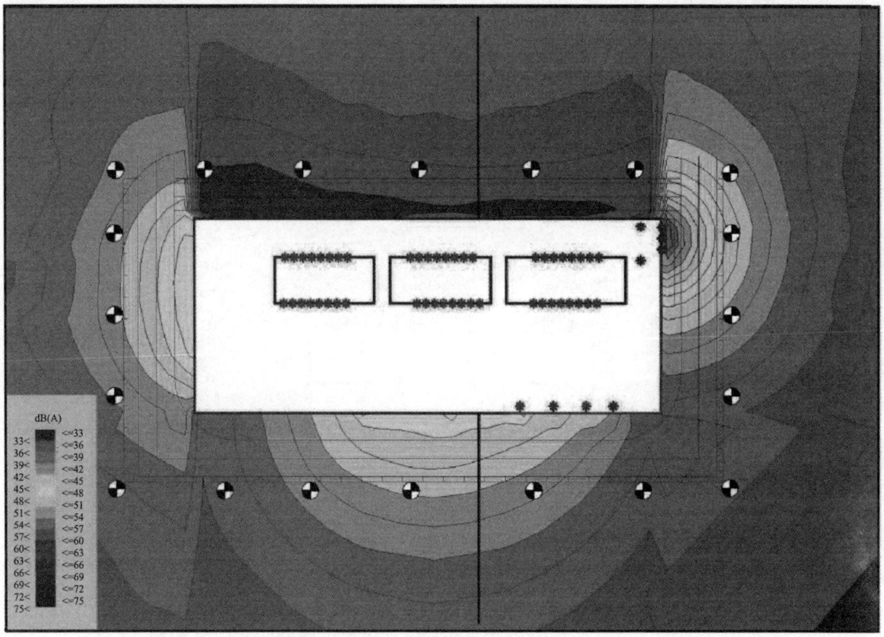

图 4-46　距地面 1.5m 高处的噪声分布网格图

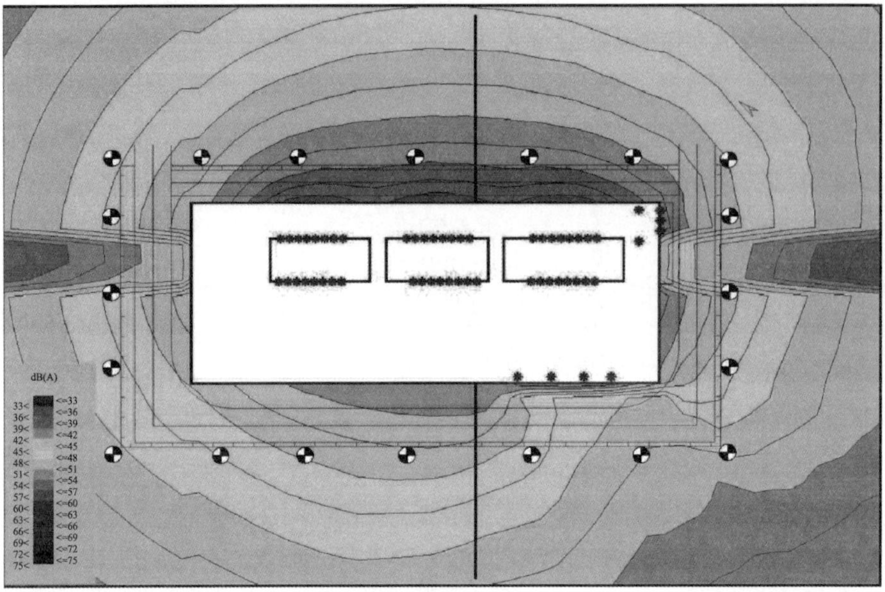

图 4-47　距地面 20m 高处的噪声分布网格图

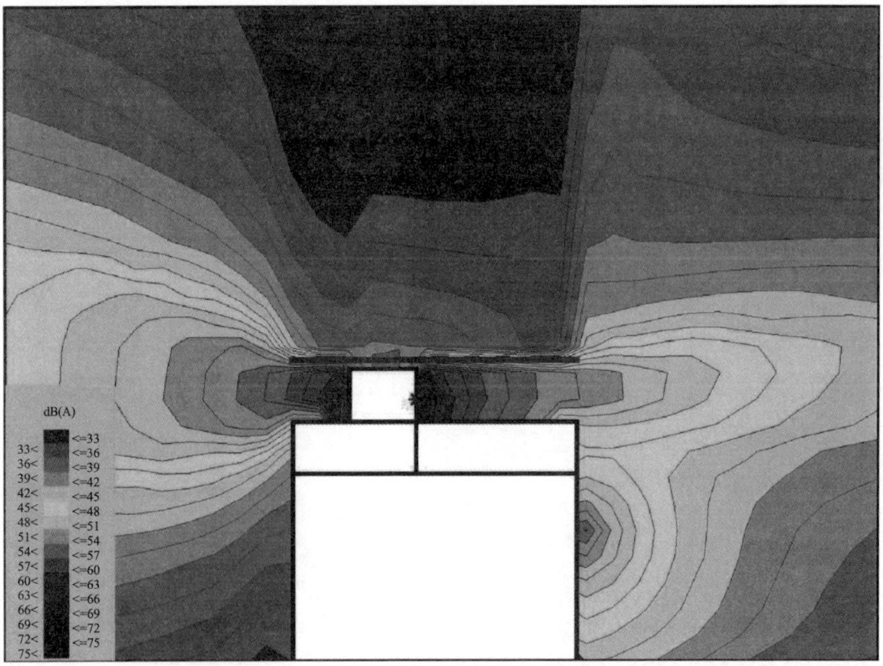

图 4-48　竖直截面噪声分布网格图

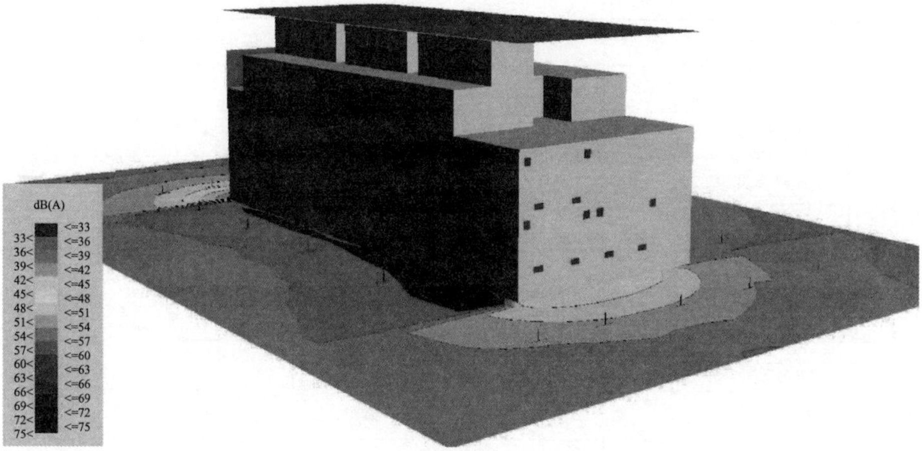

图 4-49 噪声分布 3D 图

由预测结果表 4-36、图 4-46～图 4-49 可知，变电站在通风方案二下的噪声状况为：

a. 变电站围墙外 1m 范围，距离地面高 1.5m 处噪声贡献值都低于 45dB(A)，其中右侧（测点 10）厂界处噪声水平最高，为 44.3dB(A)，主要是由室外空调机贡献的；由于空气是室内循环的，无需在主变室外墙开启百叶，主变压器室一侧厂界噪声水平在 32.9～34.3dB(A)。

b. 从竖直噪声网格图和 20m 高噪声网格图计算结果看：高空的噪声水平比地表附近会高很多，对外辐射噪声的声源主要是高效热管换热器的 48 个风扇。

c. 从 20m 高噪声网格图计算结果看，20m 高处的噪声水平明显大于距地面 1.5m 高处的噪声水平，主变压器室一侧厂界方向的噪声水平比其他方向大，在 54dB(A) 以内。

6. 噪声控制方案经济性比较

该变电站工程主变压器室的两种通风方案中，方案一主要由主变压器室通风设备、主变压器室吸声材料及通风消声百叶等材料组成，而方案二主要由热管换热器及附带控制设备以及通风管道等设备组成。由于两种通风方案有较大的区别，故对变电站主变压器的噪声控制的措施也有较大的区别。根据以上的计算分析结果，对两种通风方案及其噪声控制措施进行的经济性对比见表 4-37。

表 4-37　　两个方案的造价对比表

项目		工程量	单位	单价/万元	费用/万元
方案一	风机	6	台	1	6
	吸声墙体	960	m^2	0.08	76.8
	消声百页	16.2	m^2	0.15	2.43
	电动百页	24	m^2	0.15	3.6
	温控系统	3	套	3	9
	合计				97.83
方案二	高效热管换热器	48	台	7.4	355.2
	钢板材料	10	吨	0.98	9.8
	合计				365
方案一和方案二差价					267.17

7. 结论

将该变电站通风方案一和通风方案二降噪措施的预测计算结果，结合经济指标分析进行的综合对比见表 4-38，由该表可以看出如下结论：

（1）针对通风方案一和通风方案二采取的降噪措施，都可以使该变电站的厂界噪声水平达到 GB/T 2348—2008 的一类限值标准要求。

（2）在 20m 高度的水平面上，噪声都高于厂界测点处的噪声，其中方案二的噪声水平约比方案一的噪声水平高 4dB(A)，该处对外辐射噪声的声源主要是主变压器室风机房对外辐射的噪声。由于主变压器室较高，使得厂界处于它的声影区，故对厂界噪声不会产生影响。

（3）在通风方案一中对主变压器室通风设备采取的噪声控制措施要比通风方案二更加复杂，在两种通风方案中对其他部位采取的噪声控制措施基本一致。

（4）通风方案一的噪声治理投资较大，但通风方案二的前期投资远大于方案一。

（5）从两种通风方案的技术经济性综合比较来看，方案一的要优于方案二。

表 4-38　　两种方案的综合比较

序号	项目	方案一	方案二	备注
1	通风散热设备造价	机械通风与自然通风相结合，价格低	高效热管换热器价格高	方案一比方案二约低 350 万元

续表

序号	项目	方案一	方案二	备注
2	噪声治理措施	(1) 采用隔声墙取代主变压器室的设备运输大门。减少主变压器室外墙的进风面积。主变压器室内墙采用吸声处理。主变压器室和风机房采用专业隔声门和消声百页，风机房风机配备消声器。 (2) 对于蓄电池室、10kV 高压室和电容器室风机配备消声器。 (3) 电缆层和电容器室进风口采用消声百页	(1) 主变压器室完全封闭，主变压器室内墙采用吸声处理。主变压器室和风机房采用专业隔声门。 (2) 对于蓄电池室、10kV 高压室和电容器室风机配备消声器。 (3) 电缆层和电容器室进风口采用消声百叶	
3	噪声治理措施造价	较高	较低	方案一比方案二约高 80 万元
4	厂界噪声状况	达到一类限值标准	达到一类限值标准	
5	20m 高度位置噪声	主变压器室一侧噪声值较低	主变压器室一侧噪声较高，约高 4dB(A)	

第5章

变电站/换流站设备A-V法故障诊断与噪声自动监测

5.1 A-V法设备故障诊断技术概述

测取设备在运行中或相对静止条件下的状态信息，通过对测取信号的处理和分析，结合设备的历史状况，定量识别设备及其零部件的技术状态，并预知有关异常、故障和预测未来技术状态，从而确定必要的对策技术，此即设备故障诊断技术。A-V法设备故障诊断技术是利用设备的噪声与振动来识别设备故障的方法，这是设备故障诊断技术的一种常用方法。

5.1.1 故障及其分类

故障：设备（元件、零件、部件、产品或系统）因某种原因丧失规定功能的现象。

1. 按故障发生、发展的过程分类

（1）突发性故障。

故障发生之前没有明显的可察征兆，具有较大的破坏性。

（2）渐发性故障。

故障的发生一般与磨损、腐蚀、疲劳等密切相关，其特点是：

故障一般发生在元器件有效寿命的后期；有规律，可以预防；发生概率与设备运转时间有关。

2. 按故障的性质分类

（1）自然故障：设备自身原因造成。

（2）人为故障：操作使用不当或意外原因。

5.1.2 故障的特征参量

1. 直接特征参量

（1）设备或部件的输出参数：设备的输出与输入的关系以及输出变量之间的关系都可以反映设备的运行状态。

(2) 设备零部件的损伤量：变形量、磨损量、裂纹以及腐蚀情况等都是判断设备技术状态的特征参量。

2. 设备运转中的间接特征参量

设备运转中的间接特征参量（二次效应参数）：主要是设备在运行过程中产生的振动、噪声、温度、电量等。

设备或部件的输出参数和零部件的损伤量都是故障的直接特征参量，而二次效应参数是间接特征参量。使用间接特征参量进行故障诊断的优点是，可以在设备运行中并且无需拆卸的条件下进行。不足之处是间接特征参量与故障之间的关系不是完全确定的。

5.1.3 设备故障诊断技术分类及其实施过程

1. 设备故障诊断技术的分类

(1) 按照诊断的目的、要求和条件分类。

1）功能诊断和运行诊断：功能诊断主要用于新安装或刚维修的设备，而运行诊断则针对运行中的设备或系统。

2）定期诊断和连续监测。

3）直接诊断和间接诊断：间接诊断主要通过设备运行中的二次信息判断。

4）在线诊断和离线诊断：在线是指对现场正在运行设备的自动实时监测，而离线监测是利用磁带记录仪等将现场的状态信号记录后，带回实验室进行分析诊断。

5）常规诊断和特殊诊断。

6）简易诊断和精密诊断。

(2) 按诊断的物理参数分类。

主要物理参数有振动、声学、温度、污染、无损、压力、强度、电参数、趋向以及各种参数的综合，见表5-1。

表5-1 按诊断的物理能数分类

诊断技术名称	状态检测参数
振动诊断技术	平衡振动、瞬态振动、机械导纳及模态参数等
声学诊断技术	噪声、声阻、超声以及声发射等
温度诊断技术	温度、温差、温度场以及热象等
污染诊断技术	气、液、固体的成分变化，泄漏及残留物等
无损诊断技术	裂纹、变形、斑点及色泽等
压力诊断技术	压差、压力及压力脉动等
强度诊断技术	力、扭矩、应力及应变等
电参数诊断技术	电信号、功率及磁特性等
趋向诊断技术	设备的各种技术性指标
综合诊断技术	各种物理参数的组合与交叉

（3）按诊断的直接对象分类。

主要直接诊断对象有机械零件、液压系统、旋转机械、往复机械、电气设备等，见表 5-2。

表 5-2　　按直接诊断对象分类

诊断技术名称	直接诊断对象
机械零件诊断技术	齿轮、轴承、转轴、钢丝绳、连接件等
液压系统诊断技术	泵、阀、液压元件及液压系统等
旋转机械诊断技术	转子、轴系、叶轮、风机、泵、离心机、汽轮发电机组及水轮发电机组等
往复机械诊断技术	内燃机、压气机、活赛及曲柄连杆机构等
电气设备诊断技术	发电机组、变压器等

2. 设备故障诊断技术的实施过程

图 5-1 中，设备故障诊断技术的实施过程大致分为三个阶段，即状态监测阶段、分析诊断阶段和治理预防阶段。

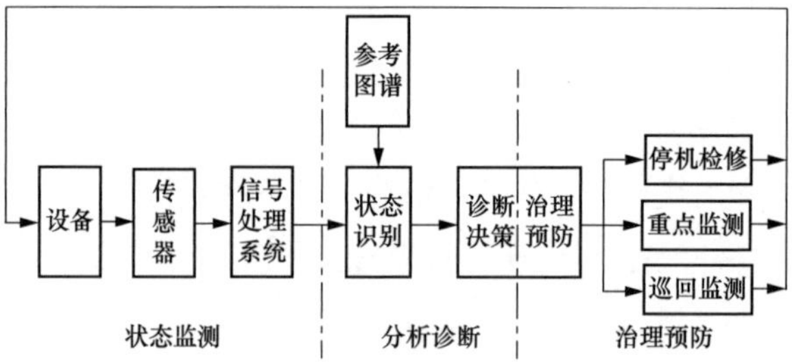

图 5-1　诊断技术的三个阶段

（1）状态监测。

通过传感器采集设备在运行中的各种信息，将其转变为电信号或其他物理量，再将获取的信号输入到信号处理系统进行处理。后者主要是将特征信号提取出来，而将无用信号和干扰信号排除。

（2）分析诊断。

分析诊断：根据监测到的能够反映设备运行状态的征兆或特征参数的变化情况或将征兆与模式进行比较，来判断故障的存在、性质、原因和严重程度以及发展趋势。

（3）治理预防。

根据分析诊断得出的结论确定治理修正和预防的办法。

3. 状态监测与故障诊断的区别与联系

状态监测是故障诊断的基础和前提；故障诊断是对监测结果的进一步分析

和处理，诊断是目的。

5.2　A-V法故障诊断应用实例分析

在某直流换流站中，出现极Ⅰ阀厅冷却室内的噪声变大的状况，凭听觉和常规检查，无法确定噪声变大的原因。在极Ⅰ阀厅冷却室内安装有两组水循环设备，每组设备由电动机、水泵、阀门、管道和离子交换器组成，见图5-2。

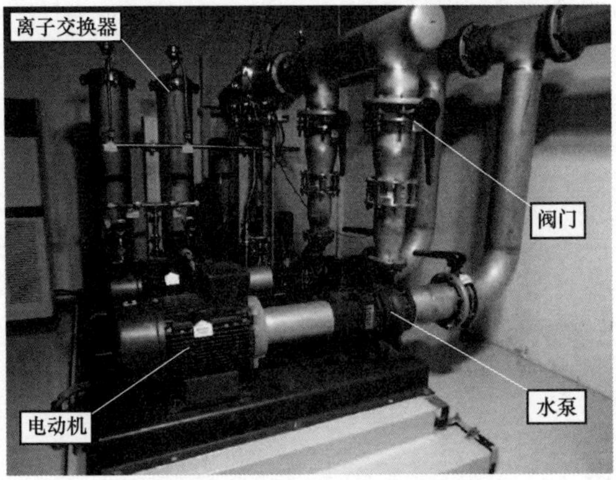

图5-2　极Ⅰ阀厅冷却室内的运行设备

为了寻找噪声源，特采用A-V相干分析法分别测量极Ⅰ、极Ⅱ阀厅冷却室内各设备的振动谱和室内噪声谱的相干函数谱。

首先，在阀厅冷却室的各主要声辐射设备（电动机、水泵、阀门、管道和离子交换器）上设置了振动测点，应用激光测振仪采集这些测点的振动速度信号，图5-3是离子交换器振动测点位置示意图。此外，还利用传声器在设备的附近同时采集噪声信号。设备的振动信号和噪声信号输入到频谱分析仪中进行分析处理。

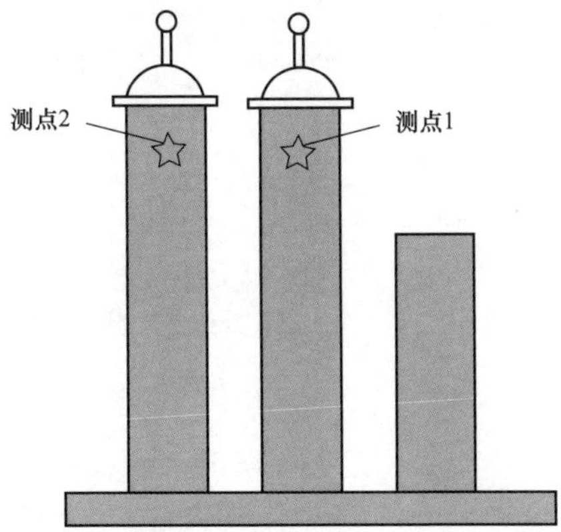

图5-3　阀厅冷却室离子交换器振动测点

分析结果发现（见图5-4），极Ⅰ阀厅冷却室内第一台离子交换器（即测点1）的上部分的振动值约是第二台离子交换器（即测点2）和极Ⅱ阀厅冷却室内离子交换器相同位置处振动值的10倍。另外，极Ⅰ阀厅冷却室内第一台离子交换器在测点1的振动频谱显示振动异常的主要频率是1081Hz和5600Hz（1081Hz的5倍频），此时室内噪声的频谱也显示出1081Hz和5600Hz的分量突出。在对振动与室内噪声进行相干分析后，显示出1081Hz和5600Hz频率处存在着很好的相干性。因此，初步判断是第一台离子交换器内的上部出现故障。经进一步分析判断，认为极Ⅰ阀厅冷却室内第一台离子交换器上部位置处的一个开关阀存在异常。

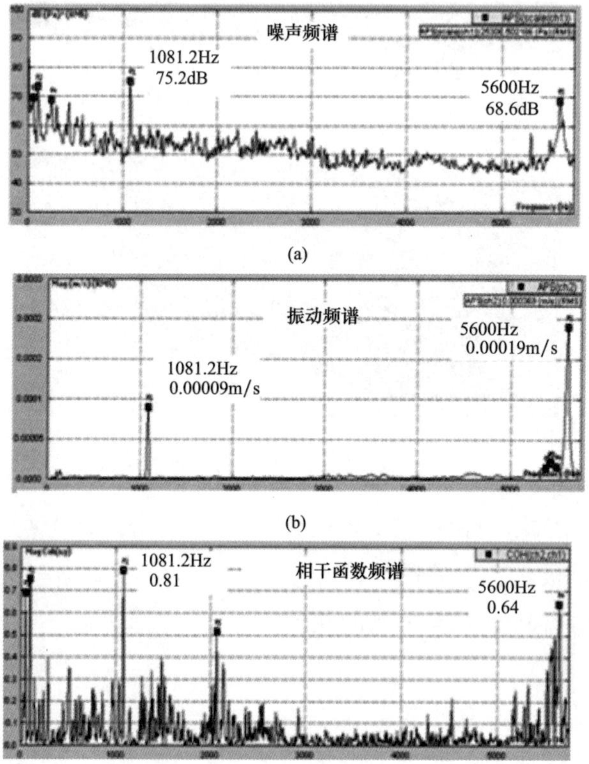

图5-4　测点1的噪声、振动及相干函数频谱

（a）噪声频谱图；（b）振动频谱图；（c）相干函数频谱图

5.3 变电站/换流站设备噪声自动监测

近年来随着电子技术、通信技术、声学测量技术和相关理论的发展，具有网络化、数字化、智能化功能的噪声监测系统迅速完善起来。目前在欧美的许

多城市以及香港都已经建立起城市环境噪声监测网络。北京在 2008 年为了迎接奥运会，也花费了 3000 多万元向国外公司采购了近 50 套噪声监测终端和管理软件建设环境噪声监测网络。

在变电站、换流站建立智能化噪声监测系统，可以对站内各噪声源辐射噪声的状况进行实时监测和分析，便于及时掌握尖峰变电站设备对周围环境的噪声污染状况，是建立“3C”变电站的一个技术亮点；同时，变电站、换流站智能化噪声监测系统的建立，也为积累变压器等主要噪声设备在不同电压等级和不同负荷条件下的噪声辐射数据，为深入了解变压器等主要噪声设备实际噪声辐射规律提供了技术支撑。

5.3.1 系统概要

智能化噪声监测系统通过安装在变电站、换流站的数字式噪声监测终端、数字传输单元和安装在主管部门内监测中心处理站的统计处理、显示系统软件，实现变电站、换流站噪声污染状况和污染源的准确、快速监控。在系统中，监测终端监测的噪声数据经过分析、处理、打包，通过 GPRS/CDMA 通信通道，上传数据到监测中心处理站并存入历史数据库和实时数据库，中心处理站进行分析处理后，在信息系统平台上对监测点的环境噪声状况进行实时显示。噪声自动监测系统在变电站、换流站的实施将大大增强电力管理部门对变电站、换流站噪声污染、噪声超标排放的快速反应能力，提高了部门的工作效率，为数字化环保打下坚实的基础。

网络式智能噪声监测系统主要由分布于变电站或换流站各处的室外/室内噪声环境监测终端、通信网络、主站系统等三大部分组成，见图 5-5。

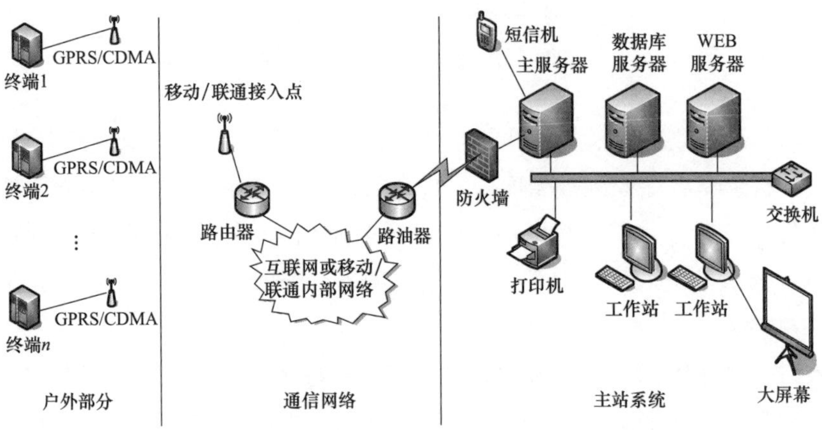

图 5-5 网络式智能噪声监测系统的组成示意图

图 5-5 中，噪声监测终端采用模块化设计，由噪声分析仪、数据采集分析处理单元及传输单元组成。数据采集分析及传输单元是环境监测终端的核心，它主要完成声级计的数据采集、分析计算、统计存储等，并负责实现与中心站进行数据通信。

通信网络采用 GPRS/CDMA 方式，使真正意义上的在线监测成为实际可能。

主站系统主要由环保数据采集监视控制系统（环保 SCADA）以及环境监测系统高级应用软件组成。环保 SCADA 负责网络式噪声监测终端（同时也支持其他监测终端，例如变压器运行的电压、电流等）的数据采集和控制，并负责将原数据写入数据库；环境监测系统高级应用软件主要对 SCADA 采集到的原数据进行分析、加工处理，以报表、曲线、饼图、棒图等各种方式从多个角度展示给用户。

系统软件组成示意图见图 5-6，系统主要由数据库、主站模块、GIS 支持、WEB 系统组成。

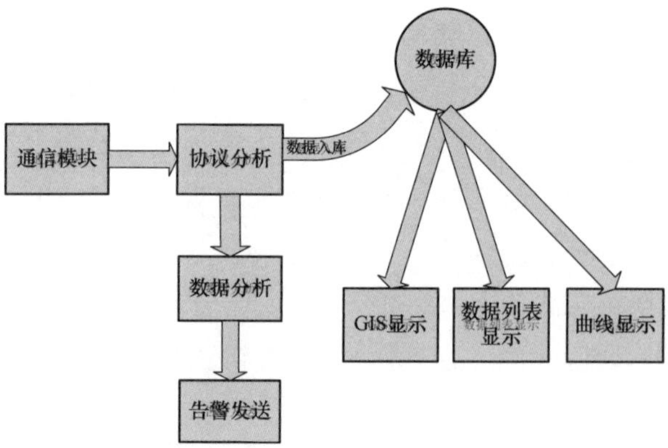

图 5-6　系统软件组成示意图

主站是系统数据的来源，负责与现场终端的通信，解析协议得到有效数据，并通过分析运算后存储到数据库中。如果发生超标等情况，将给预先配置的手机发送告警信息，并在系统中用不同颜色表示出来。主站分析运算的数据有：瞬时声压级、等效连续 A 声级、累积百分声级、昼夜等效声级、噪声污染级以及噪声频谱等。

WEB 系统提供了方便易用的用户界面，使得客户使用系统时不需安装客户端，只需要打开浏览器，输入网址，就可以畅通无阻地查看数据，所有的安装维护升级都在服务器端进行，减轻了管理员和普通用户的工作量。

5.3.2　系统主要参数

测量范围：30～130dB(A)。

频率计权：A 计权。

时间计权：快（F)。

频率范围：20Hz～12.5kHz。

全天候长期、连续监测。

动态范围：内部自动换挡，35～130dB(A)。

符合 GB/T 385 1 型，IEC 61672—1 1 级标准要求。

RS232/RS485 数字输出。

GPRS 无线模块数据传输。

数据分辨率为 0.1dB。

5.3.3　主要软件功能

1. 数据采集程序

（1）数据采集程序用于实时采集噪声终端中无线传输模块传回的测试数据，并将其保存到数据库中。

（2）软件可以保存通信和采集过程中的所有状态信息，打开日志，可以了解和分析无线传输状态和噪声检测终端工作情况。

（3）数据采集程序可以完成对噪声检测终端的校时、重启、查询数据等远程功能。

2. 配置程序

配置程序用于配置管理噪声监测系统，可以通过此程序配置用户、监测点、监测点区域、监测周期等监测参数。

3. WEB 浏览

支持 WEB 浏览功能。启动 IE 浏览器，在地址栏输入后 WEB 地址后，再输入用户名和密码进行登录，即可开始访问并进行相应的操作，选择监测结果，同时显示实时等效连续 A 声级；实时噪声分布图；实时频谱图；日等效连续 A 声级曲线（见图 5-7)；日百分统计声级；小时百分统计声级；昼夜等效声级；月百分统计声级曲线；月昼夜等效声级曲线等。选择相应的功能，还可以观察到测试终端相应的历史数据、曲线、图形。

4. 系统实施

在变电站噪声监测分为主变压器噪声监测、控制室噪声监测、厂界噪声监测三个部分。在换流站则分为换流变压器噪声监测、交流滤波场噪声监测、直

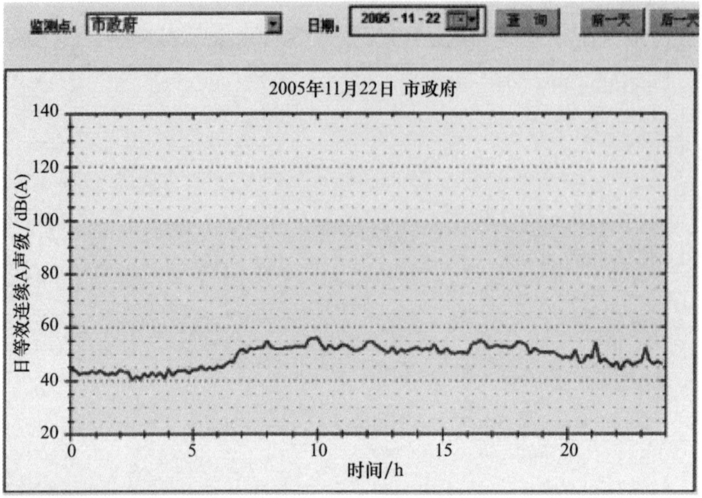

图 5-7　监测结果显示示例

流滤波场噪声监测、主控室噪声监测和厂界噪声监测五个部分。

（1）主变压器室（或换流变压器）噪声监测主要监测变压器（换流变压器）的噪声和通风散热风机的噪声。选择 2 个变压器（换流变压器）侧面，在距变压器侧面 1～2m 的中间位置各安装 1 个监测终端；在风机的出风口处安装 1 个监测终端。

（2）控制室（或主控室）噪声监测主要监测控制室操作人员位置处的噪声。为此，在操作人员的工作位置处安装 1 个噪声监测终端。

（3）交流滤波场和直流滤波场噪声监测主要监测滤波电容器的噪声和滤波电抗器的噪声。为此，在每个滤波组靠近电容器塔架的安全网边缘选择 2～3 个噪声最大的位置各安装 1 台噪声监测终端。

（4）厂界噪声监测主要监测变电站围墙处的噪声。为此，选择 3～10 个厂界噪声最大的位置各安装 1 台噪声监测终端。

另外，还必须在管理部门安装一套主站系统，将上述各监测点的噪声传输给主站系统，以对上述各监测点的噪声进行监测。

第6章

变电站/换流站的噪声控制与治理

6.1 声控制的基本方法

6.1.1 噪声控制系统

噪声传播过程中有三个要素，即声源、传播途径和接受者。噪声控制的措施可以分别在声源（发射）、声源和接受者之间（传播途径）以及工作位置（接受者）上采取（见图 6-1）。

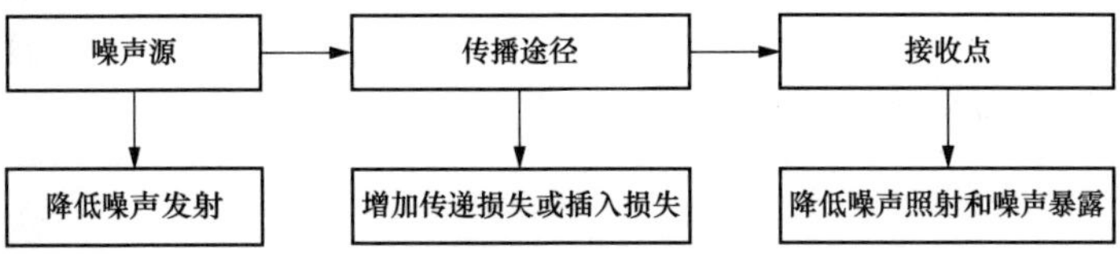

图 6-1 噪声控制的基本原理

降低各类声源的噪声发射是应该首先考虑的基本措施，所有可能采用的噪声降低措施都应尽量优先考虑。为了确定噪声发射是否降低到合理可行程度，必须对声源的噪声发射量进行测量和评价。在设备选择和购买时，应获得足够的相关信息，声源的主要评价量是声功率级，有时也采用一定距离处的声压级。

在传播途径中采取的措施包括隔声罩、局部隔声罩、声屏障和消声器等噪声控制装置，它们的效果评价一般采用插入损失等评价量。

对噪声控制措施总效果的评价一般可采用接受点处的噪声照射值。

为降低噪声，对可能采取的措施要全面考虑和规划。图 6-2 给出了在各个环节上一般可能采取的一些噪声控制措施。这些措施的采用要根据实际情况，选择采用。

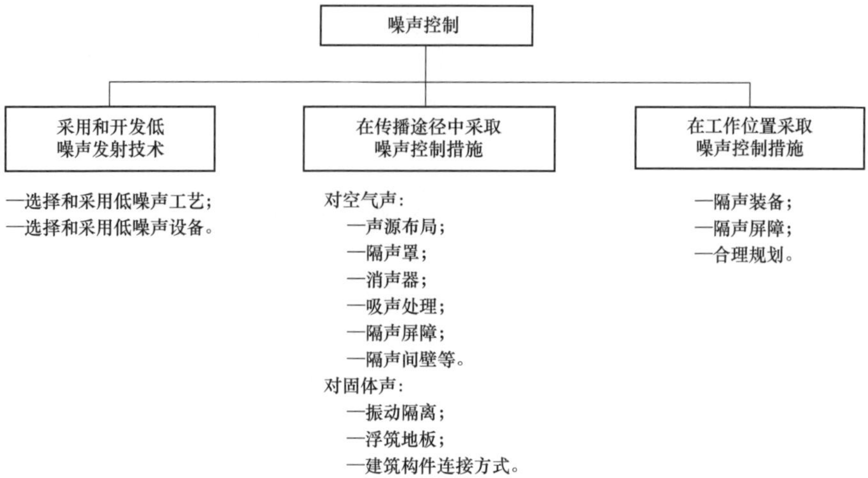

图 6-2　噪声控制措施实施

6.1.2　声源控制

机器设备和交通运输工具噪声（或生产工艺噪声）一般主要由流体动力噪声（气体或液体）和机械噪声构成。

流体动力噪声是由流体的压力和速度起伏变化所产生的。例如，燃烧过程的排放、风机进排气系统、高压排气放空和通风空调系统噪声都是典型的流体动力噪声。

机械噪声是由受撞击、质量不平衡等原因而引起的动态力激发机器设备部件振动而产生的。振动传递到机罩、工件等辐射表面，产生噪声。齿轮、电机、锻锤、落砂机和压力机是典型的机械噪声源。

对声源进行控制，应首先从噪声产生的机理进行考虑。

下列一些方法可以降低流体动力噪声：

（1）减少激励源周期性的压力起伏。

（2）降低流体速度。

（3）避免压力突变。

（4）流体通过部件的合理设计。

下列一些方法可以降低机械噪声：

（1）通过附加弹性层等方法增加撞击响应时间，以降低动态激发力。

（2）在不能改变激励力的情况下，通过调整刚度和附加质量（惯性块），降低机械结构在激励点的振动速度。

（3）通过采用弹性元件和具有高内阻材料（铸铁等），降低由激发点到噪声辐射表面的振动传递（固体声）。

（4）降低振动结构的声辐射效率，例如：①采用加肋的薄壁取代厚的刚性壁。②在金属薄板上附加阻尼层。③在不需隔声的场所，采用带孔洞的金属板。

（5）采用包扎、厚壁结构（薄阻尼金属板靠近辐射表面）等隔声措施。

在有些情况下，用低噪声工艺取代噪声大的工艺可能比采用噪声控制措施更经济可行，表 6-1 给出了一些工艺改变降低噪声的示例。

表 6-1　　工艺改变降低噪声的示例

高噪声工艺	低噪声工艺
冲击铆接	压接和滚接
压缩空气和内燃机驱动	电驱动
使用气动设备或内燃机为动力的切割或冲孔（如在石材和混凝土上冲孔）	使用钻孔机或有钻石齿的圆锯
镦粗模	锥型模和挤型模
推切割	拉切割
气流干燥	辐射干燥
等离子氧切割	水中等离子切割
振动切割和冲压切割	激光切割
传统电弧焊	电弧保护焊
气动切割和冲击切割	低噪声的圆锯切割
铆接固定	压接固定
冲压成型	液压成型
点焊	缝焊

合理规划声源也是声源控制的重要措施之一，经常考虑的声源规划措施如下：

（1）把高噪声源放在一起，减少它们对远的工作位置影响。两个等噪声的声源放在一起，总的噪声增加 3dB，如果把两个声源拉开一定距离，则它们周围的每一个区域也都会受到影响。

（2）合理规划最吵闹声源的位置。如果生产工艺允许，高噪声设备应和低噪声设备应分离。这可以通过把高噪声设备放在分离的房间或通过带有隔声门的墙壁隔离来实施。当集中的高噪声设备放在一个房间时，A 声级可能仅增加几个分贝，这个增加可以通过房间壁面的适当处理加以抵消。

(3) 辅助工作的合理安排。低噪声工艺可以和高噪声工艺分离，一般辅助工作不和噪声源相连，例如各部分的清洗、保养、维修和生产准备、生产后续工作（例如包装等）安排在低噪声区域。

(4) 使用遥控装置。如有可能，对一些高噪声的机器设备采用遥控操作，为此操作者可远离噪声源。

此外，及时调整和更换机器零部件，加强机器设备和噪声控制装置的维护对降低噪声也是必要的。通过更换或者调整机器设备中的零部件，在不影响性能的情况下也可能降低机器内部噪声传递和表面辐射。机器设备由于缺乏保养、缺少润滑、安装误差、不平衡和零部件松动等原因，也能增加噪声。保持机器设备处于最佳运行状态对降低噪声也是有益的。任何维修上的不足一般都会增加噪声。对机器设备附带的噪声控制装置也应注意维护，同时对隔声罩、隔声屏、消声器的效果进行细心监测。

6.1.3 传播途径控制措施

对声源采取措施固然是一种好方法，但就目前的技术水平来看，大多数机器设备产生的噪声并不能满足人们的要求，往往还需要在传播途径上采取噪声控制措施。经常采用的传播途径控制措施有：吸声、隔声、消声器、隔振、阻尼等。

吸声是利用可吸收声音的材料和结构，吸收一部分声能，降低噪声。

隔声是利用具有一定重量和坚实的材料和结构，隔离声传播通路，降低噪声。经常采用的形式有隔声壁板、隔声罩、隔声屏、隔声管道等。

消声器是一种既可以使气流通过又可以降低噪声的管道装置，它可以有效地控制气流噪声。

隔振和减振是对振动较大的设备，采用弹簧、橡胶等隔振元件减少振动力的传递，或者在振动表面上覆盖以阻尼材料，降低噪声辐射效率。

在噪声控制传播途径中采取何种措施为好，要在调查测量的基础上，根据具体声源和传播途径有针对性地选择。同时也要注意这些措施的可行性和经济性。表 6-2 列出了一些常见噪声状况所推荐优先考虑的措施。

表 6-2　　噪声控制措施建议

噪声状况	建议措施	效果/dB(A)
噪声源体积小，数量少，工人较多	隔声罩或隔声室	10～30
噪声源多，体积大，工人较少	隔声操作间，个人防护	20～40

续表

噪声状况	建议措施	效果/dB(A)
噪声源分散，混响声突出	吸声处理	5～10
气流噪声	消声器	10～40
基础振动较大，固体声突出	隔振	5～20
薄板振动辐射突出	阻尼	5～10
管道壳体噪声辐射突出	隔声管道	10～20

应该指出，大多数实际噪声问题是复杂的，声源是综合性的，必须考虑综合噪声控制措施。当然各种技术措施均有其特点，也有局限性，在确定综合控制措施时，要根据噪声源本身的频率特性来选择。图 6-3 给出了对一个机器噪声采取不同措施的效果和降低噪声频率特性比较，可供选择综合措施时参考。

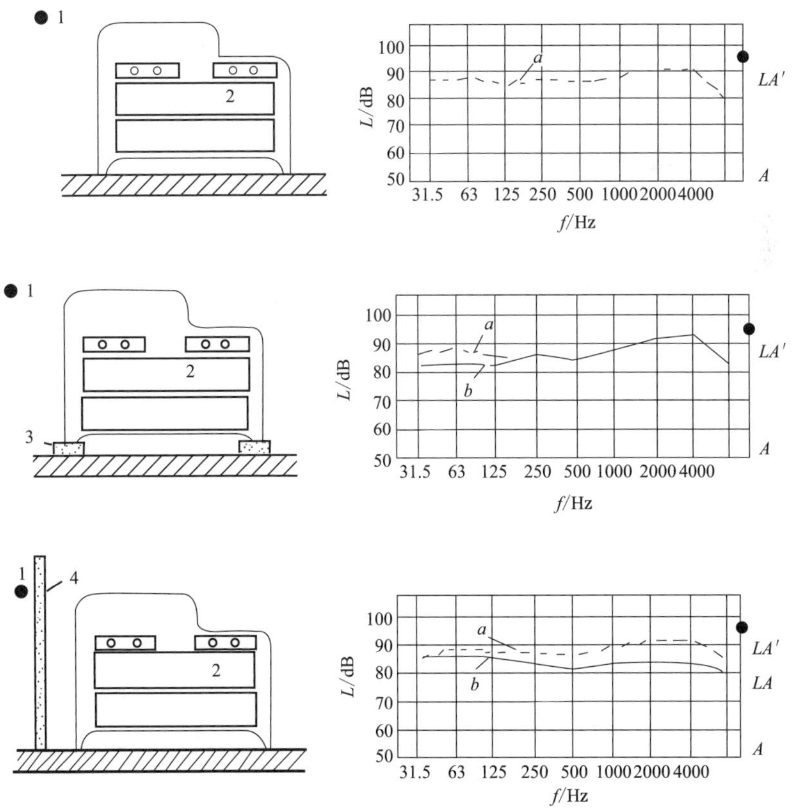

图 6-3　不同噪声控制措施的效果比较（一）

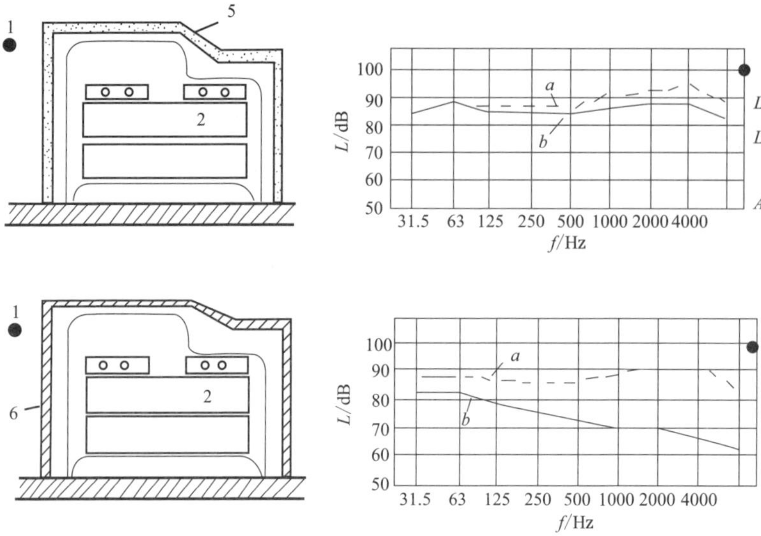

图 6-3　不同噪声控制措施的效果比较（二）

a—采取控制措施前；*b*—采取控制措施后

1—接受点；2—机器设备；3—隔振器；4—声屏障；5—多孔材料型隔声罩；

6—刚性密实材料型隔声罩

6.1.4　接受者防护措施

1. 建筑防护措施

对于很多环境噪声污染问题，当采用上述措施仍达不到控制标准或不经济时，或由于长期规划不合理而遗留下不易解决的环境噪声问题，采用建筑防护措施，使人们生活的局部区域达到一个可以接受的声环境质量，这也是一个可以考虑的控制措施。环境噪声一般是通过外墙传入室内的。外墙墙体本身的隔声量一般是足够的，可以防止室外环境噪声的传入，但通常外墙的门和窗是薄弱环节，环境噪声可通过外墙的门和窗传入室内。采用隔声量大于 30～40dB 以上的高效隔声门、窗，是建筑噪声防护的重要措施。考虑到在有些情况下，要求窗兼有通风换气的功能，通风消声隔声窗也是一种可以考虑的防护措施。为提高居住在噪声环境中建筑内居民的生活质量，保护在住宅、学校、医院等敏感建筑物中人们的正常学习、生活及工作环境，也可以在建筑的外部结构上采用多项综合措施来提高室内声环境质量，例如隔声外廊、隔声阳台等。

隔声窗是保护室内环境不受外界噪声干扰的最有效的手段之一。一些大城市的交通噪声非常严重，为了最大限度地保护居住（或工作、学习等）在临街建筑内的人们不受道路交通噪声的影响，已经广泛使用了隔声窗作为对交通噪声的一个主要防护手段。

我国标准 GB/T 2485—2008《建筑门窗空气声隔声性能分级及检测方法》中明确规定了对隔声门窗的具体技术要求（见表 6-3），一般隔声门窗的隔声量应≥25dB。

表 6-3　建筑门窗的空气声隔声性能分级　单位：dB

分级	外门、外窗的分级指标值	内门、内窗的分级指标值
1	$20\leqslant R_w+C_{tr}<25$	$20\leqslant R_w+C<25$
2	$25\leqslant R_w+C_{tr}<30$	$25\leqslant R_w+C<30$
3	$30\leqslant R_w+C_{tr}<35$	$30\leqslant R_w+C<35$
4	$35\leqslant R_w+C_{tr}<40$	$35\leqslant R_w+C<40$
5	$40\leqslant R_w+C_{tr}<45$	$40\leqslant R_w+C<45$
6	$R_w+C_{tr}\geqslant 45$	$R_w+C\geqslant 45$

注：用于对建筑内机器、设备噪声源隔声的建筑内门窗，对中低频噪声宜用外门窗的指标值进行分级；对中高频噪声仍可采用内门窗的指标值进行分级。

在住宅居室的临街一侧，还可以通过设置封闭阳台和外廊等方法解决环境噪声的污染问题，在这方面也有很多成功经验。

2. 个人防护措施

在有些情况下，当采用上述措施仍达不到控制标准或不经济时，就需要考虑个人防护措施了。由于噪声传入人的中枢神经系统，主要途径是通过人耳，其次是头颅—内耳（通常骨传导），如果我们对主要传声通道进行隔离，人的中枢神经系统就接收不到噪声了。例如用一小块棉花团塞进耳道中，就可以降低一些噪声。但这个降低量很小，在大多数情况下起不到保护听力的作用。目前，我国已有一些不同品种的专用听力保护个人用品，主要有耳塞、耳罩和防噪声头盔。各类个人防护用品的效果见表 6-4。表中衰减值是指用扬声器做声源，用听力计测量人在戴与不戴防护用品时的听力曲线之差值。

不同类型的防护用品其衰减值不同，衰减的频率特性也不同，在选用时要注意根据使用者所暴露的噪声情况和噪声允许的标准而定。一般说来，耳塞如果使用得当，中高频性能较好，衰减值可以达到 20～30dB(A)，而且使用方便，价格便宜，有些还可以一次性使用。耳塞很适合气动工具、电动工具等操纵者使用。耳罩在高频范围有更好的衰减效果，有些在高频可达到 30～40dB。对耳罩的主要求是密封好，佩戴舒适。防护头盔是一种将整个头部罩起来的防护用品，它不仅可以隔离气传导途径，而且也可以隔离骨传导途径。头盔一般较重，体积大，使用不很方便，只有在高噪声环境下或骨传导比较突出时才使用。

表 6-4　　听力保护个人用品性能

类型	结构材料	重量/g	衰减值/dB(A)
棉花耳塞	棉花	1～5	5
加工棉花耳塞	棉花加一些油脂	1～5	10～15
防声棉耳塞	经化学处理的超细玻璃棉	1～5	15～20
泡沫塑料耳塞	泡沫塑料加增塑剂	1～7	15～20
橡胶耳塞	硅橡胶	10～15	15～25
耳罩	尼龙塑料结构	250～300	15～30
头盔	耳塞加头盔	1500	30～40

6.1.5　噪声控制与治理基本程序

在噪声控制工程中遇到的噪声控制与治理问题多种多样，噪声源不同，传播途径不同，所采取的技术措施也不同。噪声控制与治理的基本程序应是从声源特性调查入手，通过传播途径的分析、降噪量确定等一系列步骤再选定的最佳方案，最后对噪声控制工程进行评价。噪声控制的基本程序见图 6-4。

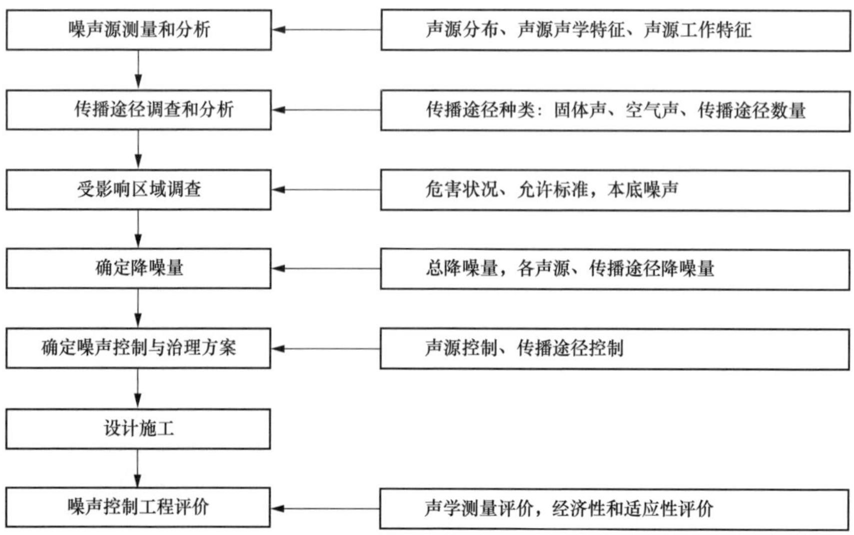

图 6-4　噪声控制与治理的基本程序

噪声源测量分析的内容，主要包括各噪声源的空间分布、噪声的频率特性（一般做倍频程或 1/3 倍数频程分析）、噪声级的时间变化特性。如果噪声源工况经常变化，还应了解不同工况下的噪声特性。

当噪声源较多时，应采用声源识别方法对每个声源单独进行测量，确定各声源所占的能量比例，找出主要声源。对于相当多的环境噪声控制问题，声源识别是关键。

经常采用的声源识别方法包括：

（1）覆盖法或声源移去法。即通过对部分声源密封、停止运行或移去，分别识别各部分的声发射能量，该方法是一种传统的和简单易行的声源识别方法。

（2）近场声压级法。对于大面积和形状简单的辐射声源，可以用近场的声压级近似估算声源辐射声功率级。

（3）表面振速法。对于声辐射主要来自表面振动的噪声源，可以由表面振动速度级测量来估算声源辐射声功率级：

$$L_W = L_V + 10\lg S + 10\lg k + c \tag{6-1}$$

式中　L_V——振动加速度级；

S——辐射表面面积；

k——辐射效率，和材料刚度、阻尼等特性有关；

c——常数。

（4）频谱分析法。根据声源辐射频率特性不同，利用噪声频谱分析方法和转速跟踪方法识别声源，该方法特别适合于识别旋转机械和往复机械噪声。

（5）相关、相干分析技术。利用总噪声和分噪声源的相关、相干特性，通过相关函数（自相关函数、互相关函数）、相干函数、传递函数的测量识别主要噪声源。

（6）声强技术。利用声强方法测量一个声源的声功率级或通过近场声强测量进行声源排队和声源识别。关于利用声强法测量声功率国际标准化组织和我国都有相关标准，可以遵循。

还应特别注意的是，根据法规和标准的要求，一些产品也应提供噪声发射的信息，资料中有关的声源数据可以作为参考，但不能作为依据，如果有条件，最好实际进行现场测量。

噪声源传播途径的调查和分析是十分重要而又非常复杂的，是噪声控制成败的关键，必须予以重视。调查分析的主要内容是确定哪些传播途径，以及各传播途径所占总的能量比例。

当声源和接受者都处于室外时，传播途径一般为空气声传播，只要考虑一些屏障和气象条件的影响就可以了。当噪声源和接受者处于建筑物内部时，传播途径就比较复杂了，传播途径数量可能很多，其中包括空气声传播途径和固体声传播途径，这就需要根据具体情况，通过测量分析进行识别。图 6-5 是一个典型室内噪声源的传播途径。

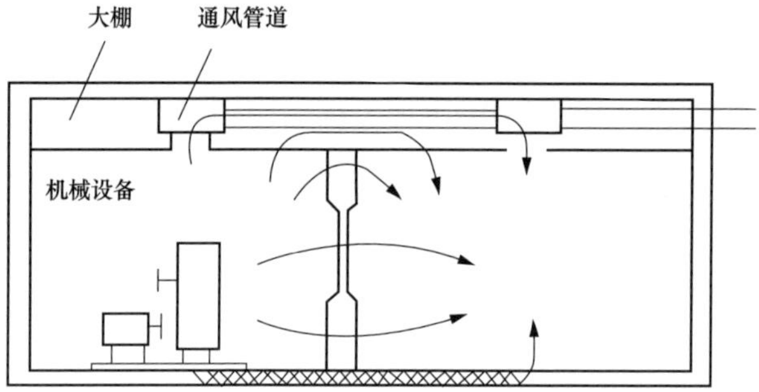

图 6-5　典型室内噪声源的传播途径

常见的噪声传播途径有空气中直接传播，各种门、窗、通风口的传播，壁面的透射，固体声传递。多数噪声较大的设备都伴随有振动，通过基础以固体声方式在相邻房间传递，这种传播途径有时也会成为主要矛盾，绝不能忽视。

为了找出主要噪声传播途径，还需估算出各种传播途径所占总能量比例。对于门、窗、通风口等空气声传播途径识别，可以大致按下式估算传递的能量：

$$L_w = L_p + 10\lg S \tag{6-2}$$

式中　L_w——通过面积 S 传递声功率级，dB；

L_p——面积 S 上平均声压级，dB。

例如一个精炼车间，车间内部噪声主要过门、侧壁窗、炼炉排气口、排风口、天棚窗向外辐射噪声，通过各传播途径的平均声级和面积就可以粗略估算出相应传递的声功率级，进而找出主要传播途径。表 6-5 所列的是这个实例的计算情况。

表 6-5　一个精炼车间噪声传播途径的计算

噪声传播途径	面积/m^2	声压级		声功率级		辐射能量大小顺序
		dB(A)	dB(C)	dB(A)	dB(C)	
门	30	86	89	101	110	1
侧壁窗	80	66	82	85	101	5
炼炉排气口	64	74	89	92	107	4
排风口	35	73	86	89	102	3
天棚窗	17.5	83	92	95	104	2

空气声和固体声的分离和识别，可采用表面振动法，测量主要固体声辐射表面加速度或速度，估算出固体传递的能量。空气声可以用扬声器进行试验。在现场也可采用简易比较法来识别固体声和空气声。试验装置和方法见图 6-6（a）。在机器噪声源房间内设置一个具有一定功率的扬声器，分别测量机器和扬声器启动时，声源房间的平均声压级 L_M、L_{S1} 和传递噪声房间的平均声压级 $L_{M1}-L_{S1}$ 和 $L_{M2}-L_{S2}$ 很接近，则说明以空气传递为主。如果 $L_{M1}-L_{S1}$ 远远大于 $L_{M2}-L_{S2}$，则可认为以固体声为主。图 6-6（b）是一个典型测量结果，从图上可看出，低频部分以固体声为主，高频部分以空气声为主。

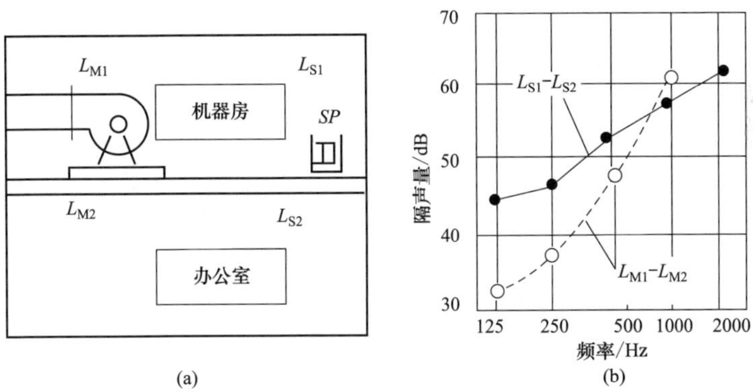

图 6-6　空气声和固体声的简易识别方法

L_{M1}—设备运转时，设备间中的平均声级；L_{M2}—设备运转时，接受房间中的平均声级；

L_{S1}—设备不运转、扬声器启动时，设备间中的平均声级；

L_{S2}—设备不运转、扬声器启动时，接受房间中的平均声级

噪声控制的标准，根据国家有关标准法规和要保护区域的功能选定。如果需要，可以低于国家标准，但不能高于国家标准。当有多个声源和多种传递途径时，要在确定各声源和各传递途径能量的基础上确定各噪声源和各传递途径减噪量，所要求的这些减噪量是噪声控制设计的依据。原则上要求对主要声源和主要传递优先采取措施，否则难以保证达到标准。在噪声控制中经常采用一种所谓“等能量原则”，即根据总的要求标准，按照量比例确定各噪声源和传播途径的标准。在一项噪声控制工程中，如有几个噪声源（或传播途径），第 i 个噪声源所占能量比例为 n_i，总的要求标准为 L_0，则第 i 个声源要求的标准 L_{0i} 为

$$L_{0i}=L_0+10\lg n_i \tag{6-3}$$

当然，满足上述要求的方案可能很多，在确定最后设计方案时，还要兼顾

考虑投资多少、施工难易、对工作效率影响大小等因素。

6.2 变电站/换流站站址选择与平面布置优化

在变电站、换流站站内，各种设备产生的噪声会导致站址内及其附近的噪声水平增高，对周围居民的生活造成了不利影响。

高压直流换流站内设备可听噪声引起周边噪声污染的问题突出。在高压直流换流站建设后期进行的噪声治理难度较大、费用较高，降噪效果不明显。

在高压直流换流站设计阶段就考虑站址的选择，同时结合输电线路的走向进行站内设备位置布置优化，在工程建设伊始，就开展相应的可听噪声治理研究、设计工作，做到降噪设施与工程主体同时设计、同时施工和同时投运。这样可以避免工程投产后重新处理所带来的诸多不利因素，实现噪声治理与工程同步的目标，使噪声控制从被动转为主动，为换流站的正常运行创造和谐的站内和周边环境。

6.2.1 站址的选择

在变电站、换流站的站址选择时，站点的位置应尽量远离居民区等噪声敏感区域，选址要尽量避开那些声功能区为0类和1类的区域，以减少噪声处理的费用。如果条件允许，在面向站区的山坡上没有敏感点的情况下，可以把换流站建造在相对低凹的地区、山谷或合适的峡谷里，且要充分考虑附近有没有陡峭的岩石对噪声敏感建筑物的噪声反射影响。

在变电站、换流站设计中应尽可能将产生噪声的设备和声音敏感的区域分隔，合理布置主要的噪声源，尽量利用自然地形或换流站设备和其他建筑物的屏蔽效应来阻止声波向声音敏感区传播。图6-7中，左面山体对山体左面起到了天然声屏障的作用，可以大大降低山体背面的声级水平。但对山体右面，由于山坡对声源的反射作用，则起到了声级加强的作用。

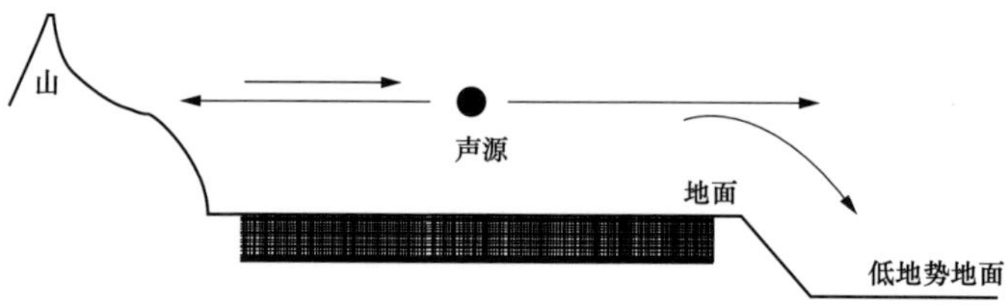

图6-7 山体和地势低的地面声音反射示意图

图6-8是某站治理方案的噪声分布图，在站址北侧，由于站外地势比较高，

在厂界位置架设声屏障的效果变得比较差，北边的声屏障架设至 13m 高，才把北边参考点位置噪声水平控制在 47dB(A) 以下。

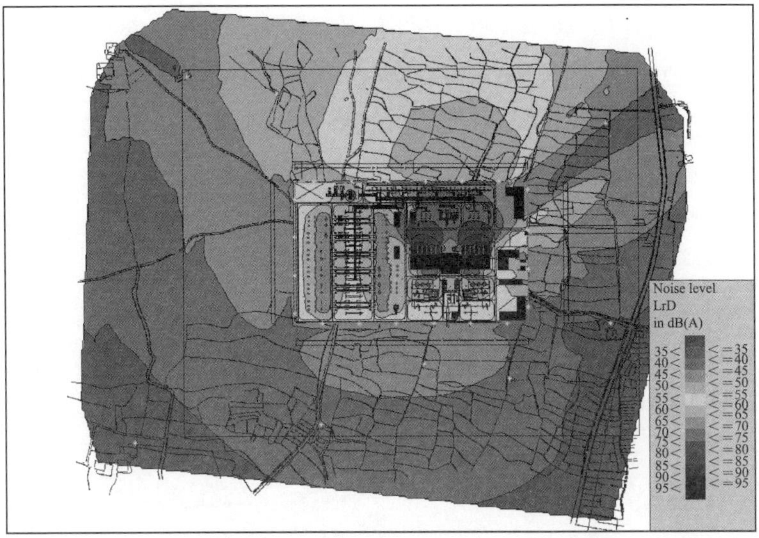

图 6-8　地形对噪声分布的影响

6.2.2　平面布置优化

在站址确定后，在平面布置上则可以做很多设备布置上的优化：

(1) 换流站布局最好采用“面对面”布局，将阀厅作为天然声屏障，可有效地阻止换流变噪声向站前区及站外敏感点的传播，同时也可阻止换流变压器和交流滤波器场噪声声级的相互叠加。

图 6-9 是在同样条件下，换流变压器“一字形”布置与“面对面”布置的比

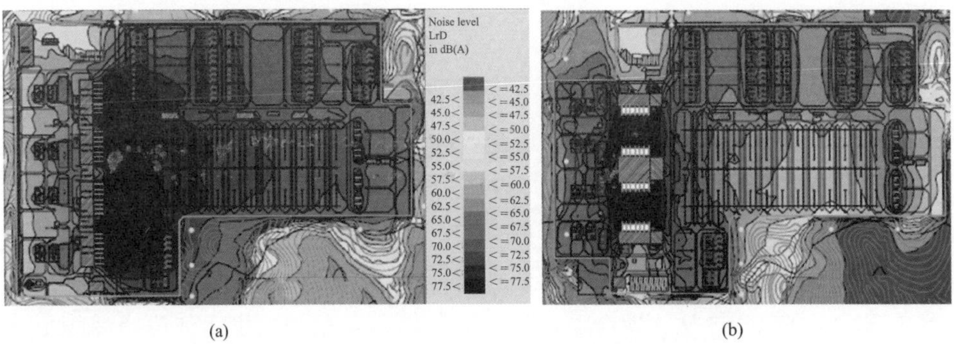

图 6-9　换流变压器两种布置方式的噪声分布预测图

(a)“一字形”布置噪声分布预测图；(b)“面对面”布置噪声分布预测图

较，可以看出“面对面”布置的高噪声区域明显减小。

（2）交流滤波器场最好集中布置，不要靠近围墙，并远离站前区；在站区面积较为充足的情况下，还可以通过采用双塔结构电容器组的方法来降低单个电容器塔的高度，以有效地减小其噪声的传播范围。

（3）在主要噪声源和噪声敏感区域之间布置尽可能大的建筑物以阻碍声波向噪声敏感地区的传播。图 6-10 为利用阀厅对换流变压器辐射噪声的遮蔽作用，阻挡站区内的噪声向左面居民敏感点的传播，这样减少了噪声控制其他措施的使用，并能增加敏感点噪声达标的余度。

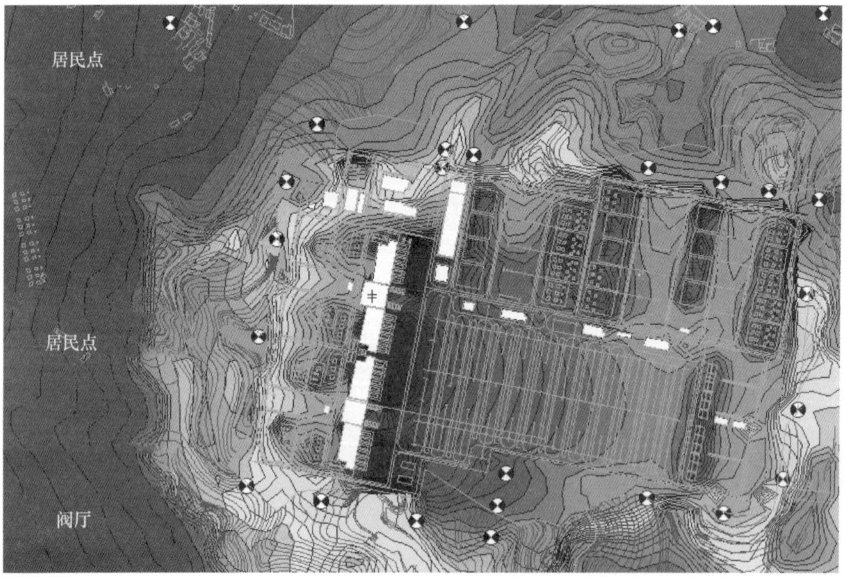

图 6.10　合理站区建筑阻碍声波向噪声敏感地区的传播

（4）应尽量把换流变压器和主变压器布置在站址的中间，同时高抗是仅次于主变压器的最大噪声源，应尽量保持附近围墙与高抗的距离，减小其对厂界噪声的影响。图 6-11 为某换流站的治理情况，对个别厂界点存在声屏障即使增加到 20m 高也无法达标的情况，通过优化声源的位置可以减轻后期的治理成本和提高治理效果。

综上所述：①合理地选择站址。在站址选择时，尽量远离居民区等噪声敏感区域，最好把变电站、换流站建造在低凹地区，利用周围山体等自然地形来屏蔽噪声；②合理布置换流站主要的噪声源，如将换流变压器采用“面对面”布置、交流滤波场远离噪声敏感点、适当降低滤波电容器塔架高度等。

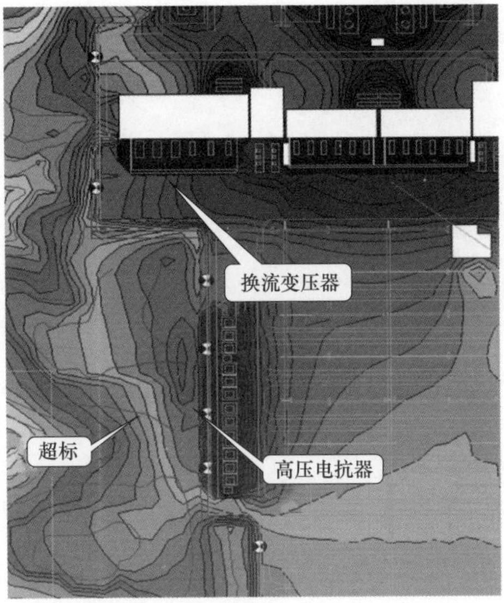

图 6-11　某换流站的噪声治理后情况

6.3　噪声的传播途径控制与治理

不断改进噪声源设备的设计制作技术，从源头降低设备所产生的噪声，若仍不能使环境噪声达标（或达到期望值）时，可采取被动的消声降噪措施，如屏障、隔声罩、消声器、吸声构件等，若实施得当，也是行之有效的。

6.3.1　声屏障措施

声屏障是一种在噪声源和被保护对象之间专门设计的声学障板，它通常是针对特定噪声源和特定保护对象而设计的。例如，在交通噪声控制中，可以利用声屏障、楼房、高坡、路堤等高大遮挡物来降低铁路、公路噪声对道路两侧人们的影响；在工业噪声控制中，可以利用声屏障来降低某些以高频为主的、不能采用完全封闭措施的强噪声源的噪声，也可以利用声屏障降低一些减噪量要求不高的声源的噪声辐射。图 6-12 是在声源附近加入声屏障后降噪效果的示意图。

设置声屏障是环境噪声控制工程中常用的重要措施，由于其制造简单、造价相对便宜，且降噪效果明显，在对换流站的噪声治理中经常被采用。通过在换流变压器和平波电抗器防火墙前设置声屏障，可以充分利用主控楼和防火墙本身的隔声作用降低噪声向四周的辐射。由于交流滤波器场一般离围墙比较近，常采取在靠近围墙侧的围栏处或在附近的围墙上加声屏障来降低站界噪声。

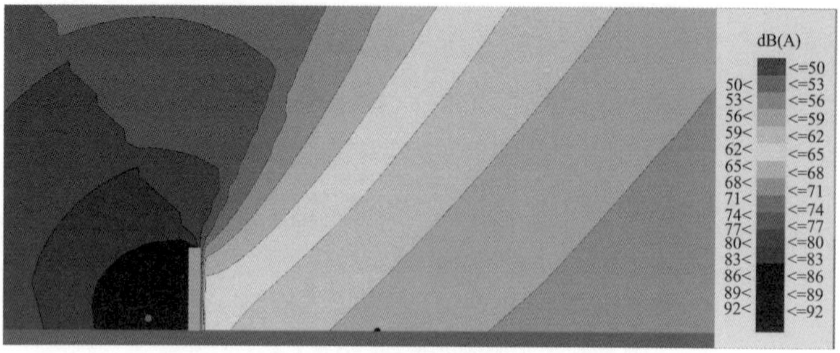

图 6-12　声屏障的降噪效果示意

1. 换流变压器采用声屏障

换流变压器常用的声屏障有两种：隔离式声屏障和设置消声片式声屏障。隔离式声屏障即在距换流变压器两端防火墙前 4～6m 设置隔离式声屏障，为了减小噪声的反射，在换流变压器两侧防火墙和背面防火墙上贴吸声体。为方便运行人员巡视和换流变压器通风散热，在声屏障一侧设置隔声门，另一侧设置通风风道，并在每台换流变压器前方声屏障板上安装一台轴流风机。另一种是设置消声片式声屏障，即在换流变压器两端防火墙前设置消声片式声屏障，在换流变压器两侧防火墙和背面防火墙上贴吸声体，并在消声片式声屏障两侧设置隔声门。换流变压器前设置声屏障实例见图 6-13。

(a)　　(b)

图 6-13　换流站换流变压器声屏障

(a) 隔离式声屏障 1；(b) 隔离式声屏障 2

对已建工程换流变压器前声屏障或消声器里外 2m 处的噪声测量结果可知，声屏障的近场插入损失大约在 15dB(A)，但随着接收点到声屏障或消声器距离加大，降噪效果减小。在接收点距声屏障距离为 150m 时，其插入损失约为 6dB(A)。

2. 平波电抗器采用声屏障

在平波电抗器防火墙前设置声屏障，为了减小噪声的反射，在换流变压器两侧防火墙和背面防火墙上贴吸声体。为方便运行人员巡视和换流变压器通风散热，在声屏障一侧设置隔声门，另一侧设置通风风道；图 6-14（a）为平波电抗器前设置片式消声声屏障的实例，图 6-14（b）为平波电抗器采用隔离式声屏障的实例。

(a)　　　　(b)

图 6-14　平波电抗器前设置声屏障实例

（a）片式消声声屏障；（b）隔离式声屏障

3. 交流滤波场设置声屏障

由于交流滤波器场一般离换流站围墙比较近，所以可以考虑采取在靠近围墙侧的安全网处或在附近的围墙上加声屏障来降低站界噪声。但由于交流滤波器场电气接线很多，并且其附近有很多的管道和电缆沟，如果在靠近围墙的安全网处加声屏障，一方面不利于站内运行人员的检修和维护，另一方面会增加管道和电缆沟布置的难度。所以没有特殊情况，一般在围墙上架设透明的隔声吸声屏障，交流滤波器场围墙上设置声屏障实例见图 6-15，交流滤波器组围栏附近设置声屏障的降噪方法见图 6-16。

一般来说，声屏障越高越好，声源与接收点相距越近越好，声波的波长越短（即频率越高）衰减效果越好。显然，声屏障的降噪效果和高度以及声源、接收点和声屏障的相对位置有关。当然，实际情况可能更复杂，影响声屏障效果的因素更多，它包括声屏障的隔声特性、吸声特性、地面声学特性以及周围环境声学条件等。近些年，已发展了一些详尽的理论，可以较精确地预测声屏障的降噪效果。

图 6-15　交流滤波器场附近围墙上设置声屏障

图 6-16　交流滤波器场围栏附近处设置声屏障

声屏障作为一种户外噪声控制设备，除考虑噪声控制功能外，还应考虑环境协调、安全性、户外气候影响等因素。

（1）声屏障设计考虑的主要因素。

1）根据被保护对象的噪声污染现状、噪声标准和背景噪声确定合理的声屏障设计指标。

2）据声屏障降噪设计指标要求，确定声屏障声学设计参数和材料，包括长度、高度、材料的隔声要求和吸声要求。

3）结构的力学性能设计，包括荷载、稳定性、结构强度、抗震性能等，以保证在当地气候地理条件下安全可靠。

4）安全性能，特别是要保证声屏障设立不影响道路交通安全，不影响道路交通系统其他设施功能的发挥。

5）景观要求，声屏障的结构造型、材质、色彩的选用，要和声屏障周围的环境相协调，如有可能应考虑景观设计和绿化。

6）在设计声屏障时，要充分考虑地形地貌的利用和影响，发挥声屏障的作用，减低声屏障的成本。

声屏障降噪效果通常用插入损失（IL）来评价，即在特定的保护区域安装声屏障前后的声级差。测量声屏障插入损失相对比较复杂。关键是要保持声源稳定，最好要设定参考声源，对由于声源不稳定所产生的影响进行修正。考虑到交通噪声的随机起伏性，通常要测量一段时间的等效声级。从 20 世纪 70 年代开始，声屏障已经作为道路交通噪声的主要控制措施之一在世界各国被采用，近些年，我国一些大城市也修建了一批声屏障。据国际噪声控制工程学会组织的一个专家组的调查，大多数声屏障的高度为 2～6m，插入损失为 5～12dB，也有极少数声屏障插入损失低到 2dB 和高到 15dB。

（2）户外声屏障的结构和应用。

按声学性能分类，声屏障可以分为反射型声屏障和吸收型声屏障。吸收型声屏障由于材料具有一定的吸声特性可以降低车辆、建筑等反射物和声屏障之间的反射声能量（见图 6-17）。反射型声屏障的常用材料有混凝土预制板、轻质泡沫混凝土预制板、金属板、透明阳光板、木板等。混凝土预制板和轻质泡沫混凝土预制板是经常采用的一种材料，厚度一般为 90～200mm，面密度一般为 200～400kg/m^2，特别是在无严格空间限制和景观要求的郊区高速公路上得到广泛应用。透明阳光板类材料一般有较好的采光和视野，有足够的强度，重量较轻（10～20kg/m^2），近些年已被广泛应用在市区道路上。吸收型声屏障经常采用的材料有以金属穿孔板或合成塑料穿孔板为护面的多孔纤维材料、多孔陶瓷、多孔水泥、烧结金属等。

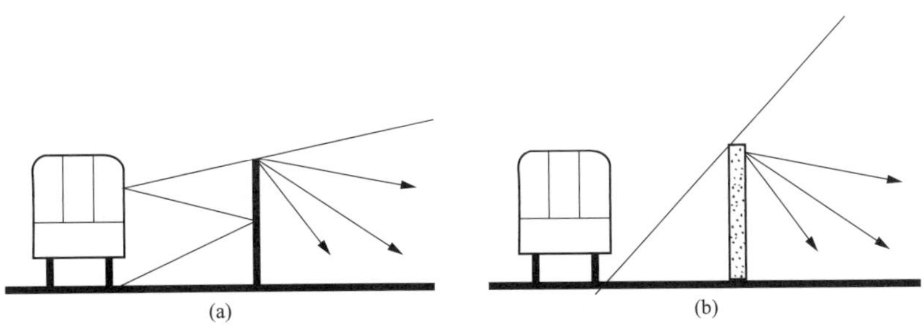

图 6-17 声屏障

（a）反射型声屏障；（b）吸收型声屏障

声屏障的形式有多种多样，包括直立型、斜角型、直角型、建筑物型、土堤型、凹槽型等。其目的是有两个：一个是通过形状的变化提高声屏障的插入损失，另一个是有效利用地形地貌提高声屏障效果，降低成本。总之采用何种结构形式的声屏障，既要考虑投资成本，又要考虑设计方案能够达到的降噪设计指标。图 6-18 给出了不同形式的声屏障。

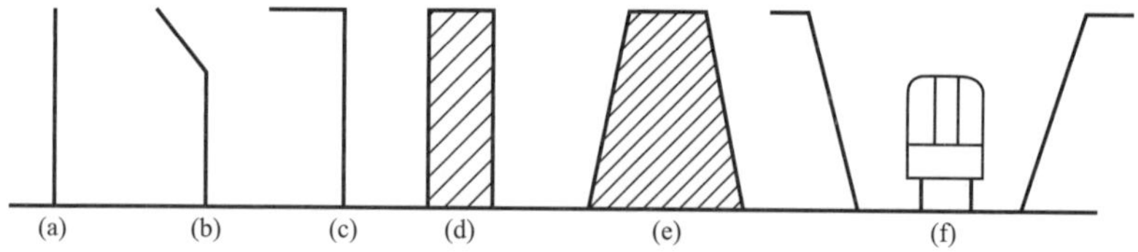

图 6-18　不同的声屏障形式

(a) 直立型；(b) 斜角型；(c) 直角型；(d) 建筑物型；(e) 土堤型；(f) 凹槽型

6.3.2　声屏障设计原理

声屏障措施的原理是改变噪声从源头到控制区域的传播路径，使噪声到达控制区域的强度变弱。由于声音是机械波，其传播规律及衰减规律呈波动特性，根据衍射理论可以推导出。图 6-19 为声屏障降噪原理示意图。

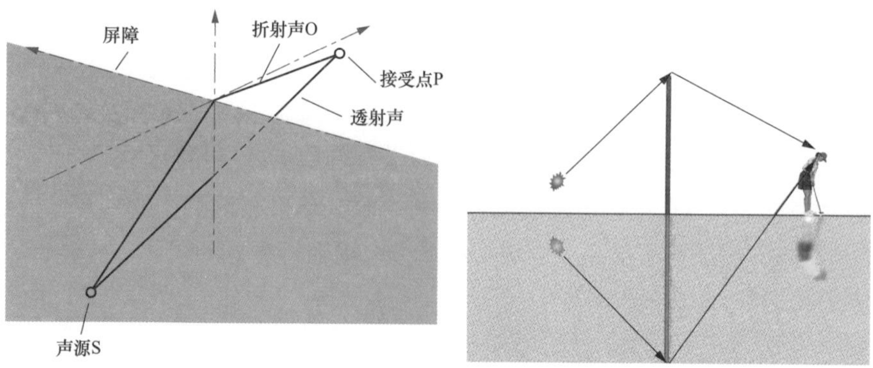

图 6-19　声屏障降噪原理示意图

在自由空间，有屏障和无屏障相比，同一声源穿到控制点的声强比率为

$$\frac{I}{I_0} \approx \frac{1}{2}\left\{\left[\frac{1}{2}+C(z)\right]^2+\left[\frac{1}{2}+S(z)\right]^2\right\} \tag{6-4}$$

$$z=\sqrt{2N_F}$$

式中　N_F——费涅耳数：$N_F=\dfrac{\Delta D}{\dfrac{\lambda}{2}}$；

ΔD——有屏障和无屏障两种状态的声程差，λ 为声波波长。

$$C(z)=\frac{1}{\sqrt{2\pi}}\int_0^z \frac{\cos t}{\sqrt{t}}\mathrm{d}t \tag{6-5}$$

$$S(z)=\frac{1}{\sqrt{2\pi}}\int_0^z \frac{\sin t}{\sqrt{t}}\mathrm{d}t \tag{6-6}$$

式（6-5）和式（6-6）为费涅耳积分。

如果以 dB 表示，那么设置声屏障前后的声压级差（约等于声强级差）

$$\Delta L_p \approx \Delta L_I = -10\ \lg\frac{I}{I_0} = -10\ \lg\left\{\frac{1}{2}\left\langle\left[\frac{1}{2}+C(z)\right]^2+\left[\frac{1}{2}+S(z)\right]^2\right\rangle\right\} \tag{6-7}$$

现实中，屏障立于一个反射平面的情况，例如在地面上竖立的屏障，更具有代表性，如果地面反射看作全反射，接收点非常靠近地面，那么

$$\Delta L_p \approx \Delta L_I = -10\ \lg\frac{I}{I_0} = -10\ \lg\left\{\left[\frac{1}{2}+C(z)\right]^2+\left[\frac{1}{2}+S(z)\right]^2\right\} \tag{6-8}$$

以 ΔL_p 为纵坐标，以 N_F 为横坐标，画出 $\Delta L_p \sim N_F$ 的关系曲线，见图 6-20 中的曲线 1。人为地设计了两个关系式：

$$IL_{\text{bar}} = \Delta L_p = -10\lg(3+20N_F) \tag{6-9}$$

$$IL_{\text{bar}} = \Delta L_p = -5-20\lg\left[\frac{\sqrt{2\pi N_F}}{\tanh(\sqrt{2\pi N_F})}\right] \tag{6-10}$$

把这两个人造关系式的曲线绘制出来（见图 6-20 中的曲线 2 和曲线 3），可以发现，3 条曲线具有很高的重合度，在工程应用上可以相互替代使用，而关系式（6-9）和式（6-10）比关系式（6-8）要简约得多，尤其是式（6-9），因此，现在大多直接采用式（6-9）来表达声屏障插入损失与费涅耳数的关系。

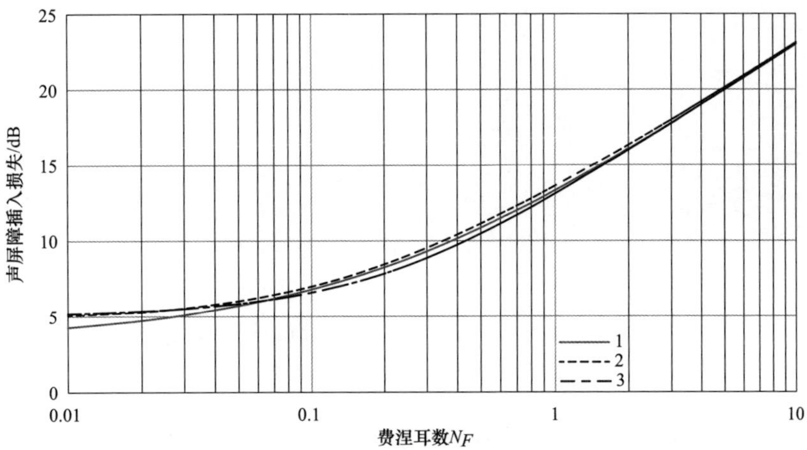

图 6-20 $\Delta L_P \sim N_F$ 的关系曲线

目前 lSO 9613—2、GB/T 17247.2、HJT 90—2004，《环保部声屏障声学设计与验收规范》、HJ 2.4—2009《环境影响评价技术导则　声环境》均以式（6-9）为基础。

由于屏障的声衰减效果与费涅耳数相关，而费涅耳数是声程差与半波长的比值费涅耳数大，衰减效果才好，因此，屏障对于高频噪声的衰减较明显；而对于低频噪声，由于波长较长，即使有较大的声程差，费涅耳数亦不会太大，因而效果不那么明显。根据工程应用的实例统计，声屏障的降噪效果一般不超过 20dB，因此，对于降噪量超过 20dB 的要求，不建议采用声屏障措施，因而，用于声屏障建设的隔声板材，其隔声指标（TL）超过 30dB 已经足够。

由于声源周围有建筑物等声反射墙面，因此，用于声屏障建设的隔声板材需要有足够高的吸声系数，以免新设立的屏障与原有反射墙面的镜面作用产生系列新的虚声源，使特定设置的声屏障的降噪实际效果比理想值明显下降。

项目中既有的密实围墙、建筑以及堆土、山丘的遮挡起到的降噪效果，原理与上述声屏障相同，应加以利用。

总体而言，运用声屏障降噪，降噪效果在 5～12dB 比较常见。

图 6-21 是采用 SoundPLAN 计算的某换流站声场截面图，可以看出换流站的厂界在声屏障设立前后的声压级的变化。

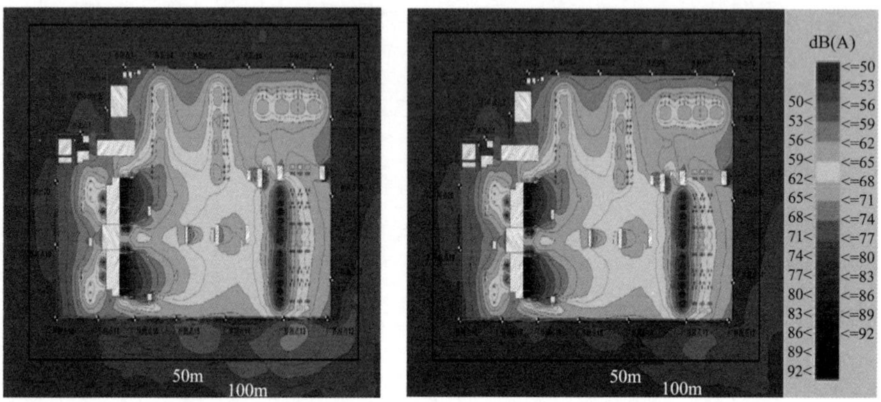

(a)　　　　(b)

图 6-21　换流站应用声屏障前后的声场分布截面图

（a）换流站应用声屏障前声场分布图；（b）换流站应用声屏障后的声场分布图

声屏障既是降噪（声学）措施，也是一个建筑物，需同时满足建筑物的相关规范，例如，采用钢结构形式建造声屏障，需要同时满足钢结构的相关规范。

推荐的声屏障构件的其他技术指标，如防火、寿命、防雨、耐候、表面处理指标、力学构件等，力学指标的测试标准和指标值推荐。明确设计风负荷，允许最大挠度值。推荐的声屏障构件的声学指标，如计权隔声量、降噪系数、RW+C、NRC、计权隔声量和降噪系数的定义解释、测试标准。

6.3.3　隔声罩

隔声措施是不必考虑媒质流通条件下对噪声传播的抑制。主要原理是通过在噪声传播的路径上设置密度大于噪声传播媒质的物体（障板），形成分界面上的声阻抗突变，从而造成声波反射，抑制噪声向既定方向的传播。

隔声罩是用隔声构件将噪声源（产生噪声的设备）罩在一个较小的空间，使噪声很少传出来的一种噪声控制措施。由于其技术措施相对简单而降低噪声的效果非常明显，当辐射噪声的噪声源比较集中以及安装条件允许的情况下，这是应该优先考虑予以采用的降噪措施。

实际采用隔声罩时，必须在保证隔声要求的前提下，同时满足通风散热、装拆检修、操作运行、仪表监视等方面的特殊要求。

隔声罩对于变压器/电抗器的噪声对外辐射的降低效果显著，是较常用的降噪措施。

典型的换流变压器隔声罩有很多解决方案，按不同的分类方法可以分为不同类型，比如从通风散热的角度分类，可以分为无通风型、自然通风型、强迫通风型。三种类型隔声罩的特点见表 6-6。

表 6-6　　三种类型隔声罩的特点

类型	结构特点	罩内温度	散热	隔声量/dB
无通风要求型	结构最简单，性能最可靠，维护保养最简单隔声量最大	罩内温度较高	壳体与大气的热交换量需由既有散热器补偿	30 以上
自然通风型	结构简单，性能可靠，维护保养较简单	罩内温度介于无通风和强迫通风之间	壳体与大气的热交换量需由既有散热器补偿，但较无通风要求型少	10～30
强迫通风型	需要设置机械通风系统，包括风机及配套的控制系统和动力系统，整体结构相对复杂	罩内温度相对低一些，维护人员进入罩内工作的环境得到改善	或许不需既有散热器额外补偿	15～30

1. 隔声罩的理论隔声量

图 6-22 中，声波入射到隔声构件（板）后，一部分反射回入射侧，一部分

穿透隔声构件进入另一侧，在穿透隔声构件的过程中，还有一部分被消耗。入射声能＝反射声能＋透射声能＋消耗声能，隔声构件的隔声性能越好，完全穿透到另一侧的声能就越少，对于一个确定的隔声构件，其反射声能、透射声能、消耗声能的比例是不变的。因此，对于一个确定的隔声构件（板）而言，反射与入射的比值、透射与入射的比值以及消耗与入射的比值都是不变的，这三个比值分别被定义为反射系数、透射系数和消耗系数。

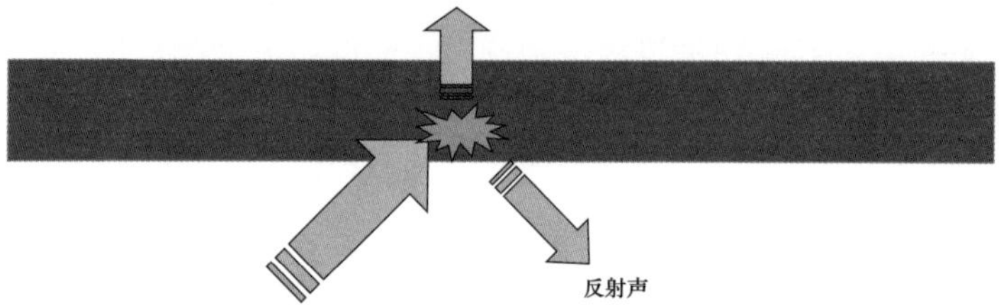

图 6-22　隔声原理

定义：

$$\text{吸声系数} = 1 - \text{反射系数}$$

$$\text{反射系数}:\gamma = \frac{W_r}{W_i}$$

$$\text{透射系数}:\tau = \frac{W_t}{W_i}$$

$$\text{消耗系数}:\theta = \frac{W_c}{W_i}$$

$$\text{吸声系数}:\alpha = 1 - \gamma = \tau + \theta \tag{6-11}$$

根据换流站/变电站内噪声设备的噪声频谱特征和尺寸，其设备隔声罩属于中频（250Hz～1kHz）隔声罩。

对于变压器/电抗器隔声罩而言，我们关心的降噪效果是在设置隔声罩与不设置隔声罩两种情况下，变压器/电抗器对外界辐射噪声的差值有多大？该值称为插入损失 IL。

在没有隔声罩的时候，其对外辐射的噪声声功率为 W，设置隔声罩以后，对外辐射的噪声声功率级为 W_t，插入损失：$IL=10\lg\frac{W_t}{W}$。

设置隔声罩以后，因为罩内的反射声能没有其他出路，由声能量守恒得

$$W = W_c + W_t$$

被隔声罩反射回来的声能 W_r，最终也成为入射进隔声罩的声能，由于在罩内来回反射而增加的入射声能，我们称作混响声能 W_R，混响声能的大小与反射

系数 γ（决定每次反射的量的大小）以及单位时间的反射次数相关。到罩壁的入射声能：$W_i = W + W_R$

因为：

$$W_r = W_i\gamma$$

$$W_t = W_i\tau$$

$$W_c = W_i\theta$$

$$\alpha = 1 - \gamma = \tau + \theta$$

由：$W = W_c + W_t = W_i\theta + W_i\tau$；得

$$IL = 10\ \lg\frac{W_t}{W} = 10\ \lg\frac{W_i\tau}{W_i(\tau+\theta)} = 10\ \lg\frac{\tau}{\tau+\theta} = 10\ \lg\frac{\tau}{\alpha} \tag{6-12}$$

式中　τ——构件的透射系数，反映构件的隔声性能；

α——构件的吸声系数，反映构件的吸声性能。

对于由隔声板、隔声门（窗）及/或消声器、消声百叶等不同性能的构件组成的隔声罩，其透射系数为不同构件的组合透射系数，其吸声系数为各不同构件的平均吸声系数。

假设隔声罩有 n 种不同构件组成，其透射系数为 τ_i，吸声系数为 α_i，面积为 S_i，那么其组合透射系数为

$$\tau = \frac{\sum_1^n (S_i\tau_i)}{\sum_1^n S_i} \tag{6-13}$$

平均吸声系数为

$$\alpha = \frac{\sum_1^n (S_i\alpha_i)}{\sum_1^n S_i} \tag{6-14}$$

因此，影响变压器/电抗器隔声罩隔声量的最重要的技术指标是透射系数 τ、吸声系数 α，τ、α 还应考虑频谱特性，至少按倍频带考虑。

2. 隔声罩隔声量的测定

构件的声透射系数和吸声系数的测定，见 GB/T 19889.3—2005《声学　建筑和建筑构件隔声测量　第 3 部分：建筑构件空气隔声量的实验室测量》和 GB/T 20247—2006《声学　混响室吸声测量》。

需要注意的是，GB/T 19888.3 测量到的是隔声量 R，其与透射系数 τ 的关系为

$$R = 10\ \lg\frac{W_i}{W_t} = 10\ \lg\frac{1}{\tau} \tag{6-15}$$

式中，$\tau=10^{-\frac{R}{10}}$。

无论是透射系数还是吸声系数，均应把频率特性测量记录下来，至少按倍频带测量。

虽然有隔声罩的实验室测试标准和现场测试标准［详见 GB/T 18699.1—2002《声学　隔声罩的隔声性能测定　第 1 部分：实验室条件下测量（标示用）》；GB/T 18699.2—2002《声学　隔声罩的隔声性能测定　第 2 部分：现场测量（验收和验证用）》］，根据变压器隔声罩和电抗器隔声罩的特点，应用实验室测试或现场测试标准来测定变压器/电抗器隔声罩的整体隔声量似乎并不可行，最起码它不是最合理的方式，变压器/电抗器隔声罩的隔声量，可以通过各部件的隔声量控制，并给合对各部件相互之间连接方式的把控得到保障。

由于隔声罩结构、功能和制造安装工艺等原因，隔声罩的罩体在各方向的隔声量并不一致，同时，基于类似的原因，变压器、电抗器在各方向辐射噪声的强度也不相同，因此，设置隔声罩后，各方向的衰减量并不完全一致，残余噪声对外辐射也保持各向异性的特征，但是，上述计算式对于计算总量来讲是有效的，对于远场的效果预测也是足够精确的。

把噪声源设备放在室内（如：空调机放在空调机房内，水泵放在水泵房内，换流阀放在换流阀厅内，发电机放在机房内），该室的隔声作用、隔声效果的计算方法与上述隔声罩相同。机房/阀厅的建筑墙体的透射系数 τ（或隔声量 R）以及吸声系数 α 可以参考相关设计手册，如需通过提高室内的吸声量来提高降噪效果，可以在室内增设吸声构件，计算方法同上。

6.3.4　隔声罩典型方案图例

1. 变压器采用隔声罩

目前，换流变压器采用 BOX-IN 的隔声结构就是采用可拆卸和带有通风散热消声器的隔声罩把换流变压器本体封闭起来，把冷却风扇放在隔音室外面。为了减小隔声罩里的混响声，在隔声罩里换流变压器两侧防火墙和阀厅侧防火墙上贴吸声体。BOX-IN 相比于声屏障，可有效降低换流变压器噪声对站内和周围环境的影响。BOX-IN 隔声结构有三种：固定式 BOX-IN、可拆卸式 BOX-IN 和移动式 BOX-IN，其中移动式 BOX-IN 隔声结构的综合性能最好，见图 6-23。

计算表明，BOX-IN 的平均隔声量达 22dB(A) 以上；现场测试表明，远场的实际降噪量能达到 15dB(A) 左右，尤其是对于换流变压器 400Hz 的低频声，具有良好的隔声效果。

(a)

(b)

图 6-23　移动式 BOX-IN 图

（a）移动式 BOX-IN 的结构模拟图；（b）移动式 BOX-IN 安装实景图

对于变电站里的主变压器也可采用隔声罩的措施加以控制，尤其是建在城区内的变电站，其主变压器的噪声是最主要的辐射噪声源，当其厂界周围有敏感高层建筑时，对主变压器采用隔声罩措施往往是唯一可选择的降噪措施。

2. 平波电抗器采用隔声罩

对于油浸式平波电抗器，由于其外形结构以及周边安装条件与换流变压器类似，也可以采用 BOX-IN 结构，具体措施可参见换流变压器的噪声控制。图 6-24 是平波电抗器采用 B0X-IN 的实例。

图 6-24　平波电抗器设置 BOX-IN 结构实例

3. 电抗器采用隔声罩

从噪声传递路径控制角度来说，可以通过在高抗（见图 6-25）和交流场滤波电抗器外面加共振腔式半封闭圆柱状隔声罩的措施（见图 6-26），但隔声罩上部和下部局部都要敞开或加隔声、吸声罩，以有利于电抗器的通风散热。根据实测数据对比，采用隔声罩的空心电抗器比没有采取措施的空心电抗器低 5～10dB(A)。

图 6-25 某换流站高压电抗器加隔声罩实例

图 6-26 某换流站交流滤波电抗器加隔声罩实例

参 考 文 献

[1] 汪筝. 噪声计算软件在变电站设计中的尝试 [J]. 上海电力. 2006. 2 (2): 161-162.

[2] 周兵，裴春明，倪园，等. 特高压交流变电站噪声测量与分析 [J]. 高电压技术，2013，39 (6): 1447-1453.

[3] ISO 9613—2：1996，Acoustics-Attenuation of sound during propagation outdoors-Part 2：General method of calculation [S]. International Standards Organization，Genève，Switzerland，1996.

[4] Giles A. Daigle and Michael R. Stinson. Attenuation of environmental nosie：Comparing predictions of ISO 9613—2 and theoretical models [C]. Proceedings of Inter-Noise 2005，Rio de Janeiro，2005.

[5] 辜小安. 国外关于地面声吸收的理论研究与实践 [J]. 环境工程，1994，12 (1): 29-32.

[6] Lan T S，Chiu M C. Optimal noise control on plant using simulated annealing [J]. Transactions of the Canadian Society for Mechanical Engineering，2008，32 (3-4): 423-437.

[7] Probst W. Noise prediction in special cases [C]. inter-noise2008，Shanghai，China，2008.

[8] 魏浩征. 高压直流输电系统可听噪声预测系统的研究 [D]. 合肥：合肥工业大学，2010.

[9] 江一，魏浩征，张曼，等. 换流站噪声预测精度的影响因素与应对措施研究 [J]. 高电压技术，2016，42 (2): 313-317.

[10] 魏浩征，李志远，黎小林，等. 直流换流站电容器塔的噪声预测声学模型算法 [J]. 应用科学学报，2010，28 (2): 152-157.

[11] 阮学云，李志远，魏浩征，等. 换流变压器噪声预测模型及其简化研究 [J]. 应用声学，2011，(3): 235-240.

[12] 国家环保局.《声环境影响评价技术导则》修订版. 2005: 28-29.

[13] U. J. Kurze，Noise reduction by barriers [J]. Acoust. Soc. Am，55，1974: 504-519.

[14] Keith Wilson，Atmospheric effects in ISO 9613—2 [C]. Special Session on ISO 9613—2，Proc. NOISE-CON 2004，Baltimore，MD (Noise Control Foundation，Poughkeepsie，New York，2004).

[15] Z. Maekawa. Noise reduction by screens [J]. Applied Acoustics，1968，(1): 157-173.

[16] 南方电网技术研究中心. 南方电网变电站/换流站噪声监测和控制技术研究与应用研究报告 [R]. 广州：南方电网技术研究中心，2014.

[17] 南方电网技术研究中心. 云南—广东±800kV 直流输电工程可听噪声研究报告 [R]. 广州：南方电网技术研究中心，2006.

[18] 马大猷. 声学手册（修订版）[M]. 北京：科学出版社，2004.

[19] 李志远，余占清主编. 注册环保工程师专业考试复习教材物理污染控制工程技术与实践（第 4 版）[M]. 北京：中国环境出版社，2017.

[20] （美）德米耶编著，舒海生等译. 声学超颖材料与声子晶体 [M]. 北京：国防工业出版社，2016.

[21] GB/T 22075—2008 高压直流换流站的可听噪声 [S]

[22] GB/T 3222.2—2009 声学 环境噪声的描述、测量与评价 第 2 部分：环境噪声级的测定 [S].

[23] Kendig R P. Sound intensity of the Comerford HVDC converter station [J]. IEEE Transactions on Power Delivery，1989，4 (3)：1876-1881.

[24] E. Reiplinger. Study of Noise Emitted by Power Transformers based on Today's Viewpoint [J]. CIGRE Session，1988，Paper No. 12-08.

[25] Bakkers，W.，Van Leemput，P.，and De Ceuster，J. Application of the Sound Intensity Measurement Technique to the Characterization of Transformer Noise [J]. CIGRE Session 1988，Paper No. 12-10.

[26] Transformer Noise：Determination of Sound Power Level using the Sound Intensity Measurement Method；Report by CIGRE Working Group 12 of Study Committee 12. Electra No 144 October 1992.

[27] ISO 9614—1：1993 Acoustics—Determination of sound power levels of noise sources using sound intensity—Part 1：Measurement at discrete points，1993.

[28] IEC-60551 Determination of Transformer And Reactor Sound Levels，1995.

[29] IEC 60076—10：2001，Power transformers-Part 10：Determination of sound levels.

[30] IEC 60076—10.1：2005 Power Transformers Part10.1：Determination of sound levels-Application guide；2005.

[31] ISO 9614—2：1996 Acoustics—Determination of sound power levels of noise sources using sound intensity—Part 2：Measurement by scanning，1996.

[32] GB/T 16404.1—1996 声学　用声强法测定噪声源的声功率级　第 1 部分：离散点上的测量.

[33] GB/T 16404.2—1999 声学　声强法测定噪声源的声功率级　第 2 部分：扫描测量.

[34] GB/T 1094.10—2003 电力变压器　第 10 部分声级测定，2003.

[35] GB/T 1094.101—2008 电力变压器　第 10.1 部分：声级测定应用导则，2008.

[36] Girgis R S, Garner K, Bernesjo M, et al. Measuring no-load and load noise of power transformers using the Sound Pressure and Sound Intensity methods—Part-I: Outdoors measurements [C]//Power and Energy Society General Meeting-Conversion and Delivery of Electrical Energy in the, Century. IEEE, 2008: 1-8.

[37] Ramsis S. Girgis, Measuring no-Load and Load noise of Power Transformers using the Sound Pressure and Sound Intensity Methods—Part-Ⅱ: Indoors measurements, 2009.

[38] Aleksandra Petrovicl, Noise Measurements Of The Power Transformers, Proc. 23rd National Conference & 4th International Conference Noise and Vibration [C]//2012: 263-267.

[39] Zhou N G, Tang Q, Wu X W, et al. Audible Noise Measurement and Analysis of the Main Power Apparatus in UHV GIS Substations [C]//, 2016: 01062.

[40] 沈煜，黄友生，汪涛. 1000kV特高压变压器现场声级测定技术研究 [J]. 湖北电力，2009，33（s1）：10-12.